数控编程与加工
从入门到精通

杜军 李贞惠 唐万军 编著

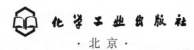

化学工业出版社

·北京·

内 容 简 介

　　本书立足于数控加工编程实用技术，强调数控编程应用能力的培养，以 FANUC 数控系统为主，兼顾西门子和华中数控系统，以简单明了的基础知识做引导，以实际应用为目的，融基础知识、工艺技术、编程原理与方法、基本操作技能于一体，详细介绍了数控车削加工编程、数控铣削加工编程、仿真加工、宏程序等知识，内容由浅入深，循序渐进；采用全案例形式编写，以例为珠，知识当绳，串起来讲解，将理论知识融入案例中，引导读者全面掌握数控编程与加工技术。本书仿真加工配操作视频，可扫描二维码学习。

　　本书可作为职业院校数控技术应用、机电一体化、模具设计与制造等专业的教学用书，也可作为机械制造有关专业的师生和从事数控加工相关工作技术人员的参考资料。

图书在版编目（CIP）数据

数控编程与加工从入门到精通 / 杜军，李贞惠，唐万军编著. —北京：化学工业出版社，2021.10（2024.11重印）
ISBN 978-7-122-39777-5

Ⅰ. ① 数… Ⅱ. ① 杜…②李…③唐… Ⅲ. ① 数控机床 - 程序设计②数控机床 - 加工 Ⅳ. ①TG659

中国版本图书馆 CIP 数据核字（2021）第 167841 号

责任编辑：张兴辉　　　　　　　　　　　　文字编辑：王 硕　陈小滔
责任校对：张雨彤　　　　　　　　　　　　装帧设计：王晓宇

出版发行：化学工业出版社（北京市东城区青年湖南街13号　邮政编码100011）
印　　装：北京天宇星印刷厂
787mm×1092mm　1/16　印张24½　字数645千字　2024年11月北京第1版第2次印刷

购书咨询：010-64518888　　　　　　　　售后服务：010-64518899
网　　址：http://www.cip.com.cn
凡购买本书，如有缺损质量问题，本社销售中心负责调换。

定　　价：99.00元

　　随着计算机技术的快速发展，数字控制技术已经广泛应用于工业控制的各个领域，实现机械加工机床及生产过程数控化是当今制造业的发展方向。国家的制造业现代化程度的一个核心标志就是数控技术，机械制造行业的竞争其实就是数控行业的竞争。目前，随着国内数控机床用量的剧增，需要大批面向生产第一线的熟悉数控加工工艺，能够熟练掌握现代数控机床编程、操作和维护的应用型高级技术人才。

　　本书立足于数控加工编程实用技术，强调数控编程应用能力的培养，以目前国内外应用最广泛的 FANUC 数控系统为主，兼顾西门子和华中数控系统，以简单明了的理论知识做引导，以实际应用为目的，融基础知识、工艺技术、编程原理与方法、基本操作技能于一体，详细介绍了数控车削加工编程、数控铣削加工编程、仿真加工、宏程序等知识，内容由浅入深，循序渐进，图文并茂，实例丰富。

　　本书采用全案例形式编写，以例为珠，知识当绳，串起来讲解，用大量的案例、丰富的内容，将理论知识融入案例中，不堆砌过多的枯燥理论，只介绍够用的基础知识，小案例引出大理论，由浅入深，引导读者掌握数控编程与加工技术。

　　全书采用模块化编写方法，各章节相对独立，又具有一定的通用性，读者可逐章学习或者随心查阅。

　　本书第 10 章和第 23 章为仿真加工，配操作视频，可扫描二维码学习。

　　由于编写时间仓促及作者水平有限，书中难免有疏漏和不妥之处，希望广大读者提出宝贵意见和建议。

编著者

目录
CONTENTS

上篇 / 普通程序编程

第 1 章

坐标值的计算

1.1　坐标系与坐标系的建立

（1）笛卡儿直角坐标系

数学发展历史上，代数方程和平面几何图形曾经互不相干，直到笛卡儿创立解析几何学。

勒内·笛卡儿，1596 年生于法国，1650 年逝于瑞典斯德哥尔摩，法国哲学家、数学家、物理学家。笛卡儿最为世人熟知的是其作为数学家的成就，他于 1637 年发明了现代数学的基础工具之一——坐标系，将几何和代数相结合，创立了解析几何学。解析几何的基本思想是在平面中引入坐标，建立坐标系，然后将一个代数方程与平面上的一条曲线对应起来，例如图 1-1 中的方程 $\rho=\alpha(1-\sin\theta)$ 对应图 1-2 中的心形线。只是，笛卡儿最初使用的是斜坐标系，把直角坐标系作为特殊情况，现在我们使用更多的是直角坐标系，并称之为笛卡儿直角坐标系。

$$\rho=\alpha(1-\sin\theta)$$

图 1-1　代数方程　　　　　　　　图 1-2　心形线

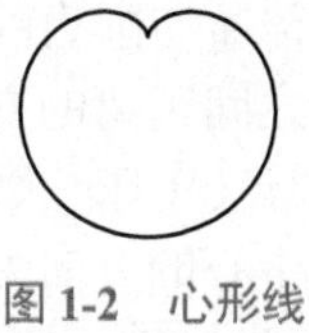

据说有一天，笛卡儿生病卧床，病情很重。尽管如此，他还反复思考一个问题：几何图形是直观的，而代数方程是比较抽象的，能不能把几何图形和代数方程结合起来，也就是说能不能用几何图形来表示方程呢？要想达到此目的，关键是把组成几何图形的点和满足方程的每一组"数"挂上钩。他苦苦思索，拼命琢磨：通过什么样的方法，才能把"点"和"数"联系起来？突然，他看见屋顶角上的一只蜘蛛，拉着丝垂了下来。一会工夫，蜘蛛又

顺着这丝爬上去,在上边左右拉丝。蜘蛛的"表演"使笛卡儿的思路豁然开朗。他想,可以把蜘蛛看作一个点。它在屋子里可以上、下、左、右运动,能不能把蜘蛛的每一个位置用一组数确定下来呢?他又想,屋子里相邻的两面墙与地面交出了三条线,如果把地面上的墙角作为起点,把交出来的三条线作为三根数轴,那么空间中任意一点的位置就可以在这三根数轴上找到有顺序的三个数。反过来,任意给一组三个有顺序的数也可以在空间中找到一点P与之对应。同样道理,用一组数(X,Y)可以表示平面上的一个点,平面上的一个点也可以用一组两个有顺序的数来表示,这就是坐标系的雏形。

在数控编程时为了描述机床的运动、简化程序编制的方法及保证记录数据的互换性,数控机床的坐标系和运动方向均已标准化,国际标准化组织(ISO)和我国的标准坐标系均采用笛卡儿直角坐标系。数控机床坐标系是以数控机床原点 O 为坐标系原点,并按照右手笛卡儿直角坐标系建立的由 X、Y、Z 轴组成的直角坐标系。如图 1-3 所示,在三维坐标系中坐标轴遵循右手定则,大拇指、食指和中指分别对应 X、Y、Z 三个直线坐标轴,指尖指向各轴正方向;各直线坐标轴对应的旋转坐标轴分别为 A、B、C,其正方向由右手螺旋法则确定,大拇指指向直线坐标轴正方向,右手手握的方向为对应旋转轴的正方向,如图 1-4 所示。

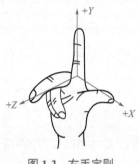

图 1-3 右手定则

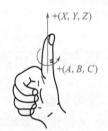

图 1-4 右手螺旋法则

(2)数控机床坐标系

① 刀具相对静止工件而运动的原则:假定工件不动,刀具动,刀具离开工件方向为正。这一原则使编程人员在不知道是刀具移近工件还是工件移近刀具的情况下,就能根据零件图样确定机床的加工过程。

② 机床的直线坐标轴 X、Y、Z 的判定顺序是:先 Z 轴,再 X 轴,最后按右手定则判定 Y 轴。

Z 坐标轴的运动由传递切削力的主轴决定,与主轴平行的标准坐标轴为 Z 坐标轴,其正方向为增加刀具和工件之间距离的方向。

对于工件旋转的机床(车床、磨床),X 坐标轴的方向在工件的径向上,并且平行于横滑座,刀具离开工件回转中心的方向为 X 坐标轴的正方向。

Y 坐标轴根据 X、Z 坐标轴,按照坐标系右手定则确定。

③ 以机床原点为坐标原点建立起来的直角坐标系称为机床坐标系。机床坐标系是机床固有的坐标系,一般情况下,机床坐标系在机床出厂前已经调整好,不允许用户随意变动。机床坐标系的原点称为机床原点,它是机床上的一个固定点,也称机床零点,在机床装配、调试时就已确定下来,是数控机床进行加工运动的基准参考点。

图 1-5 和图 1-6 所示分别为常见卧式车床和立式铣床的坐标系。

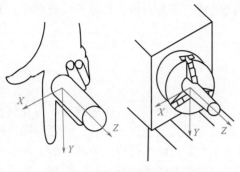 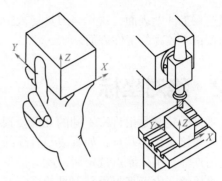

图 1-5 卧式车床坐标系   图 1-6 立式铣床坐标系

(3) 工件坐标系

采用机床坐标系进行编程很不方便，通常使用工件坐标系来编程。工件坐标系是以工件或夹具上某一点为坐标原点所建立的坐标系（该坐标系的坐标轴与机床坐标系中的坐标轴一致，仅坐标原点位置不同），它是用来确定工件几何形体上各要素的位置而设置的坐标系，工件坐标系的原点称为工件原点，也称为工件零点或程序原点。工件原点的位置是任意的，它是由编程人员在编制程序时根据零件的特点选定的，所以也称编程原点。同一工件，如果工件原点变了，程序段中的坐标尺寸也随之改变，因此，数控编程时，应该首先确定工件原点，确定工件坐标系。对于操作人员来说，应在装夹工件、调试程序时，确定工件原点的位置，并在数控系统中给予设定，这样数控机床才能按照准确的工件坐标系位置开始加工。

从理论上讲，编程原点选在零件上的任何一点都可以，但实际上，为了换算尺寸尽可能简便，减少计算误差，应选择一个合理的编程原点。数控车床加工零件的工件原点一般选择在工件右端面、左端面或卡爪的前端面与 Z 轴的交点上。以工件右端面与 Z 轴的交点作为工件原点的工件坐标系如图 1-7 所示。

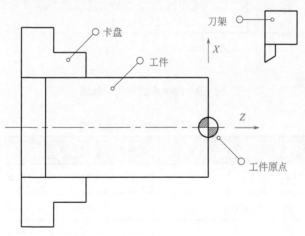

图 1-7 数控车床的工件坐标系

选择数控铣床加工零件的工件原点时应该注意：X、Y 向零点一般可选在设计基准或工艺基准的端面或孔的中心线上，对于对称零件，工件原点应设在对称中心上；对于一般零件，工件原点设在工件外轮廓的某一角上，这样便于坐标值的计算。对于 Z 轴方向的原点，习惯选在工件上表面，这样当刀具切入工件后 Z 向尺寸字均为负值，以便于检查程序，并尽量选在精度较高的工件表面。

1.2　绝对坐标

零件的轮廓是由许多不同的几何要素所组成，如直线、圆弧、二次曲线等。各几何要素之间的连接点称为基点，如直线与直线的交点、直线与圆弧的交点或切点、圆弧与圆弧的交点或切点等。工件原点选定后，就应把各基点的尺寸换算成以工件原点为基准的工件坐标系下的坐标值。由于基点也是刀具的刀位点在加工运动过程中经过的特定点，故基点坐标值也是刀具运动轨迹中刀位点的坐标值。基点坐标值是编程中必需的重要数据。

数控加工程序中表示基点的坐标位置有绝对坐标值和相对（增量）坐标值两种方式。绝对坐标值是以"工件原点"为依据来表示坐标位置的，即每一步终点位置都是由所设定坐标系的坐标值给定，绝对坐标值与中间值无关，无加工累积误差，但计算较繁琐。

图 1-8 网格中各点的绝对坐标值见表 1-1。

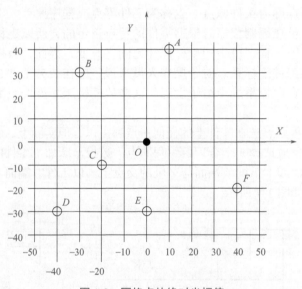

图 1-8　网格点的绝对坐标值

表 1-1　网格点的绝对坐标值

网格点	绝对坐标值（X, Y）
A	10,40
B	−30,30
C	−20,−10
D	−40,−30
E	0,−30
F	40,−20

图 1-9、图 1-10、图 1-11 三图中各基点绝对坐标值计算结果如表 1-2 所示，从中不难发现，不同的坐标原点和不同的坐标系下各点的绝对坐标值也不尽相同。

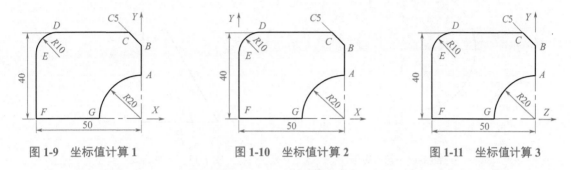

图 1-9　坐标值计算 1　　　　图 1-10　坐标值计算 2　　　　图 1-11　坐标值计算 3

表 1-2　基点的绝对坐标值

基点	图 1-9 绝对坐标值（X, Y）	图 1-10 绝对坐标值（X, Y）	图 1-11 绝对坐标值（Y, Z）
A	0,20	50,20	20,0
B	0,35	50,35	35,0
C	-5,40	45,40	40,-5
D	-40,40	10,40	40,-40
E	-50,30	0,30	30,-50
F	-50,0	0,0	0,-50
G	-20,0	30,0	0,-20

图 1-12 所示光轴零件可以在数控车床上加工，按前置刀架车床形式将工件原点建立在工件右端面和轴线的交点后，A 点的坐标值为（-32，0），B 点的坐标值为（-32，-40），注意 X 坐标值应采用直径值表示（数控车削加工零件坐标值中的 X 值均按直径值处理）。

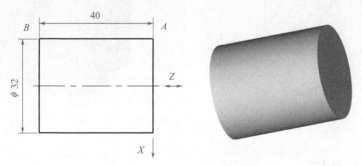

图 1-12　车削零件坐标值计算

计算坐标值时还可能会遇到一些特殊情况：如图 1-13 中运用勾股定理求得 A 点绝对坐标值为 X12、Y16，B 点坐标值为 X5、Y-19.36；图 1-14 中运用三角函数求得 C 点坐标值为 X-7.68、Y30；图 1-15 中运用相似三角形知识求得 D 点坐标值为 X20、Z14；图 1-16 三维图形中求得 E 点坐标值为 X47、Y35、Z20，F 点坐标值为 X0、Y35、Z40。

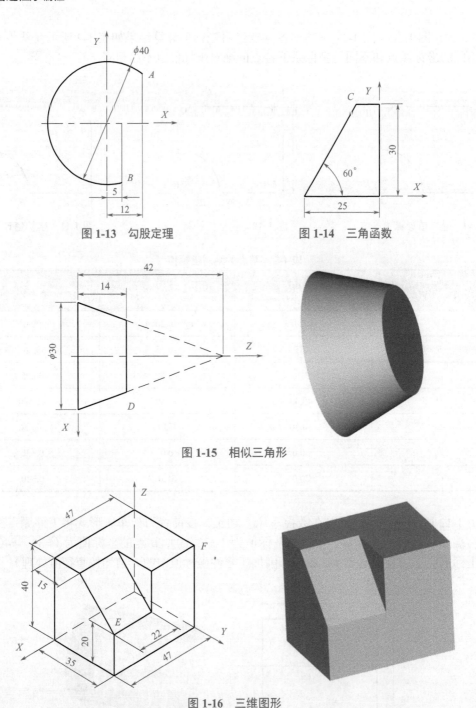

图 1-13 勾股定理 　　　　图 1-14 三角函数

图 1-15 相似三角形

图 1-16 三维图形

1.3 相对坐标

　　相对（增量）坐标值是以"前一点"位置坐标尺寸的增量来表示坐标位置，即每一步终点位置都是由相对前一位置点的增量值及移动方向给定。相对坐标值与中间值有关，产生累积误差，但有时计算方便。在数控程序中绝对坐标与相对坐标可单独使用，也可在不同程序段上交叉设置使用，数控车床上还可以在同一程序段中混合使用。

【**例 1**】 如图 1-17 所示，移动路线为 $A \to B \to C \to D$，求出 B、C、D 各点的相对坐标值如表 1-3 所示。

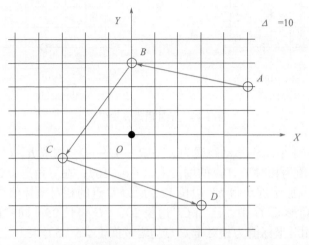

图 1-17 坐标值计算

表 1-3 坐标值计算

基点	绝对坐标值（X, Y）	相对坐标值（X, Y）
A	50,20	—
B	0,30	−50,10
C	−30,−10	−30,−40
D	30,−30	60,−20

分别比较图 1-18、图 1-19、图 1-20 中 B 点的相对坐标值（移动路线均为 $A \to B$），可以得出某点的相对坐标值与前一点的位置和坐标系有关，与工件坐标系原点位置无关。事实上，某一点的绝对坐标值也可以看作是相对坐标值，只不过它相对的是工件坐标系原点而已。

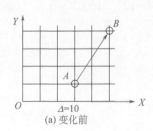
(a) 变化前

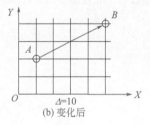
(b) 变化后

图 1-18 前一点的位置发生变化

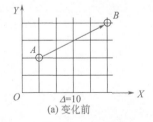
(a) 变化前

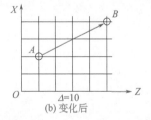
(b) 变化后

图 1-19 坐标系发生变化

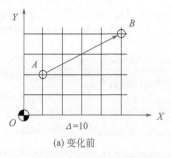

(a) 变化前

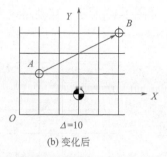

(b) 变化后

图 1-20 工件原点发生变化

【例 2】 如图 1-21 所示，移动路线为 $A \to B \to C \to D$，试求 B、C、D 各点的相对坐标值：B 点的相对坐标值为相对于 A 点的增量值（-16，16）；在三角形 BEF 中，已知 BE 边长 16，BF 边长 20，由勾股定理解得 EF 边长 12，所以 C 点的相对坐标值为相对于 B 点的增量值（-12，4）；在三角形 CFG 中，已知 CF 边长 20，CG 边长 25，同样由勾股定理解得 FG 边长 15，则 D 点的相对坐标值为相对于 C 点的增量值（-15，5）。

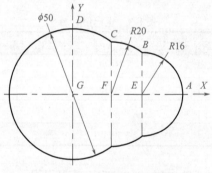

图 1-21 计算相对坐标值

在 $R20$ 圆弧段中，B 为圆弧起点，C 为圆弧终点，F 为圆心，若要求圆心 F 相对于圆弧起点 B 的相对坐标值，你知道是多少吗？答案是（-12，-16）。

第2章

数控程序基础

(1) 字与字的功能

字符是用来组织、控制或表示数据的一些符号，如数字、字母、标点符号、数学运算符等。组成程序段的每一个字都有其特定的功能含义，不同数控系统的功能字含义和用法可能存在差异，FANUC 数控系统、华中数控系统和广州数控系统之间差异较小，但与西门子系统的差异较大。以下是以 FANUC 数控系统的规范为主来介绍的，实际工作中，请遵照机床数控系统说明书来使用各个功能字。

① 准备功能字 G。准备功能字的地址符是 G，又称为 G 功能或 G 指令，是用于建立机床或控制系统工作方式的一种指令。常用的基本 G 指令有：G00 快速点定位、G01 直线插补和 G02/G03 圆弧插补等。在编程时，G 指令中前面的 0 可省略，G00、G01、G02、G03 可简写为 G0、G1、G2、G3。

② 尺寸字。尺寸字用于确定机床上刀具运动终点的坐标位置。其中，第一组 X、Y、Z、U、V、W、P、Q、R 用于确定终点的直线坐标尺寸；第二组 A、B、C、D、E 用于确定终点的角度坐标尺寸；第三组 I、J、K 用于确定圆弧轮廓的圆心坐标尺寸。在一些数控系统中，还可以用 P 指令暂停时间、用 R 指令圆弧的半径等。

多数数控系统可以用准备功能字来选择坐标尺寸的制式，如 FANUC 诸系统可用 G21/G22 来选择米制单位或英制单位，也有些系统用系统参数来选择不同的尺寸单位。采用米制时，一般单位为 mm，如 X100 指令的坐标单位为 100mm。

③ 进给功能字 F。进给功能字的地址符是 F，又称为 F 功能或 F 指令，用于指定切削的进给速度。对于车床，F 可分为每分钟进给和主轴每转进给两种；对于其他数控机床，一般只用每分钟进给。F 指令在螺纹车削程序段中常用来指令螺纹的导程。

④ 主轴转速功能字 S。主轴转速功能字的地址符是 S，又称为 S 功能或 S 指令，用于指定主轴转速，单位为 r/min。对于具有恒线速度功能的数控车床，程序中的 S 指令用来指定车削加工的线速度。

⑤ 刀具功能字 T。刀具功能字的地址符是 T，又称为 T 功能或 T 指令，用于指定加工时所用刀具的编号。对于数控车床，其后的数字还兼作指定刀具长度补偿和刀尖半径补偿用。

⑥ 辅助功能字 M。辅助功能字的地址符是 M，后续数字一般为 1～3 位正整数，又称为 M 功能或 M 指令，用于指定数控机床辅助装置的开关动作，本书涉及的 M 指令见表 2-1。

表 2-1 M 指令含义表

M 指令	含义	M 指令	含义
M02	程序停止	M08	冷却液开
M03	主轴顺时针旋转	M09	冷却液关
M04	主轴逆时针旋转	M30	程序停止并返回
M05	主轴旋转停止	M98	调用子程序
M06	换刀	M99	返回子程序

（2）程序段格式

程序段是可作为一个单位来处理的、连续的字组，是数控加工程序中的一条语句。一个数控加工程序是由若干个程序段组成的。

程序段格式是指程序段中的字、字符和数据的安排形式。现在一般使用字地址可变程序段格式，每个字长不固定，各个程序段中的长度和功能字的个数都是可变的。

字地址可变程序段格式中，在上一程序段中写明的、本程序段里又不变化的那些字仍然有效，可以不再重写，这种功能字称为模态指令。模态指令具有续效性，非模态指令仅在本程序段有效，因此模态指令也称为续效字。例如：

```
N30 G01 X88.1 Y30.2 F500 S3000 T02 M08
N40 X90
```

在 N40 程序段中省略了续效字"G01，Y30.2，F500，S3000，T02，M08"，但它们的功能仍然有效。

在程序段中，必须明确如下组成程序段的各要素：

① 沿怎样的轨迹移动：准备功能字 G。

② 移动目标：终点坐标值 X、Y、Z。

③ 进给速度：进给功能字 F。

④ 切削速度：主轴转速功能字 S。

⑤ 使用刀具：刀具功能字 T。

⑥ 机床辅助动作：辅助功能字 M。

（3）程序结构

如表 2-2 所示，一个数控程序的开头是文件名或程序号，通常用字母"O"后跟 4 位数字或符号"%"后跟 4 位数字表示，单列一行。接着是程序主体，由若干个程序段组成，一般一个程序段占一行。程序主体从编程的角度可以大致分为三大部分：程序头、加工部分、程序尾。程序头用于指定加工前准备工作，通常包括工件坐标系的设定、主轴转向与转速、调用刀具刀补、切削液开，加工部分主要体现"进刀、切削、退刀、返回"四步循环，程序尾用于恢复加工前状态，包括取消刀具刀补、切削液关、主轴停转和程序结束。

表 2-2 程序结构示例

程序		程序号
O2001	程序头	程序主体
T0101		
M03 S800		
G00 X100 Z100		
G00 X44 Z2	加工部分	
G71 U1 R1		
G71 P10 Q20 U0.6 W0.1 F0.2		
N10 G00 X24 Z2		
G01 Z-15 F0.1		
X40 Z-35		
Z-50		
N20 G00 X44		
G00 X44 Z2		
G70 P10 Q20		
X100 Z100	程序尾	
T0100		
M05		
M30		

第 **3** 章

精车外圆面

车外圆是最常见、最基本的一种车削方法，典型的外圆面包含圆柱、圆锥及相应的组合，车削含这些表面的零件可分为粗车、半精车、精车 3 个基本的方法和步骤。本章从最简单的精车开始讲解，所用到的基本指令为快速点定位 G00 和直线插补 G01。

（1）快速点定位（G00）

该功能使刀具以机床规定的快速进给速度移动到目标点，又称为点定位。执行该指令时，机床以由系统快速进给速度决定的最大进给量移向指定位置。它只是快速定位，而无运动轨迹要求，不需规定进给速度。特别需要注意的是，执行快速点定位程序段时，刀具运动轨迹并不确定，即实际的运动路线不一定是直线，有可能是折线。所以使用 G00 指令时要注意刀具是否和工件及夹具等发生干涉。

指令格式：

```
G00  X(U)_____  Z(W)_____
```

各地址含义 ❶：X、Z 为绝对值编程时刀具移动的终点坐标值。
U、W 为相对值编程时刀具移动的终点相对于起点的相对位移量。

（2）直线插补（G01）

该指令用于直线或斜线切削进给运动。执行该指令时，刀具用 F 指令的进给速度沿直线移动到被指令的点，既可以沿 X、Z 方向执行单轴运动，也可以沿 XZ 平面内任意斜率的直线运动。

指令格式：

```
G01  X(U)_____  Z(W)_____  F_____
```

各地址含义：
X、Z 为绝对值编程时刀具移动的终点坐标值。
U、W 为相对值编程时刀具移动的终点相对于起点的相对位移量。
F 为刀具的进给量，单位 mm/r。

（3）数控编程的基本步骤

数控编程可大致分解为建立工件坐标系、确定走刀轨迹、计算各刀位点的坐标值和程序编制与校验 4 个基本步骤，对于初学者，可先按照基本步骤练习编程，当逐步熟悉以至熟练掌握后可直接编程。

第 1 步，建立工件坐标系。精车如图 3-1 所示 3 个零件（3 个零件分别加工，此处一并讲

---

❶ 本书各"指令格式"下的说明（如此处"各地址含义"）中，为简便起见，用"指令格式"中的功能字（X、Z 等，正体表示）指代其后下划线位置省略的相应变量（斜体）。例如，此处用 X、Z 指代绝对值编程时刀具移动的终点坐标值 *X*、*Z*。文中其他地方，相应变量均以斜体表示。

解，便于读者对比理解），把工件坐标系的原点设在工件右端面与轴线的交点上，根据数控机床坐标系及运动方向的相关规定，可得 X 轴垂直朝上，Z 轴水平朝右，结果如图 3-2 所示。

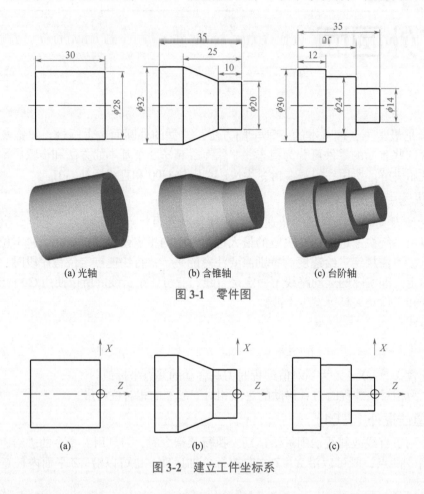

(a) 光轴　　　　　　(b) 含锥轴　　　　　　(c) 台阶轴

图 3-1　零件图

图 3-2　建立工件坐标系

第 2 步，确定走刀轨迹。精车刀具运行轨迹如图 3-3 所示，各走刀轨迹均可分解为"进刀、切削、退刀、返回"4 个基本动作，简称四步循环。

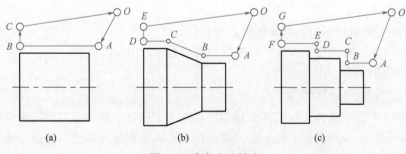

图 3-3　确定走刀轨迹

各图中 $O \to A$ 均为"进刀"，由于仅用于刀具从起刀点 O 快速移动到切削起点 A，所以采用快速点定位 G00 指令；图 3-3（a）中 $A \to B$、图 3-3（b）中 $A \to B \to C \to D$ 和图 3-3（c）中 $A \to B \to C \to D \to E \to F$ 为"切削"，选用直线插补 G01 指令；图 3-3（a）中 $B \to C$、图 3-3

（b）中 $D \to E$ 和图 3-3（c）中 $F \to G$ 为"退刀"，刀具不再切削，从切削终点离开工件退回退刀点，选用快速点定位 G00 指令；图 3-3（a）中 $C \to O$、图 3-3（b）中 $E \to O$ 和图 3-3（c）中 $G \to O$ 为"返回"，刀具返回起刀点，选用快速点定位 G00 指令。走刀轨迹中各指令选用结果如表 3-1 所示。

表 3-1 走刀轨迹中的指令选用

图 3-3（a）	图 3-3（b）	图 3-3（c）
$O \to A$：G00 X_ Z_	$O \to A$：G00 X_ Z_	$O \to A$：G00 X_ Z_
$A \to B$：G01 X_ Z_ F_	$A \to B$：G01 X_ Z_ F_	$A \to B$：G01 X_ Z_ F_
$B \to C$：G00 X_ Z_	$B \to C$：G01 X_ Z_ F_	$B \to C$：G01 X_ Z_ F_
$C \to O$：G00 X_ Z_	$C \to D$：G01 X_ Z_ F_	$C \to D$：G01 X_ Z_ F_
	$D \to E$：G00 X_ Z_	$D \to E$：G01 X_ Z_ F_
	$E \to O$：G00 X_ Z_	$E \to F$：G01 X_ Z_ F_
		$F \to G$：G00 X_ Z_
		$G \to O$：G00 X_ Z_

第 3 步，计算各刀位点的坐标值。走刀轨迹中各轨迹点是车刀刀位点陆续移动到的特殊点，计算出在图 3-2 建立的工件坐标系中的绝对坐标值如表 3-2 所示，注意合适的安全距离和退刀量取值对切削起点 A 和退刀点坐标值的影响，图 3-3（a）、（b）、（c）中的退刀点分别为 C、E、G 点。

表 3-2 各刀位点的坐标值

图 3-3（a）	图 3-3（b）	图 3-3（c）
$O(100,100)$	$O(100,100)$	$O(100,100)$
$A(28,2)$	$A(20,2)$	$A(14,2)$
$B(28,-30)$	$B(20,-10)$	$B(14,-10)$
$C(50,-30)$	$C(32,-25)$	$C(24,-10)$
$O(100,100)$	$D(32,-35)$	$D(24,-23)$
	$E(50,-35)$	$E(30,-23)$
	$O(100,100)$	$F(30,-35)$
		$G(50,-35)$
		$O(100,100)$

第 4 步，程序编制与校验。编制精车外圆面程序如表 3-3 所示。

表 3-3　精车外圆面程序

图 3-3（a）	图 3-3（b）	图 3-3（c）
$O \to A$：G00 X28 Z2	$O \to A$：G00 X20 Z2	$O \to A$：G00 X14 Z2
$A \to B$：G01 X28 Z-30 F0.1	$A \to B$：G01 X20 Z-10 F0.1	$A \to B$：G01 X14 Z-10 F0.1
$B \to C$：G00 X50 Z-30	$B \to C$：G01 X32 Z-25 F0.1	$B \to C$：G01 X24 Z-10 F0.1
$C \to O$：G00 X100 Z100	$C \to D$：G01 X32 Z-35 F0.1	$C \to D$：G01 X24 Z-23 F0.1
	$D \to E$：G00 X50 Z-35	$D \to E$：G01 X30 Z-23 F0.1
	$E \to O$：G00 X100 Z100	$E \to F$：G01 X30 Z-35 F0.1
		$F \to G$：G00 X50 Z-35
		$G \to O$：G00 X100 Z100

给程序加上程序头和程序尾，并将可以省略的程序字省略后的程序如表 3-4 所示。

表 3-4　完善后的精车外圆面程序

图 3-3（a）	图 3-3（b）	图 3-3（c）
T0101 M03 S800 G00 X100 Z100 X28 Z2 G01 X28 Z-30 F0.1 G00 X50 X100 Z100 M30	T0101 M03 S800 G00 X100 Z100 X20 Z2 G01 X20 Z-10 F0.1 X32 Z-25 Z-35 G00 X50 X100 Z100 M30	T0101 M03 S800 G00 X100 Z100 X14 Z2 G01 X14 Z-10 F0.1 X24 Z-23 X30 Z-35 G00 X50 X100 Z100 M30

第 **4** 章

精车外圆弧面

插补分为直线插补和圆弧插补两大类，按圆弧脉冲分配的插补称为圆弧插补。执行圆弧插补指令使刀具从圆弧起点沿圆弧运动到圆弧终点。

圆弧插补指令格式：

```
G02/G03  X(U)_____Z(W)_____R_____(I_____K_____)F_____
```

各地址含义：

① G02 表示顺时针圆弧插补，G03 表示逆时针圆弧插补。圆弧顺、逆方向的判断符合直角坐标系的右手定则，由此可得数控车削加工中圆弧顺逆方向主要与刀架（刀具）所处的位置有关，如图 4-1 所示。

见图 4-2，请判断下列说法的正误：

a. 图中坐标系为前置刀架车床坐标系。（　　）

b. R1、R2 两段圆弧均为顺时针圆弧。（　　）

c. R1 圆弧为顺时针圆弧。（　　）

d. R2 圆弧加工指令为 G02。（　　）

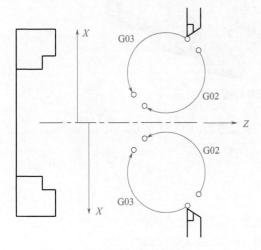

图 4-1　圆弧顺逆判断示意图

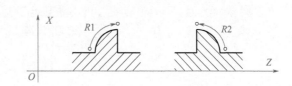

图 4-2　圆弧顺逆判断案例

图中坐标系应为后置刀架车床坐标系；R1 圆弧为顺时针圆弧，选用 G02 指令；R2 圆弧为逆时针圆弧，选用 G03 指令。

② X、Z 表示圆弧终点在工件坐标系中的绝对坐标值，U、W 表示圆弧终点相对于圆弧起点的相对坐标值。如图 4-3 所示，设工件原点在工件右端面和轴线的交点上，则圆弧终点 B 的 X 值为 50，Z 值为 -20，圆弧终点 B 相对于圆弧起点 A 的相对值 U 为 20，W 值

为 -20。

③ R 为圆弧半径值。当圆心角 α ≤ 180° 时，R 取正值；而当 180° < α < 360° 时，R 取负值（一般情况下，数控车削加工某一程序段仅能加工圆心角 α ≤ 180° 的圆弧）。如图 4-4 所示，大于半圆的优弧半径值取负，小于半圆的劣弧半径值取正。

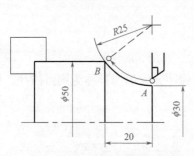

图 4-3　圆弧终点坐标值计算

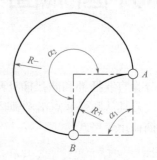

图 4-4　圆弧半径值的正负

④ I、K 为圆心相对于圆弧起点的相对坐标值（I 采用直径值）。特别的，当 R、I、K 同时出现时，仅 R 有效，I、K 无效。

⑤ F 表示进给量，单位为 mm/r。

【例1】　如图 4-5 所示零件，设工件原点在工件右端面与轴线的交点上，X 轴竖直朝上，Z 轴水平朝右，编制精加工程序如下。

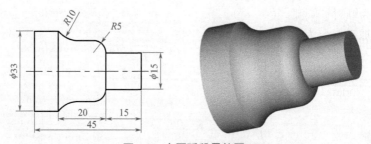

图 4-5　含圆弧段零件图

```
T0101                （调用刀补，建立工件坐标系）
M03 S900             （主轴正转）
G00 X100 Z100        （快进到起刀点）
X15 Z2               （进刀到切削起点）
G01 Z-15 F0.1        （直线插补）
G03 X25 Z-20 R5      （逆时针圆弧插补加工半径为 R5 的圆弧段）
G01 Z-27             （直线插补，请注意 R10 圆弧起点的 Z 值为 -27）
G02 X33 Z-35 R10     （顺时针圆弧插补加工半径为 R10 的圆弧段）
G01 Z-45             （直线插补到切削终点）
G00 X100             （退刀到退刀点）
Z100                 （返回起刀点）
M30                  （程序结束）
```

【例2】　如图 4-6 所示含球头零件，设工件原点在球头顶点上，X 轴竖直朝上，Z 轴水平朝右，编制精加工程序如下。

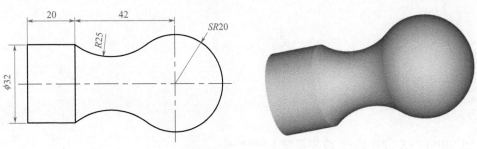

图 4-6 含球头零件图

```
T0101              （调用刀补，建立工件坐标系）
M03 S700           （主轴正转）
G00 X100 Z100      （快进到起刀点）
X0 Z2              （进刀到切削起点，距球顶点 2mm）
G01 Z0 F0.1        （直线插补到球顶点）
G03 X32 Z-32 R20   （逆时针圆弧插补，SR20 圆弧段终点坐标值可通过计算或 CAD 绘图
                    查询得出）
G02 Z-62 R25       （顺时针圆弧插补加工 R25 圆弧段）
G01 W-20           （直线插补到切削终点）
G00 X100           （退刀到退刀点）
Z100               （返回起刀点）
M30                （程序结束）
```

【例3】 请读者仔细阅读 O4000 程序，试着在图 4-7 中标注相应的尺寸（参考答案见图 4-8）。

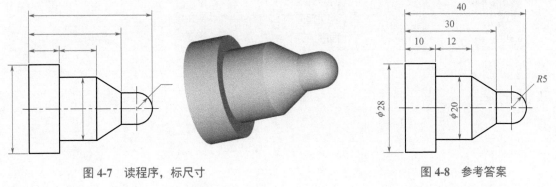

图 4-7 读程序，标尺寸　　　　　　图 4-8 参考答案

```
O4000
T0101
M03 S800
G00 X100 Z100
G00 X0 Z2
G01 Z0 F0.15
G03 X10 Z-5 R5
G01 Z-10
X20 Z-18
```

```
Z-30
X28
Z-40
G00 X100
Z100
M30
```

◇【SIEMENS（西门子）数控系统】******

SIEMENS 数控系统中的圆弧插补指令中基本格式如下：

```
G02/G03  X(U)_____  Z(W) _____  CR= _____  F ____
```

指令含义、用法与 FANUC 数控系统类似，特殊的是其中 CR 用于定义圆弧半径，另外还有采用角度和极坐标编程的格式，在此不做赘述。编制加工如图 4-5 所示零件精车程序如下。

```
G54                        （工件零点偏移）
T01 D01                    （调用刀具）
M03 S900                   （主轴正转）
G00 X100 Z100              （快进到起刀点）
X15 Z2                     （进刀到切削起点）
G01 Z-15 F100              （直线插补）
G03 X25 Z-20 CR=5          （逆时针圆弧插补加工半径为 R5 的圆弧段）
G01 Z-27                   （直线插补，请注意 R10 圆弧起点的 Z 值为 -27）
G02 X33 Z-35 CR=10         （顺时针圆弧插补加工半径为 R10 的圆弧段）
G01 Z-45                   （直线插补到切削终点）
G00 X100                   （退刀到退刀点）
Z100                       （返回起刀点）
M30                        （程序结束）
```

第 5 章

外圆车削复合循环 G71

外圆车削复合循环指令适合于采用毛坯为圆棒料，粗车需多次走刀才能完成的阶梯轴零件（零件直径单调递变）。利用该循环功能，只要编写出最终加工路线，给出每次的背吃刀量等加工参数，数控车床即可自动重复切削，直到加工完为止。

（1）粗车复合循环（G71）

它适用于外圆面毛坯料粗车外径和圆筒毛坯料粗镗内径。G71 粗加工时，首先以背吃刀量对 Z 轴平行的部分进行直线加工，然后刀具执行外轮廓加工指令完成外轮廓粗加工（留精加工余量）。

指令格式：

```
G00   X____   Z____                        （进刀至循环起点）
G71   U____   R____                        （粗车循环参数设置）
G71   P____   Q____   U____   W____   F____   （粗车循环参数设置）
```

各地址含义：

① 第一行：

X、Z 为粗车循环起点坐标值，循环起点一般选择在工件最大尺寸之外，X 坐标值可在工件最大直径值基础上叠加 2mm，Z 坐标值可选为距离工件右端面 2mm。

② 第二行：

U 为循环切削中径向的背吃刀量，半径值，单位 mm。

R 为循环切削中径向的退刀量，半径值，单位 mm。

③ 第三行：

P 为轮廓循环开始程序段段号。

Q 为结束程序段的段号。

U 为 X 方向的精加工余量，直径值，单位 mm（镗孔时为负值）。

W 为 Z 方向的精加工余量，单位 mm。

F 为切削进给量，单位 mm/r。

（2）精车复合循环（G70）

用 G71 粗加工后，用 G70 来指定精车循环切除粗加工中留下的余量，各地址的含义同 G71。

指令格式：

```
G00   X____   Z____                        （进刀至循环起点）
G70   P____   Q____                        （精车循环参数设置）
```

【例 1】 如图 5-1 所示零件，若要求精车该零件外圆面，编制精车程序如下。

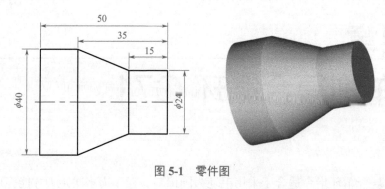

图 5-1　零件图

```
T0101
M03 S800
G00 X100 Z100
G00 X24 Z2
G01 Z-15 F0.1
X40 Z-35
Z-50
G00 X44
X100 Z100
M30
```

【例 2】　若已知毛坯为 ϕ42mm 的圆棒料，采用 G71 指令对零件外圆面进行图 5-1 所示粗、精加工，编程如下：

```
T0101
M03 S800
G00 X100 Z100
G00 X44 Z2                       （刀具定位到循环起点）
G71 U1 R1                        （粗车循环参数设置）
G71 P10 Q20 U0.6 W0.1 F0.2       （粗车循环参数设置）
  N10 G00 X24 Z2                 （本程序段前增加了程序段号 N10）
  G01 Z-15 F0.1
  X40 Z-35
  Z-50
  N20 G00 X44                    （本程序段前增加了程序段号 N20）
G00 X44 Z2                       （刀具定位到循环起点）
G70 P10 Q20                      （精车参数设置）
X100 Z100
M30
```

对比精车程序，如图 5-2 所示，应用 G71 指令来实现外圆面粗精车程序编制的方法是在进刀到切削起点程序段 "G00 X24 Z2" 和退刀到退刀点程序段 "G00 X44" 位置将程序拆分成 3 部分，将粗车循环 G71 指令部分程序段和精车循环 G70 指令部分程序段分别插入对应位置，并增加与循环指令中 P、Q 程序字引用数字对应的程序段号，如编程 "P10 Q20"，则切削起点程序段 "G00 X24 Z2" 修改为 "N10 G00 X24 Z2"，退刀点程序段 "G00 X44" 修改为 "N20 G00 X44"。

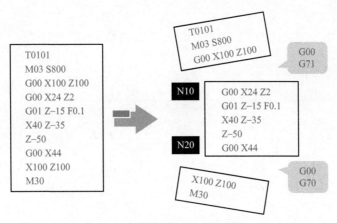

图 5-2 G71 指令应用示意图

对于 G71 指令中各参数如何取值，请读者尝试参照表 5-1 给出的不同取值，将上述程序修改参数值后运行比较，以加深对各参数含义的理解，并得出比较合理的参数取值结论。

表 5-1 G71 指令参数取值实验

指令参数	参数值					
循环起点坐标值（XZ）	X100Z100	X100Z2	X44Z2	X40Z2	X24Z2	
粗车背吃刀量和退刀量（UR）	U4R1	U2R1	U0R1	U1R4	U1R2	U1R1
精加工余量（UW）	U0.6W0.1	U0W0	无 UW			

【例 3】 如图 5-3 所示，零件毛坯直径 30mm，选用 G71 指令编制粗精加工程序 O0001 如下，程序中有若干错误，请找出并改正。

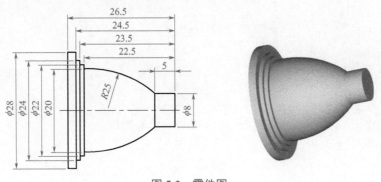

图 5-3 零件图

```
O0001                                      （错误程序，请修改）
T0101
M03 S600
G00 X100 Z100
X32 Z10
G72 U1 R1
```

```
G72 P1 Q2 X0.4 Z0.1 F0.2
N10 G00 X8 Z2
G01 Z-5 F0.1
G02 X20 Z-22.5 R25
G01 X22
Z23.5
X24
Z24.5
X28
Z-26.5
N20 G00 X35
X100 Z100
M03
```

错误改正后的参考程序 O0002 如下，请自行对比。

```
O0002                              （改正后的程序）
T0101
M03 S600                           （注意区别数字 "0" 和字母 "o"）
G00 X100 Z100
X32 Z2                             （Z10 改为 Z2）
G71 U1 R1                          （本段及下段 G72 改为 G71）
G71 P10 Q20 X0.4 Z0.1 F0.2         （P、Q 引用的程序段号为 N10 和 N20）
    N10 G00 X8 Z2
    G01 Z-5 F0.1
    G03 X20 Z-22.5 R25             （逆时针圆弧插补）
    G01 X22
    Z-23.5                         （Z 值为负）
    X24
    Z-24.5                         （Z 值为负）
    X28
    Z-26.5
    N20 G00 X35
X32 Z2
G70 P10 Q20                        （补上 G70 精车循环）
X100 Z100
M30
```

◆【HNC 华中数控系统】******
HNC 华中数控系统的 G71 指令用法与 FANUC 数控系统基本类似，但指令格式有区别：

```
G00  X__ Z__                       （进刀至循环起点）
G71  U__ R__ P__ Q__ X__ Z__ F__   （粗车循环参数设置）
```

指令中的 U、R 分别为循环切削中的径向背吃刀量和退刀量，X、Z 为精加工余量。图 5-4 为指令应用示意图，可视为将原精车程序在适当的位置（进刀到切削起点的程序段）分割成两部分，然后将 G71 程序段插入两部分之间即可。编制如图 5-1 所示零件的粗精加工程序如下。

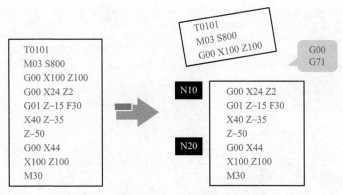

图 5-4　华中系统 G71 指令应用示意图

```
%1
T0101
M03 S800
G00 X100 Z100
G00 X44 Z2                          (刀具定位到循环起点)
G71 U1 R1 P10 Q20 X0.6 Z0.1 F50     (粗车循环参数设置)
   N10 G00 X24 Z2                   (本程序段前增加了程序段号 N10)
   G01 Z-15 F30
   X40 Z-35
   Z-50
   N20 G00 X44                      (本程序段前增加了程序段号 N20)
X100 Z100
M30
```

与 FANUC 系统对比一下，华中系统中的 G71 指令只有一行，也没有 G70 精车循环指令，另外华中系统还有单独用于加工有凹槽零件的 G71 指令格式如下：

```
G00   X__ Z__                       (进刀至循环起点)
G71   U__ R__ P__ Q__ E__ F__       (粗车循环参数设置)
```

其中 E 为精加工余量，是径向方向的等高距离。

【例 4】　如图 5-5 所示含凹槽零件，毛坯棒料直径 30mm，采用华中系统的 G71 指令编程如下，仿真加工结果如图 5-6 所示。

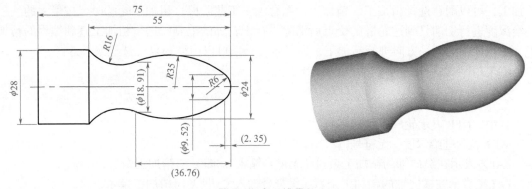

图 5-5　含凹槽零件

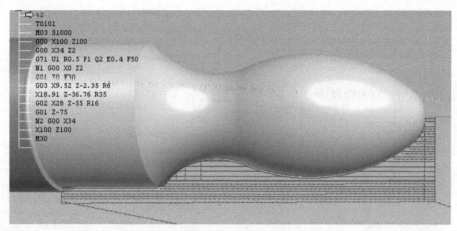

图 5-6 仿真加工结果

```
%2
T0101                              （调用刀具刀补）
M03 S1000                          （主轴正转）
G00 X100 Z100                      （快进到起刀点）
G00 X34 Z2                         （刀具定位到循环起点）
G71 U1 R0.5 P1 Q2 E0.4 F50         （循环参数设置，径向留 0.4mm 的余量）
  N1 G00 X0 Z2                     （快进到切削起点）
  G01 Z0 F30                       （直线插补到球顶点）
  G03 X9.52 Z-2.35 R6              （逆时针圆弧插补）
  X18.91 Z-36.76 R35               （逆时针圆弧插补）
  G02 X28 Z-55 R16                 （顺时针圆弧插补）
  G01 Z-75                         （直线插补）
  N2 G00 X34                       （退刀）
X100 Z100                          （返回起刀点）
M30                                （程序结束）
```

◇【SIEMENS（西门子）数控系统】******

西门子 802DT 数控系统中类似 FANUC 数控系统中 G71 指令作业的循环指令是 CYCLE95，可以进行轮廓切削加工，该轮廓加工程序编制为子程序供循环指令调用，轮廓可以包括凹面和凸面，选用如表 5-2 所示的纵向或表面切削方向可以实现对外部或内部轮廓的加工，可以随意选择粗加工、精加工、综合加工工艺阶段。粗加工轮廓时，按最大的编程进给深度进行切削且到达轮廓的交点后清除平行于轮廓的毛刺，进行粗加工直到编程的精加工，在粗加工的同一方向进行精加工，刀具半径补偿可以由循环自动选择或不选择。

CYCLE95 循环指令格式为：

```
CYCLE95(NPP,MID,FALZ,FALX,FAL,FF1,FF2,FF3,VARI,DT,DAM,_VRT)
```

其中，NPP 表示轮廓子程序名称；

MID 表示进给深度（无符号输入）；

FALZ 表示在纵向轴的精加工余量（无符号输入），即 Z 向精加工余量；

FALX 表示在横向轴的精加工余量（无符号输入），即 X 向精加工余量；

FAL 表示轮廓的精加工余量；
FF1 表示非切槽加工的进给率；
FF2 表示切槽时的进给率；
FF3 表示精加工的进给率；
VARI 表示加工类型范围值，取值为 1 ～ 12，对应加工类型含义如表 5-2 所示；
DT 表示粗加工时用于断屑的停顿时间；
DAM 表示粗加工因断屑而中断时所经过的长度；
_VRT 表示粗加工时从轮廓的退回行程，增量（无符号输入）。

表 5-2 加工类型

值	切削方向	轮廓类型	加工工艺阶段
1	Z 向（纵向）	外轮廓	粗加工
2	X 向（表面）	外轮廓	粗加工
3	Z 向（纵向）	内轮廓	粗加工
4	X 向（表面）	内轮廓	粗加工
5	Z 向（纵向）	外轮廓	精加工
6	X 向（表面）	外轮廓	精加工
7	Z 向（纵向）	内轮廓	精加工
8	X 向（表面）	内轮廓	精加工
9	Z 向（纵向）	外轮廓	综合加工
10	X 向（表面）	外轮廓	综合加工
11	Z 向（纵向）	内轮廓	综合加工
12	X 向（表面）	内轮廓	综合加工

加工编程例题参看第 10 章 10.4 节西门子系统数控车仿真加工。

第 6 章

仿形车削复合循环 G73

仿形车削复合循环 G73 指令主要用于如图 6-1（a）所示铸造、锻造成形毛坯工件的粗加工，图中阴影区域为需切削掉的部分材料；一般不用于如图 6-1（b）所示棒料毛坯工件的加工，因为若用于棒料的加工会有较多的空行程，效率较低。

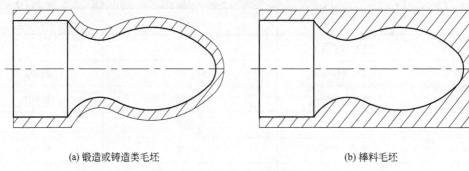

(a) 锻造或铸造类毛坯　　　　　　　　　　(b) 棒料毛坯

图 6-1　零件毛坯示意图

指令格式：

```
G00   X____  Z____
G73   U____  R____
G73   P___ Q___ U___ W___ F___
```

各地址含义：

（1）第一行

X、Z 为粗车循环起点坐标值。

（2）第二行

U 为循环切削中径向（X 向）的最大切削深度，半径值，单位 mm。计算时用毛坯的最大直径与零件图纸上所要加工的最小直径之差再除以 2。

R 为加工循环次数，一般在计算中取 $R = U-1$。

（3）第三行

P 为轮廓循环开始程序段段号。

Q 为结束程序段的段号。

U 为 X 方向的精加工余量，直径值，单位 mm。

W 为 Z 方向的精加工余量，单位 mm。

F 为切削进给量，单位 mm/r。

【例 1】　如图 6-2 所示，若工件毛坯为锻件，表面留有 2mm 余量，采用 G73 循环编制该零件外圆面的加工程序如下：

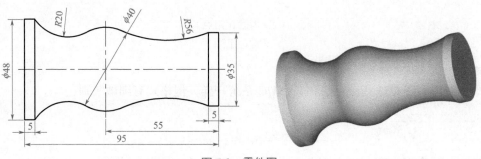

图 6-2　零件图

```
T0101                        （调用刀具刀补）
M03 S800                     （主轴正转）
G00 X100 Z100                （快进到起刀点）
G00 X60 Z2                   （进刀到循环起点）
G73 U2 R2                    （粗车循环参数设置）
G73 P1 Q2 U0.6 W0.3 F0.3     （粗车循环参数设置）
  N1 G00 X35 Z2              （精车起始程序段）
  G01 Z-5 F0.1               （直线插补）
  G02 X36.746 Z-47.098 R56   （圆弧插补，坐标值可通过 CAD 查询得）
  G03 X35.422 Z-64.291 R20   （圆弧插补，坐标值可通过 CAD 查询得）
  G02 X48 Z-90 R20           （圆弧插补）
  N2 G01 Z-95               （精车终止程序段）
G00 X60 Z2                   （进刀到循环起点）
G70 P1 Q2                    （精车循环）
G00 X100 Z100                （返回起刀点）
M30                          （程序结束）
```

G73 循环指令格式与 G71 指令基本相同，只是第二行中的 U、R 含义和取值有区别。由于 G73 是粗车，所以仍然要配合 G70 完成精车。若选用棒料毛坯，毛坯直径 ϕ50mm，编制加工程序如下：

```
T0101                        （调用刀具刀补）
M03 S800                     （主轴正转）
G00 X100 Z100                （快进到起刀点）
G00 X60 Z2                   （进刀到循环起点）
G73 U7.5 R7                  （粗车循环参数设置）
G73 P1 Q2 U0.6 W0.3 F0.3     （粗车循环参数设置）
  N1 G00 X35 Z2              （精车起始程序段）
  G01 Z-5 F0.1               （直线插补）
  G02 X36.746 Z-47.098 R56   （圆弧插补，坐标值可通过 CAD 查询得）
  G03 X35.422 Z-64.291 R20   （圆弧插补，坐标值可通过 CAD 查询得）
  G02 X48 Z-90 R20           （圆弧插补）
  N2 G01 Z-95               （精车终止程序段）
G00 X60 Z2                   （进刀到循环起点）
G70 P1 Q2                    （精车循环）
```

```
G00 X100 Z100                    （返回起刀点）
M30                              （程序结束）
```

◆【HNC 华中数控系统】******

华中数控系统 G73 指令用法和 FANUC 系统一样，但格式有细微区别.

```
G00  X___ Z___
G73  U___ W___ R___ P___ Q___ X___ Z___ F___
```

其中，U 为 X 向粗加工总余量（半径值），W 为 Z 向粗加工总余量，R 为粗加工次数，可取经验值 $R=U-1$ 并取整。编制如图 6-2 所示零件加工程序如下：

```
T0101                                    （调用刀具刀补）
M03 S800                                 （主轴正转）
G00 X100 Z100                            （快进到起刀点）
G00 X60 Z2                               （进刀到循环起点）
G73 U7.5 W2 R7 P1 Q2 X0.6 Z0.3 F40      （粗车循环参数设置）
  N1 G00 X35 Z2                          （精车起始程序段）
  G01 Z-5 F30                            （直线插补）
  G02 X36.746 Z-47.098 R56               （圆弧插补，坐标值可通过 CAD 查询得）
  G03 X35.422 Z-64.291 R20               （圆弧插补，坐标值可通过 CAD 查询得）
  G02 X48 Z-90 R20                       （圆弧插补）
  N2 G01 Z-95                            （精车终止程序段）
G00 X100 Z100                            （返回起刀点）
M30                                      （程序结束）
```

【例 2】 加工如图 5-5 所示零件，%1 程序选用的是锻件毛坯，加工仿真结果如图 6-3 所示，%2 程序选用的是棒料毛坯，毛坯直径为 30mm，加工仿真结果如图 6-4 所示。

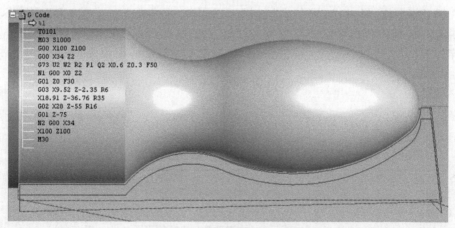

图 6-3　锻件毛坯加工仿真结果

```
%1
T0101                                    （调用刀具刀补）
M03 S1000                                （主轴正转）
```

```
G00 X100 Z100                         （快进到起刀点）
G00 X34 Z2                            （刀具定位到循环起点）
G73 U2 W2 R2 P1 Q2 X0.6 Z0.3 F50      （循环参数设置）
  N1 G00 X0 Z2                        （快进到切削起点）
  G01 Z0 F30                          （直线插补到球顶点）
  G03 X9.52 Z-2.35 R6                 （逆时针圆弧插补）
  X18.91 Z-36.76 R35                  （逆时针圆弧插补）
  G02 X28 Z-55 R16                    （顺时针圆弧插补）
  G01 Z-75                            （直线插补）
  N2 G00 X34                          （退刀）
X100 Z100                             （返回起刀点）
M30                                   （程序结束）
```

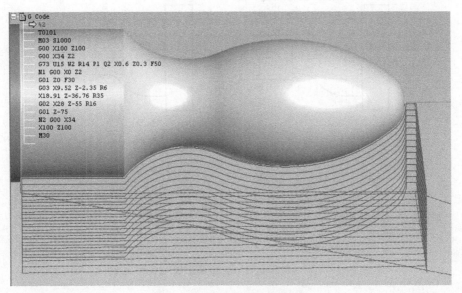

图 6-4　棒料毛坯加工仿真结果

```
%2
T0101                                 （调用刀具刀补）
M03 S1000                             （主轴正转）
G00 X100 Z100                         （快进到起刀点）
G00 X34 Z2                            （刀具定位到循环起点）
G73 U15 W2 R14 P1 Q2 X0.6 Z0.3 F50    （循环参数设置）
  N1 G00 X0 Z2                        （快进到切削起点）
  G01 Z0 F30                          （直线插补到球顶点）
  G03 X9.52 Z-2.35 R6                 （逆时针圆弧插补）
  X18.91 Z-36.76 R35                  （逆时针圆弧插补）
  G02 X28 Z-55 R16                    （顺时针圆弧插补）
  G01 Z-75                            （直线插补）
  N2 G00 X34                          （退刀）
```

```
X100 Z100                              （返回起刀点）
M30                                    （程序结束）
```

下面以图 6-5 所示两零件为例来说明 G73 指令中的 U、R 取值。若毛坯为 ϕ40mm 棒料，采用 G73 指令加工如图 6-5（a）所示零件时，工件最大直径尺寸为 40mm，最小直径为 16mm，则 $U = \dfrac{40-16}{2} = 12$ (mm)，R 可取经验值 11（即 U-1）；加工如图 6-5（b）所示零件时，工件最小直径为 0mm，即球顶点，则 $U = \dfrac{40-0}{2} = 20$ (mm)，R 可取经验值 19（即 U-1）。

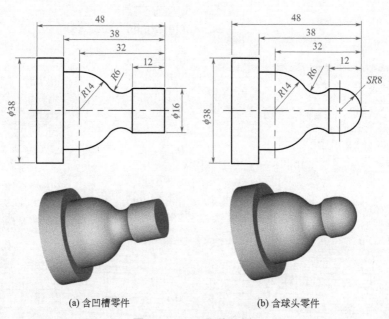

(a) 含凹槽零件　　　　　　　(b) 含球头零件

图 6-5　U、R 取值示例

第 **7** 章

内轮廓车削

零件内轮廓的加工存在空间小、内腔轮廓深、不易观察、排屑困难、散热性能差等问题，相对于外轮廓的加工难度增加不少。如图 7-1 所示，采用 G71 加工内轮廓时要注意刀具的加工区域为循环起点 A、切削起点 A' 和退刀点 B 三个关键点与精车路线围成的区域，该区域内材料将全部被切削加工完，切削深度（每次切削量）指定时不加符号，方向由矢量 $\overrightarrow{AA'}$ 决定（即从 $A \to A'$ 方向分层阶梯车削）。

加工内轮廓时需要选用内孔车刀，FANUC 数控系统中 T 指令用于换刀和刀具位置补偿，其格式为：

如图 7-2 所示，该指令格式为 T ○○ ××，由地址符 T 和其后的 4 位数字来表示，其中前两位数字○○为刀具号，后两位 ×× 为刀具补偿号。例如调用第 3 号刀具，并进行刀具补偿用指令"T0303"；若要取消刀具补偿，将后两位数字变为 00，即 T0300。

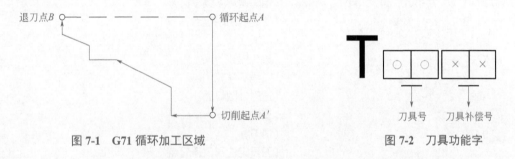

图 7-1 G71 循环加工区域   图 7-2 刀具功能字

【例 1】 采用 G71 指令编制加工如图 7-3 所示含内轮廓零件程序如下，该零件底孔已经提前加工完毕。注意精车余量的取值，即参数 U 中的数值应为负，如图 7-4 所示。

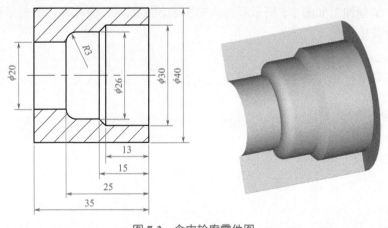

图 7-3 含内轮廓零件图

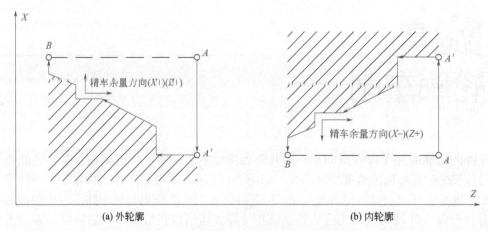

(a) 外轮廓　　　　　　　　　　　　(b) 内轮廓

图 7-4　G71 循环中精车余量正负值的选择

```
T0303                        （调用刀具刀补）
M03 S600                     （主轴正转）
G00 X0 Z200                  （快进到起刀点）
G00 X10 Z2                   （刀具移动到循环起点）
G71 U1 R1                    （粗车循环参数设置）
G71 P1 Q2 U-0.4 Z0.1 F0.2    （粗车循环参数设置）
  N1 G00 X30 Z2              （快进到切削起点）
  G01 Z-13 F0.1              （直线插补）
  X26 Z-15                   （直线插补）
  Z-22                       （直线插补）
  G03 X20 Z-25 R3            （逆时针圆弧插补）
  G01 Z-37                   （直线插补）
  N2 G00 X10                 （退刀）
G00 X10 Z2                   （刀具定位到循环起点）
G70 P1 Q2                    （精车循环）
Z200                         （返回起刀点）
M30                          （程序结束）
```

【例2】　编制加工如图 7-5 所示零件内轮廓的程序如下，该程序中有若干错误，请认真阅读后找出错误并改正。

```
T0201
G00 X0 Z2
G73 U1 R1
G73 P1 Q20 X0.4 Z0.1 F0.2
N10 G00 X47 Z2
G01 X41 Z-1
Z-8
X31 Z-18
Z30
G02 X23 Z-34 R4
G01 X20
Z-45
```

```
X16
G02 X12 Z-47
G01 Z-57
N20 G00 X0
G00 X0 Z2
G70 P1 Q20
Z200
M30
```

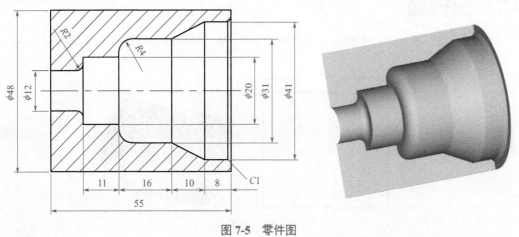

图 7-5　零件图

改正后的参考程序如下：

```
T0202                              （刀具号和刀补号通常一致）
M03 S600                           （主轴正转）
G00 X0 Z2
G71 U1 R1                          （采用 G71 指令）
G71 P10 Q20 U-0.4 W0.1 F0.2        （G71 指令格式错误，程序段号引用错误，U 值应取负）
  N10 G00 X47 Z2
  G01 X41 Z-1 F0.1                 （精车进给速度）
  Z-8
  X31 Z-18
  Z-30                             （坐标值为负）
  G03 X23 Z-34 R4                  （逆时针圆弧插补）
  G01 X20
  Z-45
  X16
  G02 X12 Z-47 R2                  （圆弧插补缺圆弧半径）
  G01 Z-57
  N20 G00 X0
G00 X0 Z2
G70 P10 Q20                        （程序段号引用错误）
Z200
M30
```

第 8 章

外圆切削循环 G90

8.1 圆柱面

【例 1】 如图 8-1 所示光轴，毛坯直径为 ϕ40mm，编制粗、精加工程序如下：

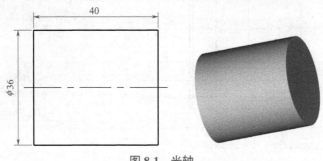

图 8-1 光轴

```
T0101                （调用刀补，建立工件坐标系）
M03 S800             （主轴正转）
G00 X100 Z100        （快进到起刀点）
X38 Z2               （进刀到第 1 层切削起点）
G01 Z-40 F0.15       （切削）
G00 X45              （退刀）
Z2                   （返回）
X37                  （进刀到第 2 层切削起点）
G01 Z-40 F0.15       （切削）
G00 X45              （退刀）
Z2                   （返回）
X36.2                （进刀到第 3 层切削起点）
G01 Z-40 F0.15       （切削）
G00 X45              （退刀）
Z2                   （返回）
X36                  （进刀到第 4 层切削起点）
G01 Z-40 F0.1        （切削）
G00 X100             （退刀）
Z100                 （返回）
M30                  （程序结束）
```

上面的程序将圆柱面分 4 层切削，第一层从直径 ϕ40mm 切削到 ϕ38mm，第二层切至 ϕ37mm，第三层切至 ϕ36.2mm，最后一层切至 ϕ36mm，每一层都包含进刀、切削、退刀、返回四步，这种典型的外圆柱面切削循环动作在 FANUC 数控系统中可由固定的 G90 循环指令来实现。

G90 指令格式如下：

```
G00 X___ Z___                    （定位到循环起点 A）
G90 X(U)___ Z(W)___ F___         （循环加工）
```

其中：

X、Z：切削终点 B 的绝对坐标值。

U、W：切削终点相对于循环起点的相对坐标值。

F：切削速度。

G90 循环指令刀具轨迹如图 8-2 所示，刀具从循环起点 A 开始按矩形循环，最后回到循环起点。在循环路线中，循环起点 A → 切削起点 1 用 G00 指令，切削起点 1 → 切削终点 B 用 G01 指令，切削终点 B → 退刀点 2 用 G01 指令，退刀点 2 → 循环起点 A 用 G00 指令。采用 G90 循环指令编制图 8-1 所示零件加工程序如下：

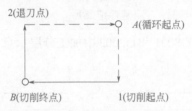

图 8-2　G90 循环指令刀具轨迹

```
T0101                     （调用刀补，建立工件坐标系）
M03 S800                  （主轴正转）
G00 X100 Z100             （快进到起刀点）
X45 Z2                    （定位到循环起点）
G90 X38 Z-40 F0.15        （循环加工第 1 层）
X37                       （循环加工第 2 层）
X36.2                     （循环加工第 3 层）
X36                       （循环加工第 4 层）
G00 X100 Z100             （返回起刀点）
M30                       （程序结束）
```

【例2】　如图 8-3 所示台阶轴，毛坯直径 ϕ30mm，采用 G90 指令编程如下：

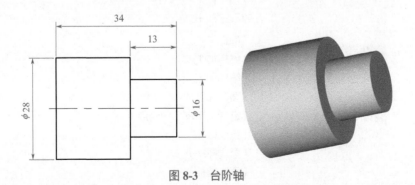

图 8-3　台阶轴

```
O8001
T0101                          （调用刀补，建立工件坐标系）
M03 S800                       （主轴正转）
G00 X100 Z100                  （快进到起刀点）
X35 Z2                         （定位到循环起点）
G90 X28.4 Z-34 F0.15           （循环加工）
X28                            （循环加工）
X26 Z-13                       （循环加工）
X24                            （循环加工）
X22                            （循环加工）
X20                            （循环加工）
X18                            （循环加工）
X16.4                          （循环加工）
X16                            （循环加工）
G00 X100 Z100                  （返回起刀点）
M30                            （程序结束）
```

修改后的程序如下，程序 O8001 和 O8002 中加工分层示意分别如图 8-4（a）、图 8-4（b）所示。

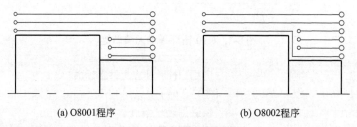

(a) O8001程序   (b) O8002程序

图 8-4　加工分层示意图

```
O8002
T0101                          （调用刀补，建立工件坐标系）
M03 S800                       （主轴正转）
G00 X100 Z100                  （快进到起刀点）
X35 Z2                         （定位到循环起点）
G90 X28.4 Z-34 F0.15           （循环加工）
X26 Z-12.8                     （循环加工）
X24                            （循环加工）
X22                            （循环加工）
X20                            （循环加工）
X18                            （循环加工）
X16.4                          （循环加工）
G00 X16 Z2                     （定位到精车切削起点）
G01 Z-13 F0.1                  （直线插补）
X28                            （直线插补）
Z-34                           （直线插补）
```

```
G00 X100                          （退刀）
Z100                              （返回）
M30                               （程序结束）
```

◆【HNC 华中数控系统】******

华中数控系统圆柱面切削循环指令为 G80，用法和 FANUC 系统一致，G80 指令格式如下：

```
G00 X___ Z___                     （定位到循环起点 A）
G80 X(U)___ Z(W)___ F___          （循环加工）
```

其中：

X、Z：切削终点 B 的绝对坐标值。

U、W：切削终点相对于循环起点的相对坐标值。

F：切削速度。

编制如图 8-1 所示光轴的加工程序如下：

```
%1
T0101                             （调用刀补，建立工件坐标系）
M03 S800                          （主轴正转）
G00 X100 Z100                     （快进到起刀点）
X45 Z2                            （定位到循环起点）
G80 X38 Z-40 F30                  （循环加工第 1 层）
X37                               （循环加工第 2 层）
X36.2                             （循环加工第 3 层）
X36                               （循环加工第 4 层）
G00 X100 Z100                     （返回起刀点）
M30                               （程序结束）
```

8.2　圆锥面

圆锥的四个基本参数如图 8-5 所示，它们分别是大径 D、小径 d、长度 L 和锥度 C，四个基本参数的关系为 $C = \dfrac{D-d}{L}$，只要已知其中任意 3 个参数值，就可根据关系式求出另外一个参数值。请计算表 8-1 中所缺的参数值。表 8-2 是已经计算好的参数值。

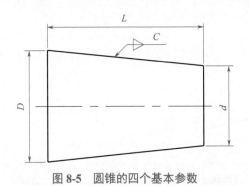

图 8-5　圆锥的四个基本参数

表 8-1 圆锥参数值计算

序号	D	d	L	C
1	$\phi40$	$\phi30$	50	
2	$\phi38$	$\phi30$		1 : 5
3	$\phi30$		40	1 : 8
4		$\phi38$	50	1 : 4

表 8-2 圆锥参数值计算参考答案

序号	D	d	L	C
1	$\phi40$	$\phi30$	50	1 : 5
2	$\phi38$	$\phi30$	40	1 : 5
3	$\phi30$	$\phi25$	40	1 : 8
4	$\phi50.5$	$\phi38$	50	1 : 4

G90 循环指令格式如下，刀具轨迹如图 8-6 所示，刀具从循环起点 A 开始按梯形循环，最后回到循环起点。在循环路线中，循环起点 A →切削起点 1 用 G00 指令，切削起点 1 →切削终点 B 用 G01 指令，切削终点 B →退刀点 2 用 G01 指令，退刀点 2 →循环起点 A 用 G00 指令。

```
G00 X___ Z___                    （定位到循环起点 A）
G90 X(U)___ Z(W)___ R___ F___    （循环加工）
```

其中：

X、Z：切削终点的绝对坐标值。

U、W：切削终点相对于循环起点的相对坐标值。

R：锥体大小端的半径差，且右端面按延伸后的切削起点进行考虑，如图 8-6 所示，大端直径等于 B 点直径的 X 值表示为 X_B，延伸后的小端直径等于 1 点直径的 X 值表示为 X_1，则 $R = \dfrac{X_1 - X_B}{2}$。R 值有正负，其变化规律如图 8-7 所示：锥面起点坐标大于终点坐标时 R 取正值，锥面起点坐标等于终点坐标时 R 取零（可省略，圆柱面切削循环的情况），锥面起点坐标小于终点坐标时 R 取负值。图中箭头表示进给方向。

F：切削速度。

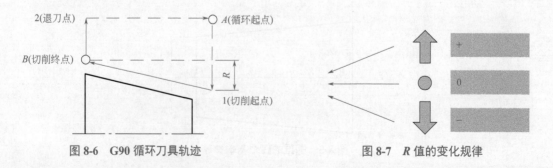

图 8-6 G90 循环刀具轨迹　　　　　　图 8-7 R 值的变化规律

【例 1】　加工如图 8-8 所示外圆锥面，锥度 $C = \dfrac{D-d}{L} = \dfrac{28-20}{40} = \dfrac{1}{5}$，假定循环起点 A

(34，2)，则 $R = \dfrac{X_1 - X_B}{2} = \dfrac{d-D}{2} - C = \dfrac{20-28}{2} - \dfrac{1}{5} = -4.2$。编制精加工程序如下：

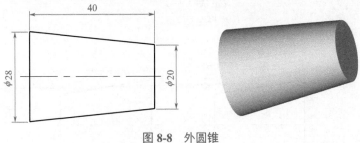

图 8-8　外圆锥

```
T0101                      （调用刀具刀补，建立工件坐标系）
M03 S800                   （主轴正转）
G00 X34 Z2                 （刀具定位到循环起点）
G90 X28 Z-40 R-4.2 F0.1    （循环加工圆锥）
G00 X100 Z100              （返回起刀点）
M30                        （程序结束）
```

设毛坯直径为 $\phi 30\text{mm}$，编制粗精加工程序如下：

```
O8003                      （程序号）
T0101                      （调用刀具刀补，建立工件坐标系）
M03 S800                   （主轴正转）
G00 X100 Z100              （快进到起刀点）
G00 X40 Z2                 （刀具定位到循环起点）
G90 X36 Z-40 R-4.2 F0.3    （循环加工）
X34                        （循环加工）
X32                        （循环加工）
X30                        （循环加工）
X28.4                      （循环加工）
X28 F0.1                   （循环加工）
G00 X100 Z100              （返回起刀点）
M30                        （程序结束）
```

在程序 O8003 中采用了如图 8-9（a）所示等锥度分层策略，即每一层加工圆锥的锥度值一致，只有切削起点和切削终点的 X 坐标值递减，程序 O8004 中采用了锥度递变的分层策略，如图 8-9（b）所示，反映在程序中即为 R 值从 "0" 递减变化到最终的 "-4.2"：

```
O8004                      （程序号）
T0101                      （调用刀具刀补，建立工件坐标系）
M03 S800                   （主轴正转）
G00 X100 Z100              （快进到起刀点）
G00 X34 Z2                 （刀具定位到循环起点）
G90 X28 Z-40 R-1 F0.3      （循环加工）
```

```
X28 Z-40 R-2              （循环加工）
X28 Z-40 R-3              （循环加工）
X28 Z-40 R-4              （循环加工）
X28 Z-40 R-4.2 F0.1       （循环加工）
G00 X100 Z100             （返回起刀点）
M30                       （程序结束）
```

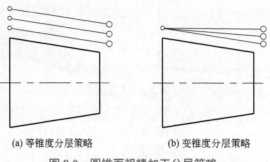

(a) 等锥度分层策略   (b) 变锥度分层策略

图 8-9　圆锥面粗精加工分层策略

【例 2】　加工如图 8-10 所示含圆柱和圆锥面零件，毛坯直径为 ϕ35mm，编制加工程序如下：

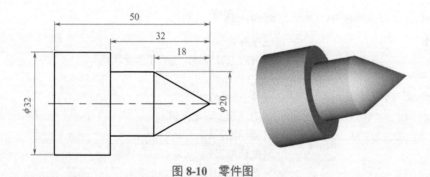

图 8-10　零件图

```
T0101                        （调用刀具刀补，建立工件坐标系）
M03 S800                     （主轴正转）
G00 X100 Z100                （快进到起刀点）
X38 Z2                       （刀具定位到循环起点）
G90 X33 Z-50 F0.1            （循环加工圆柱面）
X32.4                        （循环加工圆柱面）
X32                          （循环加工圆柱面）
X30 Z-32                     （循环加工圆柱面）
X28                          （循环加工圆柱面）
X26                          （循环加工圆柱面）
X24                          （循环加工圆柱面）
X22                          （循环加工圆柱面）
X20.4                        （循环加工圆柱面）
X20                          （循环加工圆柱面）
```

```
X20 Z-18 R-2              （循环加工圆锥面）
X20 Z-18 R-4              （循环加工圆锥面）
X20 Z-18 R-6              （循环加工圆锥面）
X20 Z-18 R-8              （循环加工圆锥面）
X20 Z-18 R-10             （循环加工圆锥面）
X20 Z-18 R-11             （循环加工圆锥面）
X20 Z-18 R-11.11          （循环加工圆锥面）
G00 X100 Z100             （返回起刀点）
M30                       （程序结束）
```

◆【HNC 华中数控系统】＊＊＊＊＊＊

华中数控系统圆柱面切削循环指令为 G80，用法和 FANUC 系统一致，G80 指令格式
如下：

```
G00 X___ Z___                      （定位到循环起点 A）
G80 X(U)___ Z(W)___ I___ F___      （循环加工）
```

其中：

X、Z：切削终点 B 的绝对坐标值。

U、W：切削终点相对于循环起点的相对坐标值。

I：锥体大小端的半径差，且右端面按延伸后的切削起点的值进行考虑。

F：切削速度。

编制如图 8-8 所示圆锥的加工程序如下：

```
%1
T0101                    （调用刀具刀补，建立工件坐标系）
M03 S800                 （主轴正转）
G00 X100 Z100            （快进到起刀点）
G00 X40 Z2               （刀具定位到循环起点）
G80 X36 Z-40 I-4.2 F30   （循环加工）
X34                      （循环加工）
X32                      （循环加工）
X30                      （循环加工）
X28.4                    （循环加工）
X28 F20                  （循环加工）
G00 X100 Z100            （返回起刀点）
M30                      （程序结束）
```

第 **9** 章

切槽与切断

9.1　切槽与切断加工基础

普通轴类零件通常都加工有沟槽，常见的沟槽形状有矩形、V形、梯形、圆弧形等（图 9-1）。沟槽在工件上的位置由零件图决定，主要分布在外轮廓、内轮廓和端面上，也可能在拐角位置（图 9-2）。矩形沟槽的常用尺寸表示方法有槽宽 $b\times$ 槽底径 d、槽宽 $b\times$ 槽深 h（图 9-3）。

(a) 矩形　　(b) V形　　(c) 梯形　　(d) 圆弧形

图 9-1　常见沟槽形状

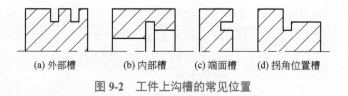

(a) 外部槽　　(b) 内部槽　　(c) 端面槽　　(d) 拐角位置槽

图 9-2　工件上沟槽的常见位置

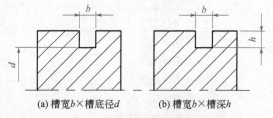

(a) 槽宽 $b\times$ 槽底径 d　　(b) 槽宽 $b\times$ 槽深 h

图 9-3　矩形槽的尺寸表示

矩形外沟槽采用切槽刀加工，要求切槽刀宽度小于或等于槽宽。车削精度不高的和宽度较窄（槽宽 < 5mm）的矩形沟槽，可以用刀宽等于槽宽的切槽刀，采用直进法一次进给车出。精度要求较高的沟槽，一般采用二次进给车成，即第一次进给车沟槽时，槽壁两侧留精车余量，第二次进给时用等宽刀修整。车削较宽（槽宽 > 5mm）的沟槽，可以采用多次直进法切割，并在槽壁两侧留一定的精车余量，然后根据槽深、槽宽精车至图样尺寸。

【例 1】　如图 9-4 所示，零件中矩形沟槽槽宽 2mm，槽底径 14mm，选用 2mm 宽的切槽刀，以左边刀尖为刀位点（图 9-5），编制加工程序如下：

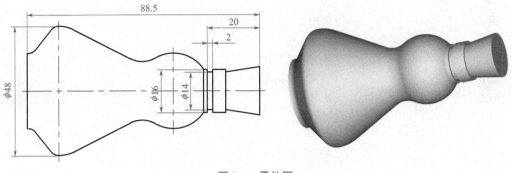

图 9-4 零件图

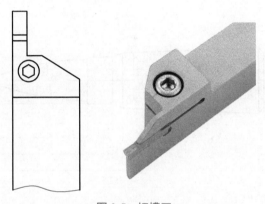

图 9-5 切槽刀

```
T0202              （调用 2 号刀具刀补，刀宽 2mm）
M03 S500           （主轴正转）
G00 X100 Z100      （快进到起刀点）
X20 Z-20           （快进到切削起点）
G01 X14 F0.1       （切槽）
G00 X100           （退刀）
Z100               （返回）
M30                （程序结束）
```

【例2】 如图 9-6 所示拐角位置槽，选用 3mm 宽的切槽刀，编制加工程序如下：

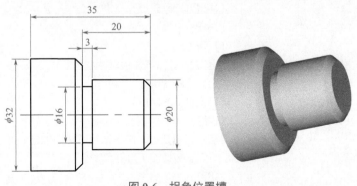

图 9-6 拐角位置槽

```
T0202              （调用 2 号刀具刀补，刀宽 3mm）
M03 S500           （主轴正转）
G00 X100 Z100      （快进到起刀点）
X36 Z-20           （快进到切削起点）
G01 X16 F0.1       （切槽）
G00 X100           （退刀）
Z100               （返回）
M30                （程序结束）
```

【例 3】 数控车削如图 9-7 所示子弹形零件中的矩形槽、槽右侧的倒角和切断，选用 2mm 宽的切槽刀完成加工，编程如下：

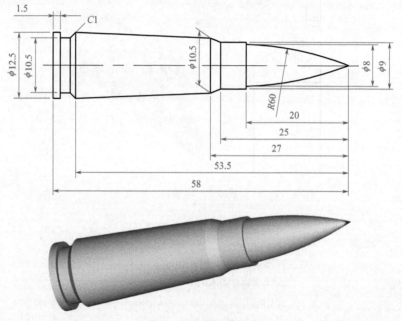

图 9-7 子弹形零件

```
T0202              （调用刀具刀补）
M03 S500           （主轴正转）
G00 X100 Z100      （快进到起刀点）
X16.5 Z-56.5       （快进到切削起点）
G01 X10.5 F0.1     （切槽）
G04 X1             （暂停 1s）
G00 X16.5          （退刀）
W3                 （刀具平移 3mm）
G01 X10.5 Z-56.5 F0.1  （切槽右侧的倒角）
G00 X16            （退刀）
Z-60               （切断刀具定位，由于选择切槽刀的左边刀尖为刀位点，所以
                   z 向坐标叠加了刀具宽度值）
G01 X0 F0.1        （切断）
```

```
G00 X100                        （原路退回，避免没有切断而发生干涉甚至事故）
Z100                            （返回起刀点）
M30                             （程序结束）
```

【例 4】　图 9-8 所示光轴切断和左端面的倒角可以类似上例的方案选用切槽刀完成加工，如图 9-9 所示，先切一个浅槽，然后倒角，最后切断，编制加工程序如下：

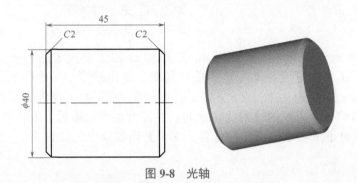

图 9-8　光轴

```
T0202                           （调用刀具刀补）
M03 S500                        （主轴正转）
G00 X44 Z-47                    （刀具定位）
G01 X36 F0.1                    （切浅槽）
G00 X44                         （退刀）
Z-43                            （倒角定位）
G01 X36 Z-47 F0.1              （倒角）
X0                              （切断）
G00 X100                        （退刀）
Z100                            （返回）
M30                             （程序结束）
```

(a) 切浅槽　　　　　　　　(b) 倒角　　　　　　　　(c) 切断

图 9-9　加工方案

9.2　切槽循环 G75

切槽循环 G75 指令格式如下：

```
G00 X___ Z___                   （X、Z：切削起点 A 的坐标值）
G75 R__                         （R：X 方向的退刀量，半径值，无正负符号，单位 mm，
```

```
                                  取1或2即可)
G75 X__ Z__ P__ Q__ R__ F__       (X: 槽底 B 点的 X 坐标值)
                                  (Z: 切削终点 D 的 Z 坐标值)
                                  (P: X 向每一刀切削深度,直径值,单位 μm,无正负符
                                      号,推荐等于刀宽值)
                                  (Q: 刀具每完成一层 A→B 的切削后,在 Z 向的偏移量,
                                      单位 μm,无正负符号)
                                  (R: A→B 切削后 Z 向退刀量,为了安全,建议省略它)
```

　　如图 9-10 所示,切槽加工区域为 A、B、C、D 四个点围成的矩形,因为切槽刀有一定宽度,所以矩形的宽度并不是整个槽的宽度,要比槽宽小一个刀宽。切槽刀一般选择左刀尖为刀位点,若从左往右分层加工,则槽的左侧 A 点为切削起点,若从右往左加工则距离槽右侧一个刀宽的 A 点为切削起点。注意循环结束后,刀具停留在切削起点 A 点,明确这一点对于下一步编程非常重要。G75 循环指令中的参数 P、Q 值含义如图 9-10 所示。

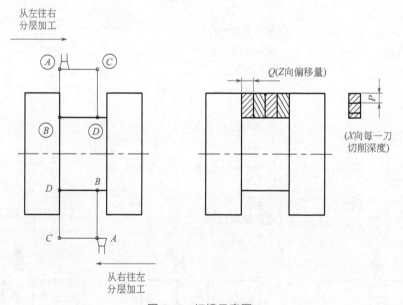

图 9-10　切槽示意图

将指令格式整理一下:

```
G00 X__ Z__                       (X、Z: 切削起点 A 的坐标值)
G75 R1
G75 X__ Z__ P3000 Q__ F__         (X、Z: 切削终点 D 的坐标值)
                                  (Q: 刀具每完成一层 A→B 的切削后,在 Z 向的偏移量,
                                      单位 μm,无正负符号)
```

【例1】　加工如图 9-11 所示宽槽,选用 3mm 宽切槽刀从右往左分层加工,加工编程如下:

```
M03 S500 T0202                    (2 号刀具为 3mm 宽切槽刀)
```

```
G00 X54 Z-18              （切削起点 A 的坐标值）
G75 R1                    （退刀距离）
G75 X30 Z-35 P3000 Q2500 F0.1   （本例中注意 Q 的取值不能大于刀宽）
G00 X100 Z100            （返回安全位置）
```

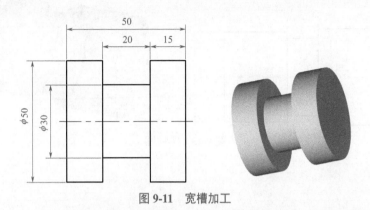

图 9-11　宽槽加工

从左往右分层加工，请注意结合示意图 9-10 中切削起点和切削终点的变化：

```
M03 S500 T0202
G00 X54 Z-35             （切削起点 A 的坐标值）
G75 R1
G75 X30 Z-18 P3000 Q2500 F0.1   （切削终点 D 的坐标值）
G00 X100 Z100
```

【例2】　切削加工如图 9-12 所示零件中的等距多槽，选用 4mm 宽的 2 号切槽刀，编制加工程序如下：

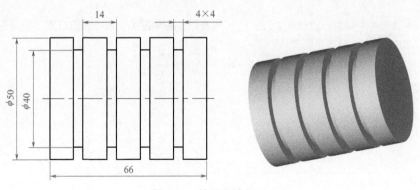

图 9-12　等距多槽加工

```
M03 S500 T0202
G00 X54 Z-14
G75 R1
G75 X40 Z-56 P3000 Q14000 F0.1   （Q 的取值为相邻两槽对应点之间距离）
G00 X100 Z100
```

【例3】 切削加工如图 9-13 所示零件图中的槽，选用 2 号 3mm 宽切槽刀，所编制的程序如下，有若干错误，请找出来并修改正确：

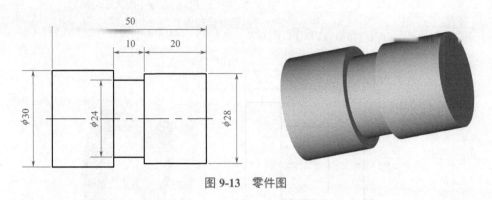

图 9-13 零件图

```
T0102
M05 S600
GOO X30 Z-30
G75 R1
G75 X24 Z-20 P3000 Q5000 F0.1
G00 X100 Z100
M30
```

修改后的参考程序如下：

```
T0202                           （2号刀具）
M03 S600                        （主轴正转）
G00 X34 Z-30                    （注意区别字母 O 和数字 0，切削起点 X 坐标值应大于
                                 工件直径值）
G75 R1
G75 X24 Z-23 P3000 Q2500 F0.1   （D 点 Z 坐标值为 -23，宽槽加工时 Q 取值不能超过刀宽）
G00 X100 Z100
M30
```

第 10 章

数控车仿真加工

FANUC 系统数控车仿
真加工（外圆面加工）

10.1 FANUC 系统数控车仿真加工（外圆面加工）

如图 10-1 所示，毛坯棒料直径为 $\phi30$mm，要求仿真加工完成精车外圆面和切槽。

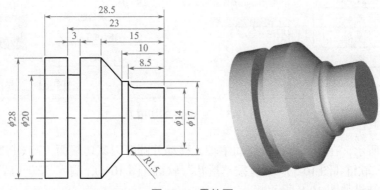

图 10-1 零件图

分析零件图的加工要求，装上 1 号外圆车刀（图 10-2）和 2 号 3mm 宽的切槽刀（图 10-3）。

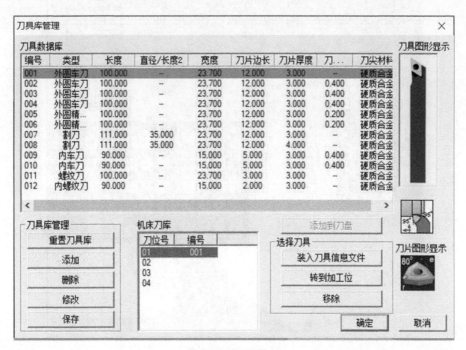

图 10-2 外圆车刀

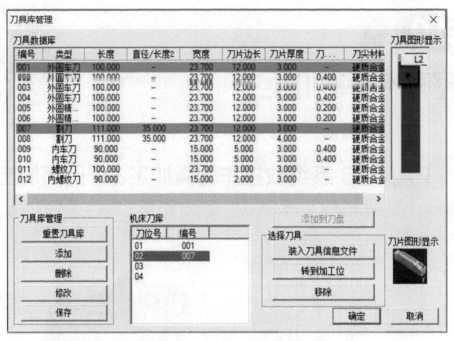

图 10-3　宽 3mm 的切槽刀

如图 10-4 所示，在手动方式下启动主轴，移动外圆车刀试切端面，按 OFFSET SETTING 键后按"补正"软键（图 10-5），接着按"形状"软键（图 10-6），输入"Z0"后按"测量"软键（图 10-7），结果如图 10-8 所示。

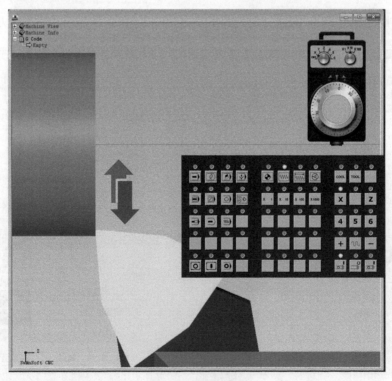

图 10-4　试切端面

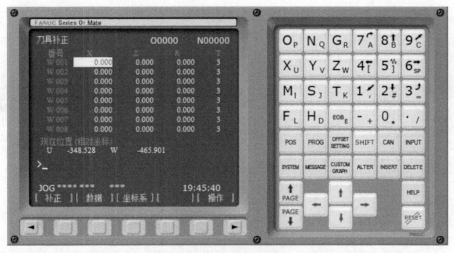

图 10-5 按 OFFSET SETTING 键后按 "补正" 软键

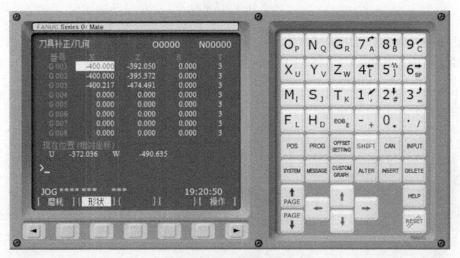

图 10-6 按 "形状" 软键

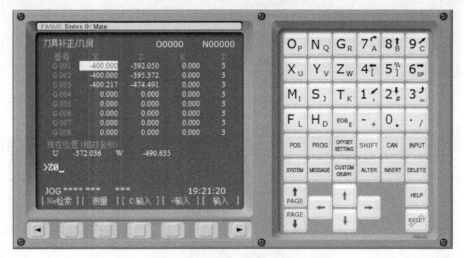

图 10-7 输入 "Z0" 后按 "测量" 软键

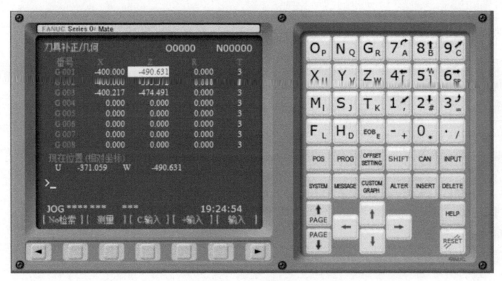

图 10-8　结果图

如图 10-9 所示，移动刀具试切外圆，停主轴后测量加工直径值（图 10-10），输入"X"+测得直径值后按"测量"软键（图 10-11），结果如图 10-12 所示。

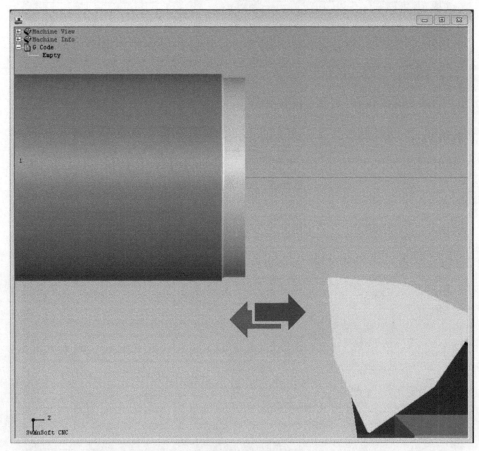

图 10-9　试切外圆

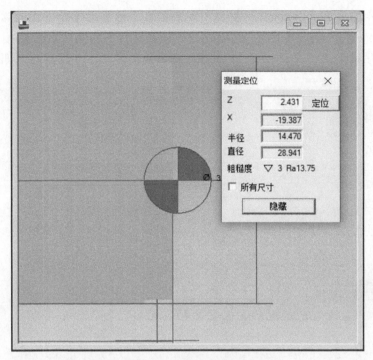

图 10-10　测量加工直径值

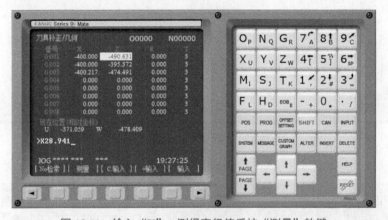

图 10-11　输入 "X" + 测得直径值后按 "测量" 软键

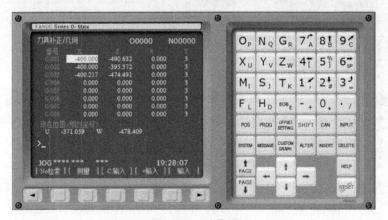

图 10-12　结果图

按机床操作面板上的"TOOL"键换上 2 号刀具，然后在手轮方式下移动刀具，用刀位点蹭工件转角位置（图 10-13），在 G002（2 号刀具）下输入"Z0"后按"测量"软键（图 10-14），然后输入"X"+测得直径值并按"测量"软键（图 10-15），结果如图 10-16 所示。

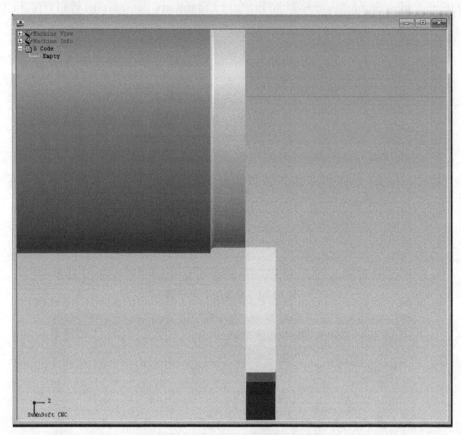

图 10-13　切槽刀刀位点蹭工件角点

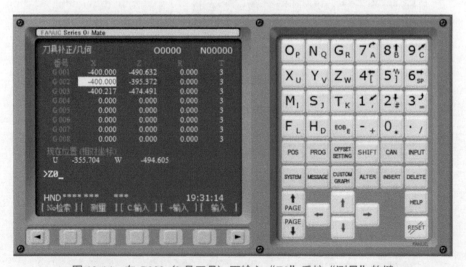

图 10-14　在 G002（2 号刀具）下输入"Z0"后按"测量"软键

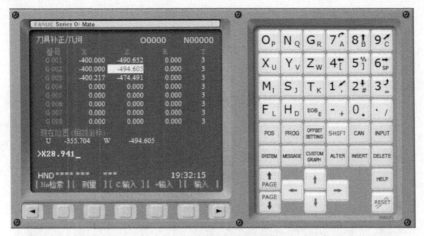

图 10-15 输入 "X" + 测得直径值并按 "测量" 软键

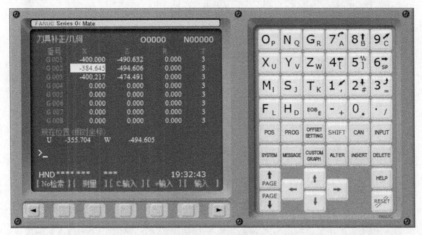

图 10-16 结果图

如图 10-17 所示，在 EDIT 编辑模式下按 PROG 程序键，按 "DIR" 软键（图 10-18），输入程序号后按 INSERT 插入键（图 10-19），在程序输入界面输入如下加工程序（图 10-20），然后在 MEM 自动模式下按循环启动仿真加工，结果如图 10-21 所示。

```
T0101                        （换 1 号外圆车刀）
M03 S600                     （主轴正转）
G00 X100 Z100                （刀具快进到起刀点）
X32 Z2                       （快进到循环起点）
G71 U1 R1                    （循环参数设置）
G71 P1 Q2 U0.4 W0.1 F0.3     （循环参数设置）
N1 G00 X14 Z2                （快进到起刀点）
G01 Z-7 F0.1                 （直线插补）
G02 X17 Z-8.5 R1.5           （圆弧插补）
G01 Z-10                     （直线插补）
X28 Z-15                     （直线插补）
Z-28.5                       （直线插补）
N2 G00 X32                   （退刀）
```

```
X32 Z2                    （快进到循环起点）
G70 P1 Q2                 （精车循环）
G00 X100 Z100             （返回起刀点）
T0202                     （换 2 号切槽刀）
G00 X32 Z-23             （刀具定位）
G01 X20 F0.1              （切槽）
G00 X100                  （退刀）
Z100                      （返回）
M30                       （程序结束）
```

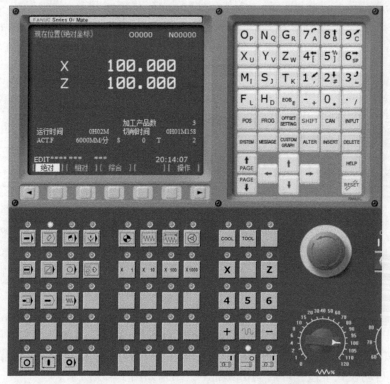

图 10-17　EDIT 编辑模式下按 PROG 程序键

图 10-18　按 "DIR" 软键

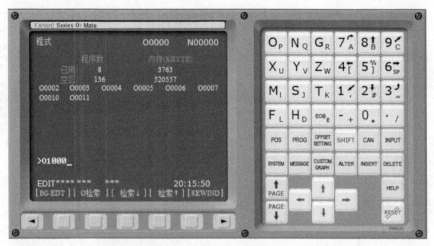

图 10-19 输入程序号后按 INSERT 插入键

图 10-20 EDIT 编辑模式下输入加工程序

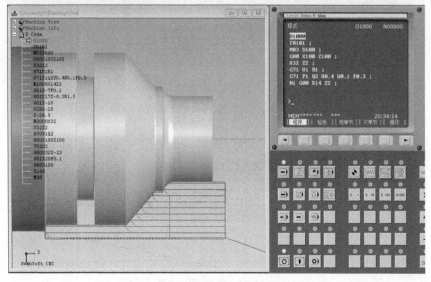

图 10-21 MEM 自动模式下仿真加工

10.2　FANUC 系统数控车仿真加工（零件调头加工）

如图 10-22 所示零件，毛坯尺寸 $\phi32\times65mm$，要求仿真加工。

FANUC 系统数控车仿真
加工（零件掉头加工）

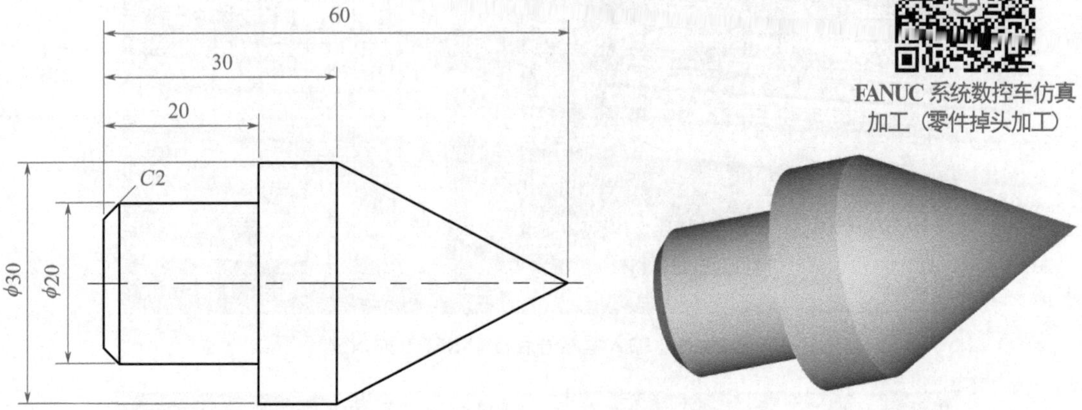

图 10-22　零件图

本节试切对刀建立 G54 工件坐标系，并调用 G54 工件坐标系完成工件的调头加工。按要求设置毛坯尺寸为 $\phi32\times65$（图 10-23），试切端面（图 10-24），按 "OFFSET SETTING" 参数设置键进入刀具补正页面（图 10-25），按 "坐标系" 软键进入工件坐标系设定页面，移动光标到 G54 位置，输入 "Z0"（图 10-26），按 "测量" 软键。试切外圆面（图 10-27），停主轴，测得直径值为 d（图 10-28），输入 Xd（图 10-29），然后按 "测量" 软键，对刀完成，结果如图 10-30 所示。

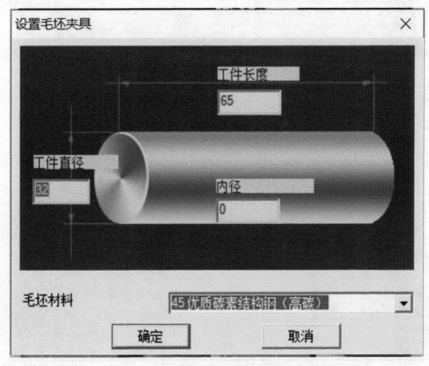

图 10-23　毛坯尺寸设置

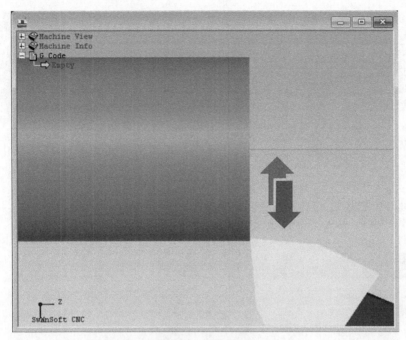

图 10-24　试切端面

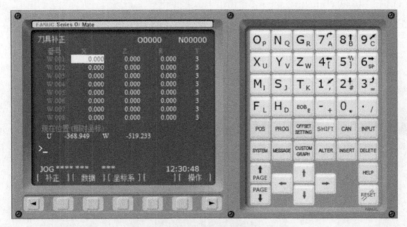

图 10-25　刀具补正页面

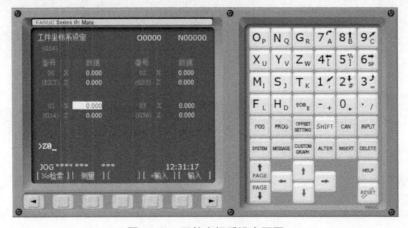

图 10-26　工件坐标系设定页面

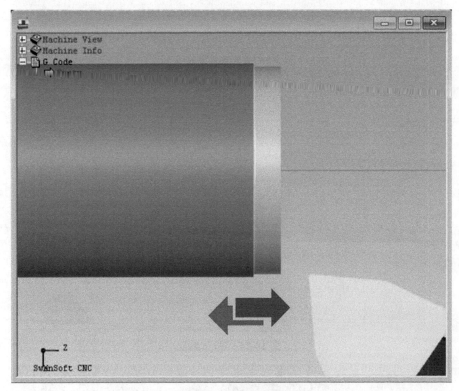

图 10-27 试切外圆面

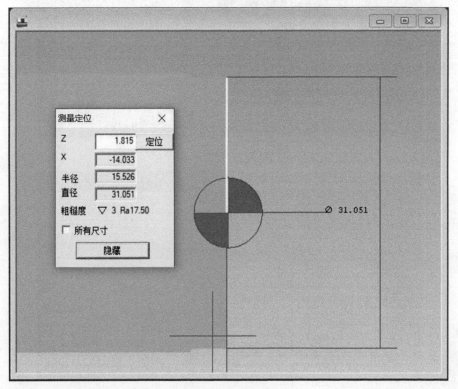

图 10-28 测量直径

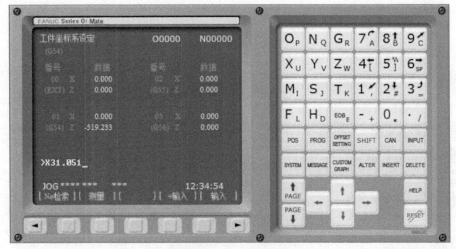

图 10-29 输入测得直径值

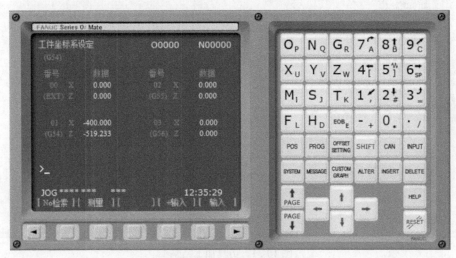

图 10-30 对刀完成结果示意图

调用 O1001 号程序完成零件左段加工，仿真加工结果如图 10-31 所示。

```
O1001
G54 G00 X100 Z100        （选用 G54 工件坐标系，注意区别前节的 T 指令建立工件坐标系）
M03 S800                 （主轴正转）
X42 Z2                   （刀具定位到循环起点）
G90 X30.4 Z-31 F0.5      （注意此处长度上多切了 1mm，X 向还留有 0.4mm 的精车余量）
X27 Z-19.8               （粗车台阶）
X24                      （粗车台阶）
X21                      （粗车台阶）
X20.4                    （粗车台阶，预留 0.4mm 精车余量）
G00 X12 Z2               （快进到精车切削起点）
G01 X20 Z-2 F0.1         （直线插补加工倒角）
Z-20                     （直线插补）
```

```
X30                    (直线插补)
Z-31                   (直线插补)
G00 X100               (退刀)
Z100                   (返回)
M30                    (程序结束)
```

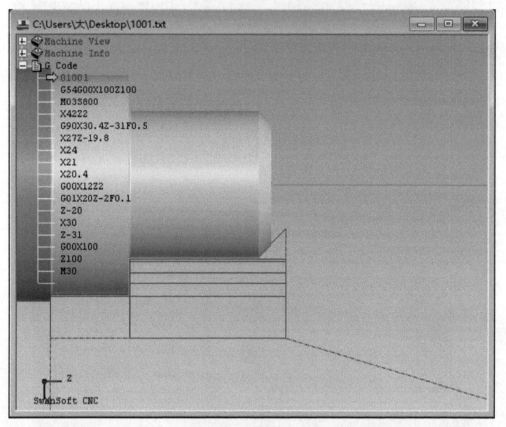

图 10-31　仿真加工结果

如图 10-32 所示，在工件操作下拉菜单下选择工件调头，调头后结果如图 10-33 所示。然后在 JOG 模式下试切端面（图 10-34），测得工件总长 64.611mm（图 10-35），比零件总长 60mm 长 4.611mm。在图 10-36 所示 G54 坐标系设定界面下输入"Z4.611"后按"测量"软键完成 G54 坐标的重新设定（图 10-37）。X 向原点不变，不需要重新设定。

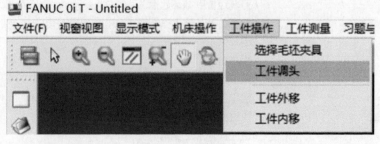

图 10-32　工件调头

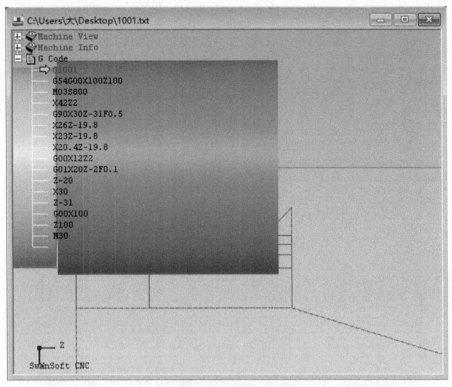

图 10-33 调头后结果

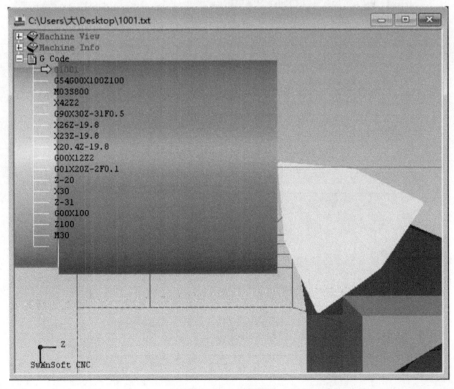

图 10-34 车端面

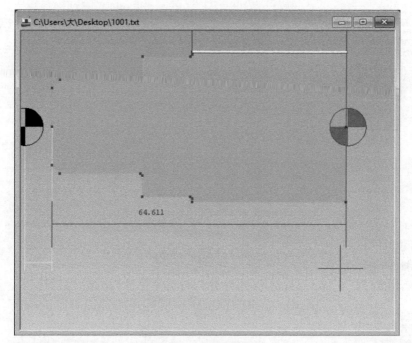

图 10-35 测量工件长度

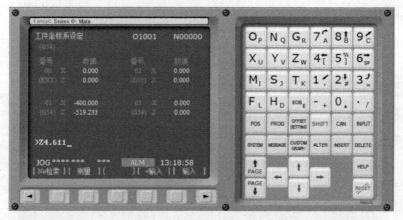

图 10-36 G54 坐标系下输入 Z+ 计算值

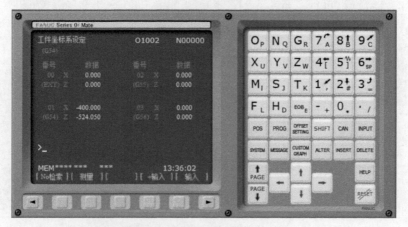

图 10-37 G54 坐标重新设定完成

调用 O1002 程序完成右段部分加工，结果如图 10-38 所示。

```
O1002
G54 G00 X100 Z100              （选用 G54 工件坐标系）
M03 S800                       （主轴正转）
X34 Z1                         （快进到车端面切削起点）
G01 X0 F0.5                    （粗车端面）
G00 Z5                         （退刀）
X34                            （返回）
Z0                             （精车端面定位）
G01 X0 F0.1                    （精车端面）
G00 Z2                         （退刀）
X42 Z2                         （刀具快进到循环起点）
G90 X41 Z-30 R-17 F0.5         （循环加工圆锥）
X37                            （锥面加工）
X34                            （锥面加工）
X31                            （锥面加工）
X30.4                          （锥面加工）
X30 F0.1                       （锥面加工）
G00 X100 Z100                  （返回起刀点）
M30                            （程序结束）
```

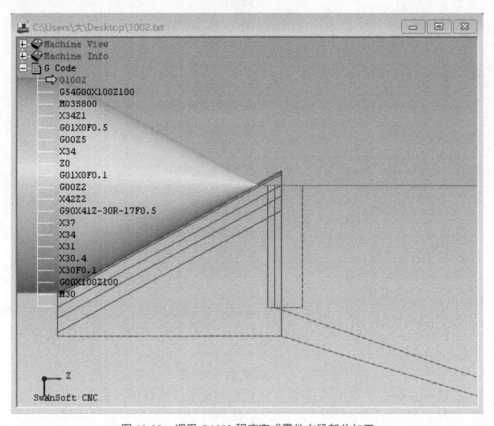

图 10-38 调用 O1002 程序完成零件右段部分加工

10.3   华中系统数控车仿真加工

华中系统数控车
仿真加工

本节采用华中系统数控车仿真加工如图 10-39 所示零件，毛坯棒料直径 ϕ38mm，编制加工程序如下鲁川：

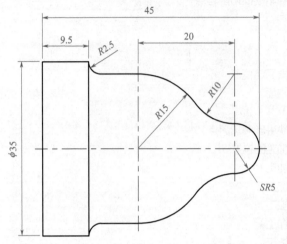

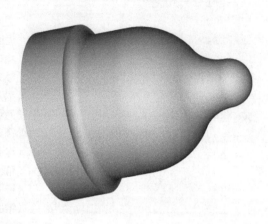

图 10-39   零件图

```
%1001                         （程序号）
T0101                         （调用 1 号刀具刀补）
M03 S600                      （主轴正转）
G00 X100 Z100                 （刀具快进到起刀点）
X40 Z2                        （快进到循环起点）
G71 U1 R1 P1 Q2 X0.6 Z0.1 F50 （粗车循环参数设置）
G00 X100 Z100                 （移开刀具，方便测量）
M05                           （主轴停转）
M00                           （程序暂停，按循环启动继续运行）
M03 S1200 T0101               （主轴重启，重新调用 1 号刀具刀补）
    N1 G00 X0 Z2              （快进到切削起点）
    G01 Z0 F30               （直线插补到球头顶点）
    G03 X10 Z-5 R5           （圆弧插补）
    G02 X18 Z-13 R10         （圆弧插补）
    G03 X30 Z-25 R15         （圆弧插补）
    G01 W-8                  （直线插补）
    G02 X35 W-2.5 R2.5       （圆弧插补）
    G01 Z-45                 （直线插补）
    N2 G00 X40               （退刀）
G00 X100 Z100                 （返回起刀点）
M30                           （程序结束）
```

打开仿真软件，数控系统选择"华中数控 HNC-21T"后点运行（图 10-40），进入仿真软件后在回参考点模式下（图 10-41），依次按"+X"和"+Z"键回参考点，按 MDI 运行软键，输入"M03 S600"，按回车键（图 10-42），然后按循环启动键，主轴执行正转。

图 10-40　选择"华中数控 HNC-21T"

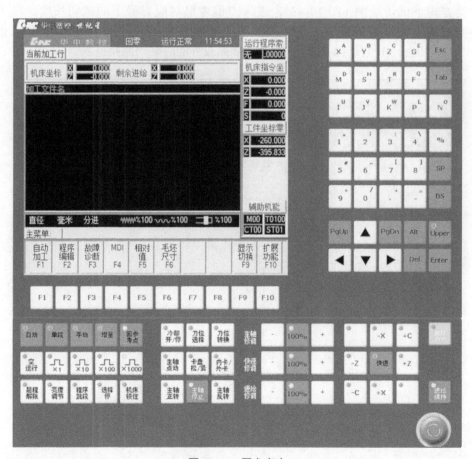

图 10-41　回参考点

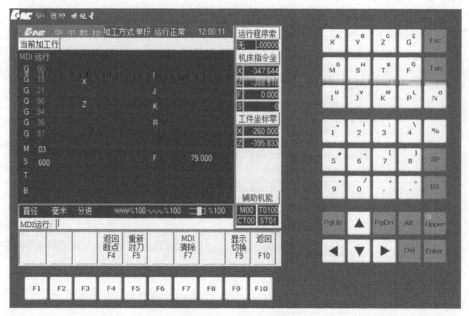

图 10-42　MDI 运行"M03 S600"

　　手动方式下试切端面（图 10-43），进入刀偏表里对应刀号下的试切长度，输入"0"（图 10-44），试切外圆并停主轴（图 10-45），将测得的直径值 d（图 10-46）输入到刀偏表对应刀号下的试切直径里（图 10-47）。注意试切端面或外圆时必须原路退回。

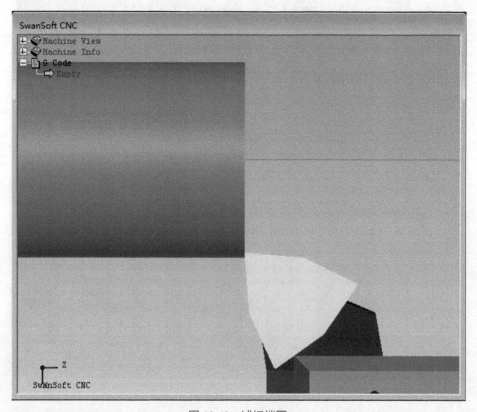

图 10-43　试切端面

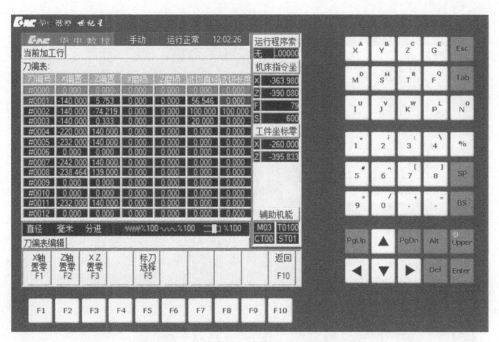

图 10-44　刀偏表里对应刀号下设置试切长度

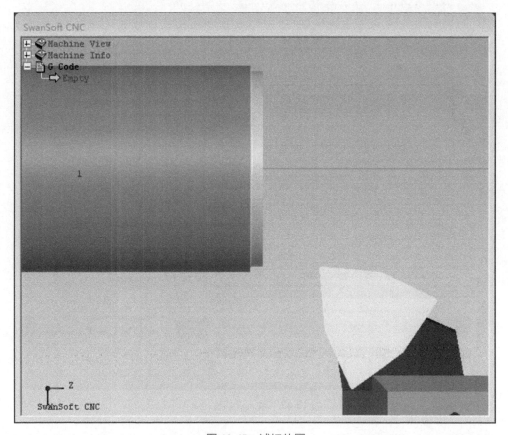

图 10-45　试切外圆

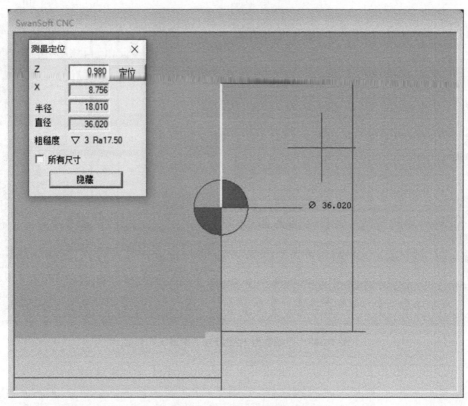

图 10-46 测得外圆直径 d

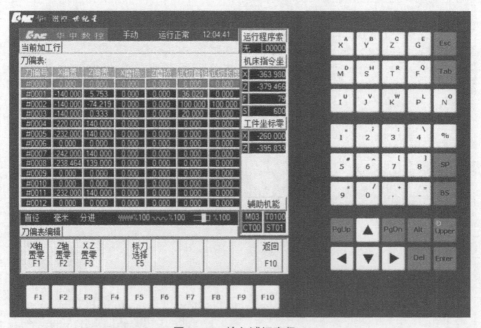

图 10-47 输入试切直径 d

新建一个程序文件，输入上面已经编制完成的 %1001 号程序（图 10-48），保存文件，然后在自动方式下选择对应的程序文件（图 10-49），然后按循环启动键（图 10-50），程序自动加工执行到"M00"程序段暂停（图 10-51），测量加工部位尺寸（图 10-52），与期望值进行比较，将差值输入到对应刀号下的"X 磨损"里（图 10-53）。"X 磨损"值遵循"大多少则减多少"的原则，例如：测得当前部位直径值为 $\phi35.65$mm，比期望值 $\phi35.6$mm（工件最终直径 $\phi35$mm 加上程序中预留的 0.6mm 精车余量）大 0.05mm，则输入"-0.05"；若测得直径值为 $\phi35.50$mm，比 $\phi35.6$mm 小 0.1mm，则输入"0.1"。再次循环启动完成工件加工（图 10-54），并测量工件最终加工尺寸（图 10-55）。

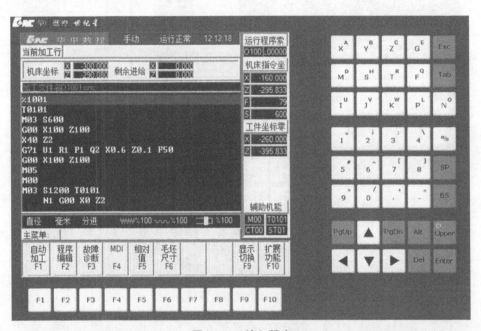

图 10-48 输入程序

图 10-49 自动方式下选择对应的程序文件

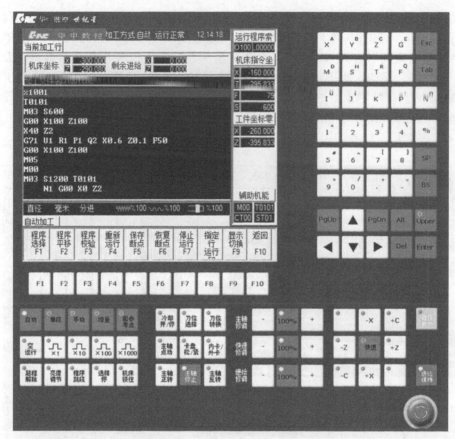

图 10-50 自动方式下点循环启动键

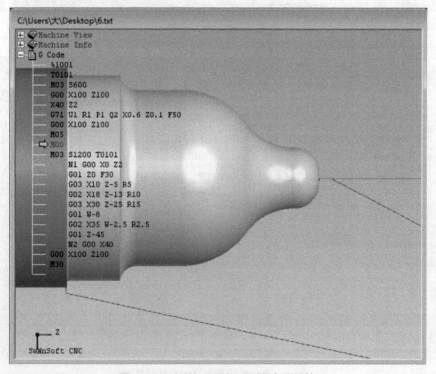

图 10-51 自动加工到 M00 程序段暂停

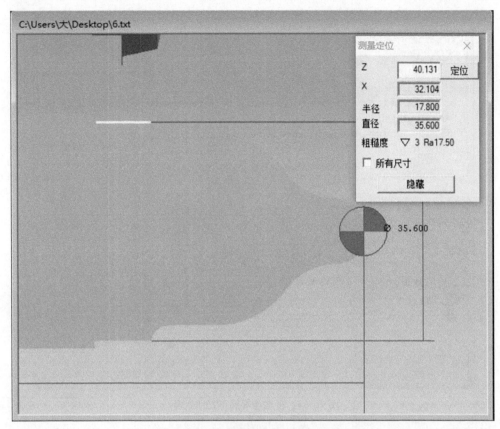

图 10-52 测量加工部位直径

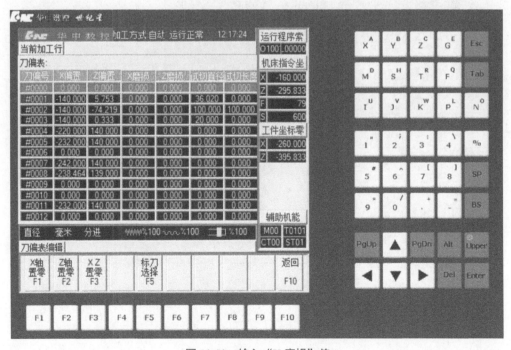

图 10-53 输入"X 磨损"值

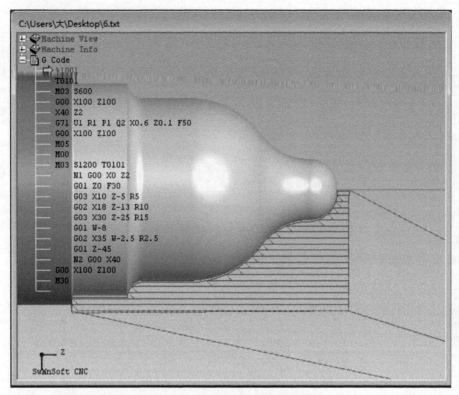

图 10-54 再次循环启动加工完毕

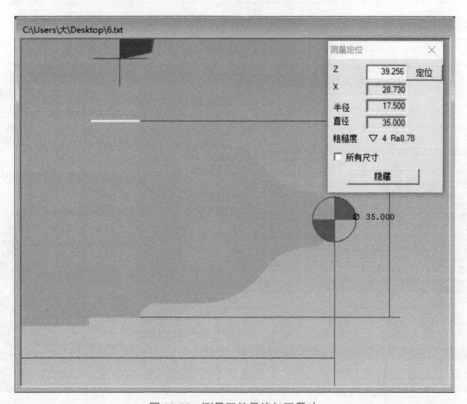

图 10-55 测量工件最终加工尺寸

10.4　西门子系统数控车仿真加工

数控加工如图 10-56 所示零件，编制西门子系统加工程序如下。

西门子系统数控车
仿真加工

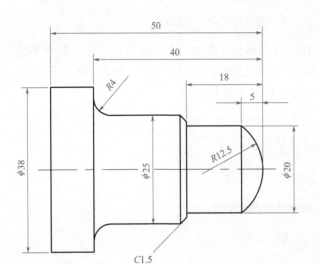
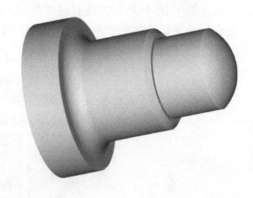

图 10-56　零件图

主程序：

MM10.MPF	（主程序名）
G90 G95 G40 G71	（初始状态设置：G90，绝对坐标值；G95，进给速度单位为 mm/r；G40，取消刀尖半径补偿；G71，公制尺寸单位）
T1D1	（1 号刀具，1 号刀补）
M03 S800 F0.2	（主轴正转，进给速度设置）
G00 X42 Z2	（快速定位）
CYCLE95（"MM11",2,0.3,0.3,0.3,0.5,0.1,0.2,9,0,0.5,0.5）　（外圆切削循环）
G00 X100 Z100	（返回起刀点）
M05	（主轴停转）
M02	（程序结束）

子程序：

MM11.SPF	（子程序号）
G00 X0 Z2	（刀具快进）
G01 Z0	（直线插补）
G03 X20 Z-5 CR=12.5	（圆弧插补）
G01 Z-18	（直线插补）
X22	（直线插补）
X25 Z-19.5	（直线插补）
Z-36	（直线插补）
G02 X33 Z-40 CR=4	（圆弧插补）

```
G01 X38                          （直线插补）
Z-50                             （直线插补）
G00 X50                          （退刀）
RET                              （了程序结束，近回主程序）
```

打开仿真软件，选择 SINUMERIK 802DT 数控系统（图 10-57），点运行，进入数控系统界面，如图 10-58 所示。旋开急停按钮，依次按下"主轴回参考点""+X""+Z"键回参考点，完成后系统显示器左上角三个○符号均变成原点符号（图 10-59）。

图 10-57 选择数控系统

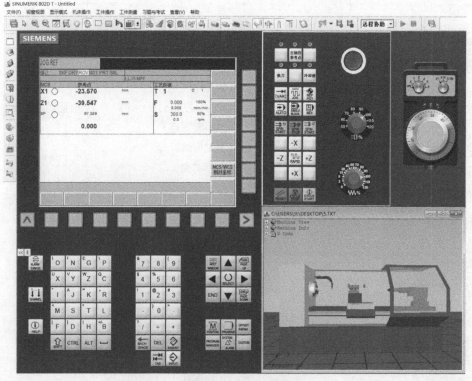

图 10-58 系统界面

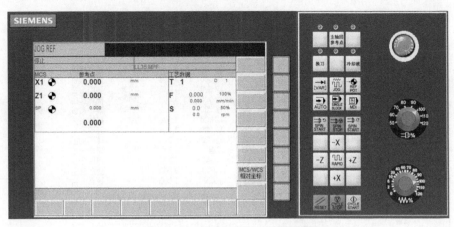

图 10-59　旋开急停按钮、回参考点

　　调整显示界面，设置毛坯夹具（图 10-60），选择加工刀具并安装到对应刀号下（图 10-61），完成后如图 10-62 所示。

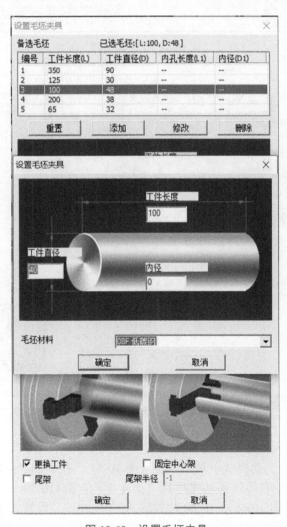

图 10-60　设置毛坯夹具

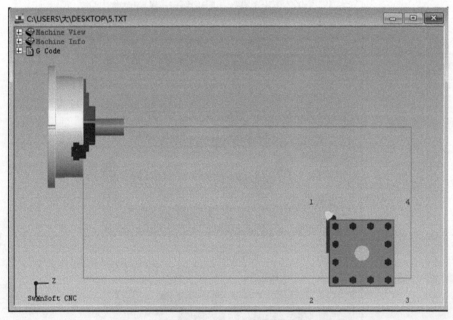

图 10-61 刀具库管理

图 10-62 工件和刀具安装完毕

在 MDI 方式下输入 "M03 S600", 然后按 "CYCLE START" 循环启动键启动主轴 (图 10-63), 在 "JOG" 手动模式下试切端面 (图 10-64), 按 "OFFSET PARAM" 键进入刀具补偿, 并按 "▶" 光标右移键移动光标到 "长度 2" 位置 (图 10-65), 按 "测量刀具" 软键, 按手动测量软键 (图 10-66), 在 Z0 位置输入 "0" 并按 "设置长度 2" 软键 (图 10-67) 完成 Z 向对刀。

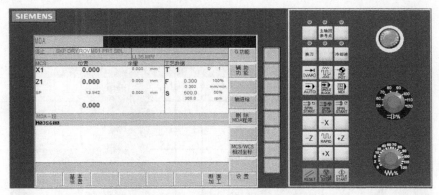

图 10-63　MDI 方式下启动主轴

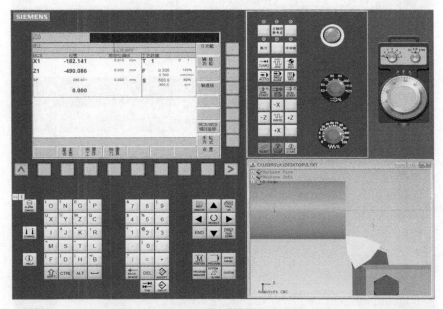

图 10-64　手动方式下试切端面

图 10-65

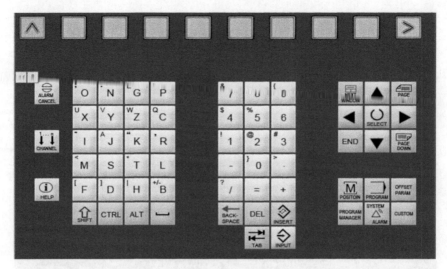

图 10-65　刀具补偿界面

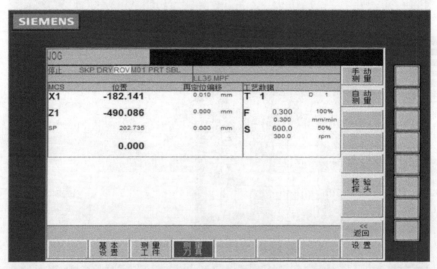

图 10-66　按手动测量软键

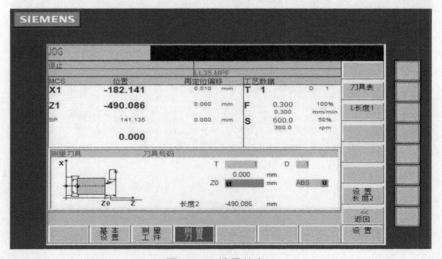

图 10-67　设置长度 2

试切外圆，按"SPIN STOP"键主轴停转，在"工件测量"下拉菜单下选择"直径"，选中加工部位，测得直径值为φ35.717（图 10-68），按"L 长度 1"软键，按"▼"向下光标移动键将光标移动到"φ"位置并输入测得的 35.717，然后按"设置长度 1"软键（图 10-69），完成 X 向对刀。按"OFFSET PARAM"键进入刀具补偿界面检查，对应补偿值已经发生改变（图 10-70）。

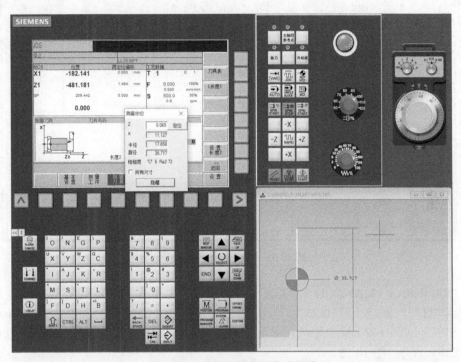

图 10-68　试切外圆并测量直径值

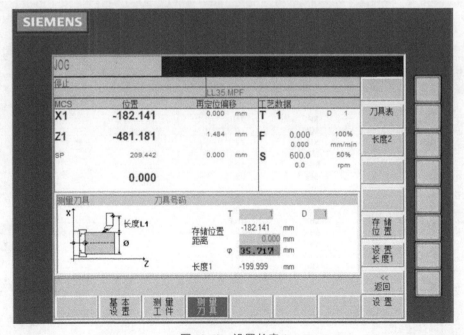

图 10-69　设置长度 1

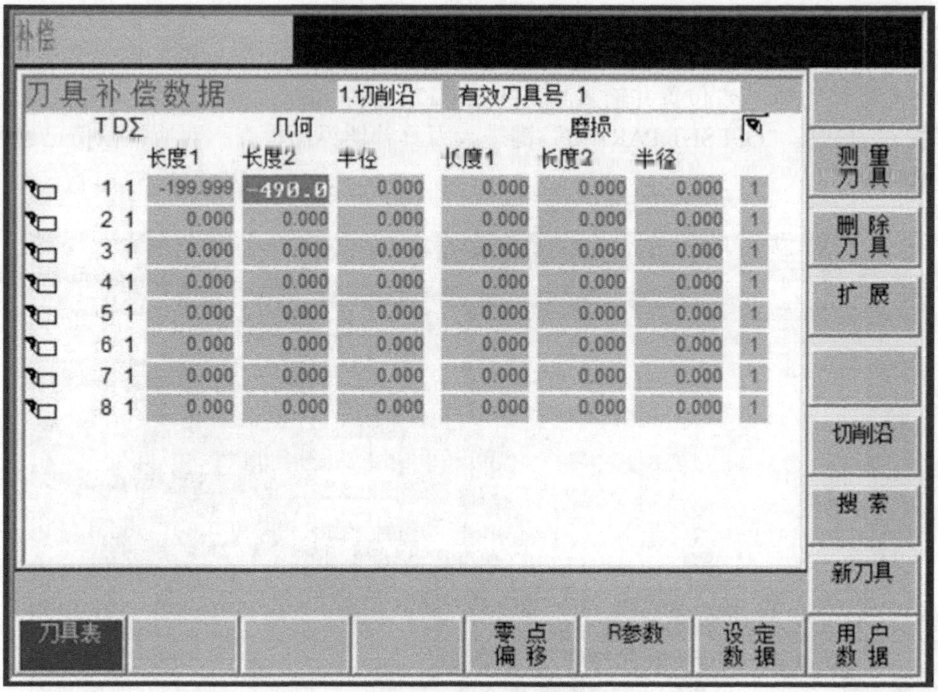

图 10-70　刀具补偿设置完毕

按"PROGRAM MANAGER"键进入程序管理，上下移动光标到对应程序，然后可以按右侧"打开"软键（图 10-71）。若需要新建程序，按"新程序"软键，输入新程序名"MM11.SPF"（图 10-72，此处输入的是子程序名和后缀 SPF）后按右侧"确认"软键，然后输入或导入程序（图 10-73）。

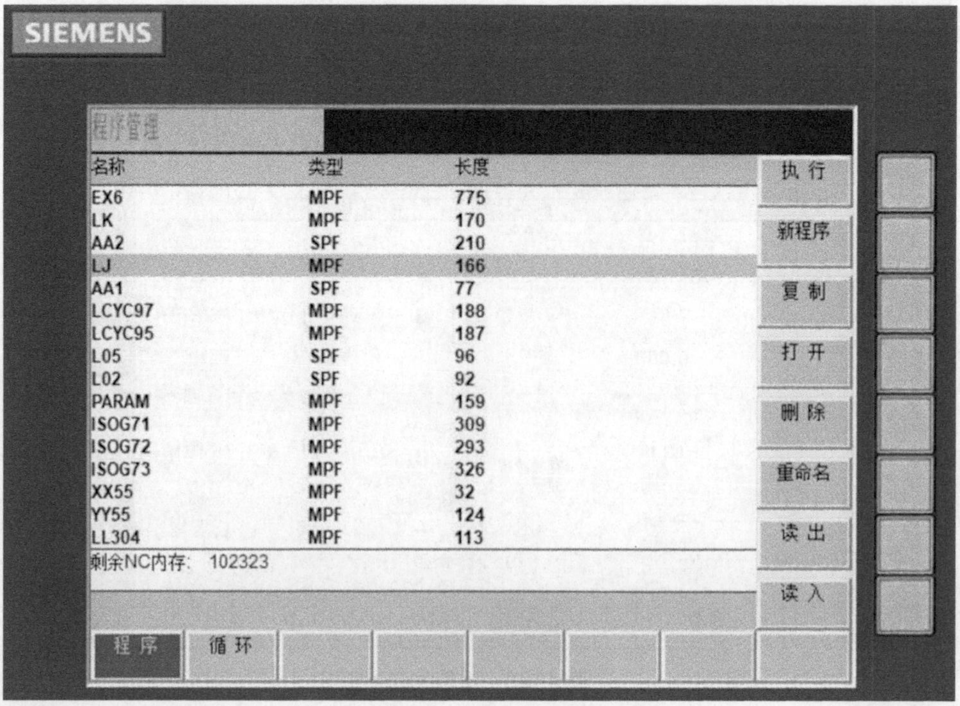

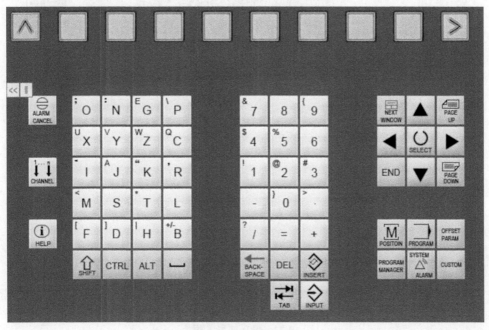

图 10-71 程序管理

图 10-72 输入新程序名

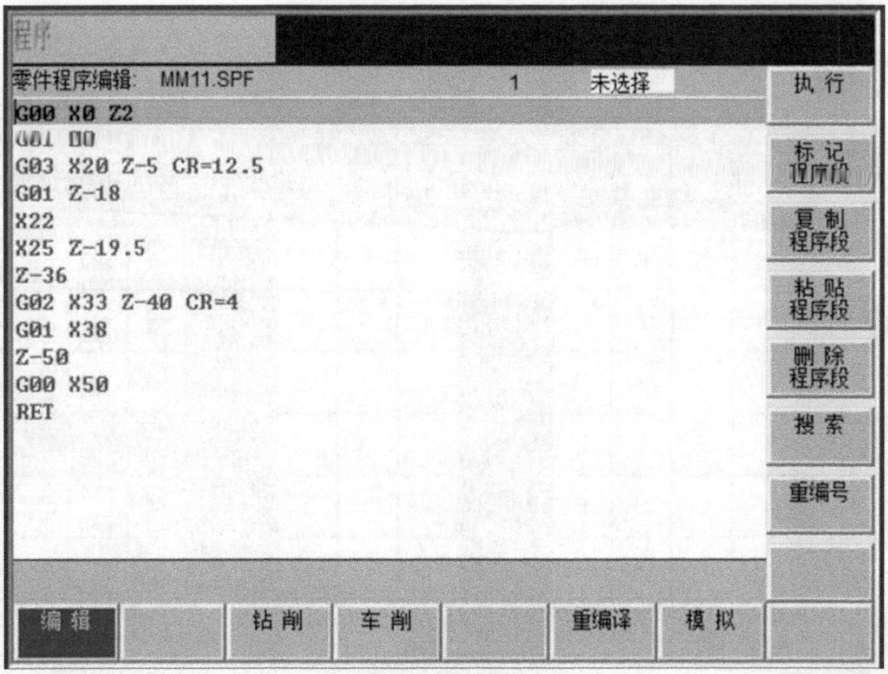

图 10-73　输入或导入程序

再次按"PROGRAM MANAGER"键进入程序管理，按"新程序"软键输入主程序名"MM10"后按右侧"确认"软键（图 10-74），输入或导入主程序（图 10-75），按"AUTO"键进入自动加工模式，然后按"CYCLE START"循环启动键完成加工（图 10-76）。

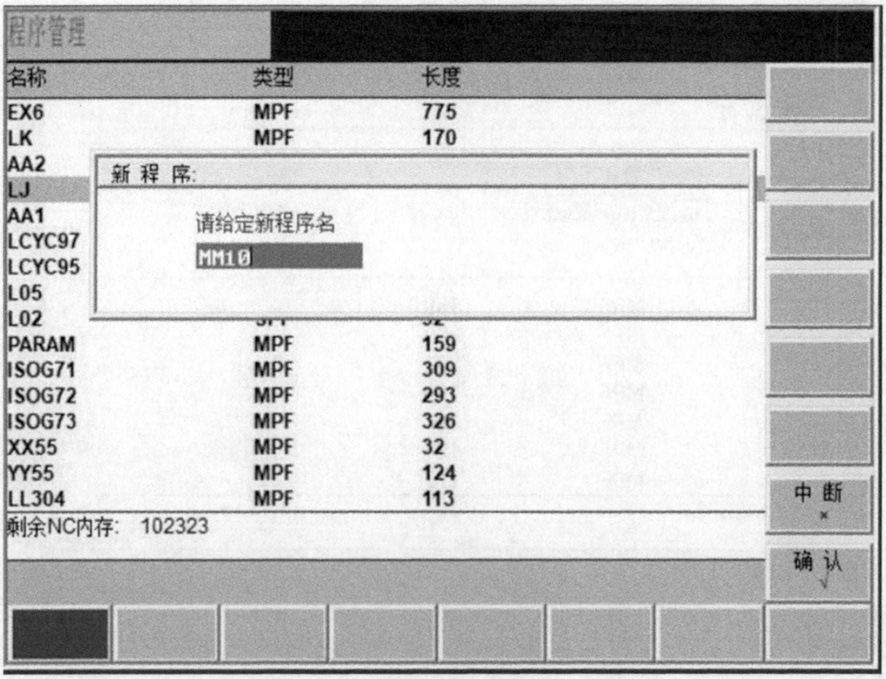

图 10-74　创建主程序名

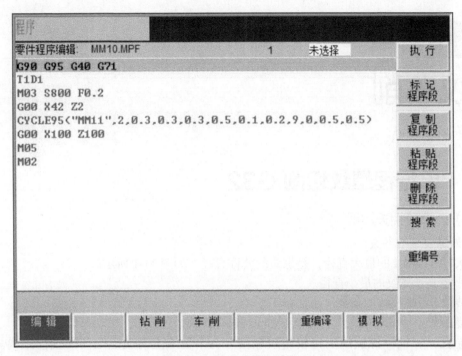

图 10-75　输入或导入主程序

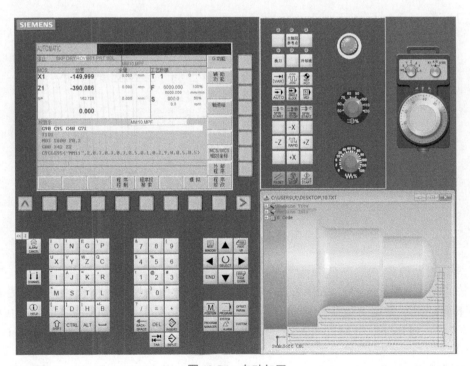

图 10-76　自动加工

第 **11** 章

螺纹车削

11.1 单行程螺纹切削 G32

（1）外螺纹相关知识

① 外螺纹基本参数：

a. 大径 d：螺纹的最大直径，是螺纹的公称直径，如图 11-1 所示。

b. 小径 d_1：螺纹的最小直径。

c. 线数 n：螺纹线的条数，通常 $n=1 \sim 4$。

d. 螺距 P：相邻两螺纹牙上对应点之间的轴向距离。

e. 导程 P_h：同一螺旋线上，相邻两螺纹牙在中径线上对应点之间的轴向距离。则有 $P_h=nP$，当 $n=1$ 时为单线螺纹。如无特殊说明，一般所加工螺纹均为普通单线螺纹，则有 $P_h=P$。

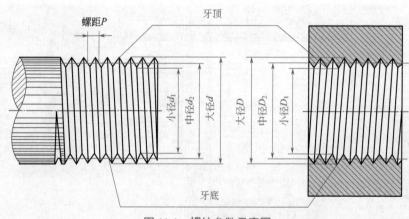

图 11-1 螺纹参数示意图

② 常用螺距值：

a. 普通螺纹（粗牙螺纹），表示方法：M___。M 后数值为螺纹公称直径，其螺距为一确定值。下面列出了常用普通螺纹规格（括号内为螺距）：M6（1）、M8（1.25）、M10（1.5）、M12（1.75）、M16（2）、M20（2.5）、M24（3）、M30（3.5）、M36（4）、M42（4.5）、M48（5）。

b. 细牙螺纹，表示方法：M___×___。M 后数值为螺纹公称直径，"×"号后的数值为细牙螺纹螺距。常用螺距有 4、3、2、1.5、1.25、1、0.75、0.5。

（2）单行程螺纹切削（G32）

在数控车床中用 G32 指令可以单行程切削导程（螺距）相等的螺纹，其行程路径如

图 11-2 所示,从切削起点 A 到切削终点 B。

指令格式:

```
G32  X(U)_____   Z(W)_____   F_____
```

其中:

X、Z 为螺纹切削终点 B 的绝对坐标值。

U、W 为螺纹切削终点 B 相对于切削起点 A 的相对坐标值。

F 为螺纹导程,当 $n=1$ 时,有 $F=P=P_h$。

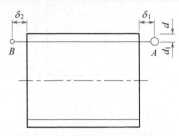

图 11-2 切削加工路线示意图

如图 11-2 所示,螺纹切削径向起点(编程大径)为螺纹大径 d,径向终点(编程小径)为螺纹小径 d_1,实际加工时外螺纹径向终点尺寸参照经验公式 $d_1 \approx d-2 \times 0.6495P \approx d-1.3P$ 进行计算。在螺纹切削的开始和结束部分,一般由于伺服系统的滞后,导程会不规则,为了考虑这部分的螺纹尺寸精度,车螺纹必须设置导入空刀量和导出空刀量。导入空刀量(δ_1)和导出空刀量(δ_2)的数值与工件的螺距和转速有关,由各系统设定。一般导入空刀量 $\delta_1=(1 \sim 2)P$,导出空刀量 $\delta_2 > 0.5P$。

表 11-1　螺纹参数取值

螺纹规格	大径	螺距	小径	导入空刀量	导出空刀量
M24×2					
M24					
M30×1.5					
M30					
M12					

请对表 11-1 中不同规格螺纹的参数计算或取值后完成填空,填写完成的参考答案如表 11-2 所示。

表 11-2　螺纹参数取值参考答案

螺纹规格	大径	螺距	小径	导入空刀量	导出空刀量
M24×2	24	2	21.40	3	1.5
M24	24	3	20.10	4	2
M30×1.5	30	1.5	28.05	2	1
M30	30	3.5	25.45	4	2
M12	12	1.75	9.73	2	1

【例】　加工如图 11-3 所示零件中的 M30×2 螺纹,螺纹大径 ϕ30mm,螺距 2mm,螺纹小径为 30-1.3×2=27.4(mm),导入空刀量取 3mm,导出空刀量取 1.5mm,编制精加工程

序如下。

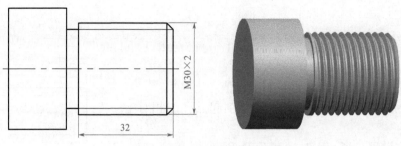

图 11-3 螺纹

```
T0101            （调用刀具刀补，建立工件坐标系）
M03 S500         （主轴正转）
G00 X100 Z100    （快进到起刀点）
X27.4 Z3         （快进到切削起点）
G32 Z-33.5 F2    （螺纹切削加工）
G00 X100         （退刀）
Z100             （返回）
M30              （程序结束）
```

螺纹粗精加工分层进给次数与背吃刀量参考值如表 11-3 所示，采用 G32 指令编制粗精加工的程序如下。

表 11-3 常用的米制螺纹加工进给次数与背吃刀量

螺距		1	1.5	2	2.5	3	3.5	4
牙深（直径值）		1.3	1.95	2.6	3.25	3.9	4.55	5.2
不同切削次数的背吃刀量	1 次	0.7	0.8	0.9	1	1.2	1.5	1.5
	2 次	0.4	0.6	0.6	0.7	0.7	0.7	0.8
	3 次	0.2	0.4	0.6	0.6	0.6	0.6	0.6
	4 次		0.15	0.4	0.4	0.4	0.6	0.6
	5 次			0.1	0.4	0.4	0.4	0.4
	6 次				0.15	0.4	0.4	0.4
	7 次					0.2	0.2	0.4
	8 次						0.15	0.3
	9 次							0.2

```
T0101            （调用刀具刀补，建立工件坐标系）
M03 S500         （主轴正转）
G00 X100 Z100    （快进到起刀点）
X29.1 Z3         （快进到第 1 层切削起点）
```

```
G32 Z-33.5 F2                    （螺纹切削加工）
G00 X35                          （退刀）
Z3                               （返回）
X28.5                            （快进到第 2 层切削起点）
G32 Z-33.5 F2                    （螺纹切削加工）
G00 X35                          （退刀）
Z3                               （返回）
X27.9                            （快进到第 3 层切削起点）
G32 Z-33.5 F2                    （螺纹切削加工）
G00 X35                          （退刀）
Z3                               （返回）
X27.5                            （快进到第 4 层切削起点）
G32 Z-33.5 F2                    （螺纹切削加工）
G00 X35                          （退刀）
Z3                               （返回）
X27.4                            （快进到第 5 层切削起点）
G32 Z-33.5 F2                    （螺纹切削加工）
G00 X100                         （退刀）
Z100                             （返回）
M30                              （程序结束）
```

◇【SIEMENS（西门子）数控系统】******
螺纹加工指令格式：

```
G33   X_____ Z_____ K_____
```

其中：

X、Z 为螺纹切削终点 B 的绝对坐标值。

K 为螺纹导程。

编制如图 11-3 所示螺纹的精加工程序如下：

```
G54 G00 X100 Z100                （选用 G54 坐标系，快进到起刀点）
M03 S500                         （主轴正转）
X27.4 Z3                         （快进到切削起点）
G33 Z-33.5 K2                    （螺纹切削加工）
G00 X100                         （退刀）
Z100                             （返回）
M30                              （程序结束）
```

11.2　简单螺纹切削循环 G92

(1) 圆柱螺纹切削循环

指令格式为：

```
G00 X___ Z___                              （刀具定位到循环起点）
G92 X(U)___ Z(W)___ F___                   （圆柱螺纹循环加工）
```

G92 程序段中各地址含义:

X、Z 为螺纹切削终点坐标值。

U、W 为螺纹切削终点相对于循环起点的坐标值。

F 为螺纹导程,单线螺纹时等于螺距。

G92 循环指令加工圆柱螺纹时,切削循环路线如图 11-4 所示,刀具由循环起点开始按矩形循环,最后返回循环起点。

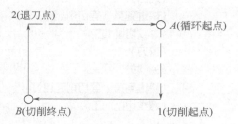

图 11-4 圆柱螺纹切削循环路线

【例1】 数控车削如图 11-5 所示零件中的圆柱螺纹,外圆面已精加工,螺纹大径 ϕ34mm,螺距 2mm,螺纹小径值为 34-1.3×2=31.4(mm),编制加工程序如下:

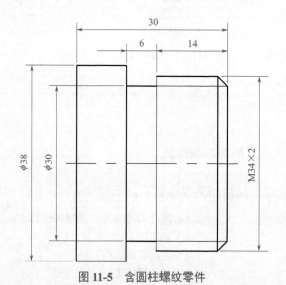

图 11-5 含圆柱螺纹零件

T0303	(调用刀具刀补)
M03 S500	(主轴正转)
G00 X100 Z100	(快进到起刀点)
X40 Z3	(快进到循环起点)
G92 X33.1 Z-16 F2	(螺纹切削,第1刀,切0.9mm)
X32.5	(第2刀,切0.6mm)
X31.9	(第3刀,切0.6mm)
X31.5	(第4刀,切0.4mm)
X31.4	(第5刀,切0.1mm)
G00 X100 Z100	(返回起刀点)
M30	(程序结束)

　　若已知毛坯棒料直径为ϕ40mm，编制该零件加工程序如下，其中由于加工螺纹时受刀具挤压会使外径尺寸胀大，车外螺纹前圆柱直径应比螺纹大径小，具体尺寸可按经验公式$D-0.1P$计算，式中D为螺纹大径，P为螺纹螺距。

T0101	（调用 1 号刀具刀补）
M03 S800	（主轴正转）
G00 X100 Z100	（快进到起刀点）
X45 Z2	（快进到循环起点）
G90 X38.2 Z-30 F0.1	（圆柱面循环加工）
X38	（圆柱面循环加工）
X36 Z-20	（圆柱面循环加工）
X34	（圆柱面循环加工）
X32	（圆柱面循环加工）
X30	（圆柱面循环加工）
X29.8	（圆柱面循环加工，按经验公式 $D-0.1P$ 计算出直径值为 ϕ29.8mm）
G00 X100 Z100	（返回起刀点）
T0202	（换 2 号切槽刀，刀宽 3mm）
G00 X40 Z-17	（进刀）
G01 X30 F0.1	（切削）
G00 X40	（退刀）
Z-20	（进刀）
G01 X30 F0.1	（切槽）
G00 X100	（退刀）
Z100	（返回）
T0303	（换 3 号螺纹车刀）
M03 S500	（主轴正转）
X40 Z3	（快进到循环起点）
G92 X33.1 Z-16 F2	（螺纹切削，第 1 刀，切 0.9mm）
X32.5	（第 2 刀，切 0.6mm）
X31.9	（第 3 刀，切 0.6mm）
X31.5	（第 4 刀，切 0.4mm）
X31.4	（第 5 刀，切 0.1mm）
G00 X100 Z100	（返回起刀点）
M30	（程序结束）

（2）圆锥螺纹切削循环

指令格式为：

G00 X____ Z____	（刀具定位到循环起点）
G92 X(U)____ Z(W)____ R____ F____	（圆锥螺纹循环加工）

其中，R 为考虑导入空刀量 δ_1 和导出空刀量 δ_2 后切削螺纹起点和切削螺纹终点的半径差。R 值有正有负，其取值规律如图 8-7 所示。当加工圆柱螺纹时，R 为零，可省略，可看作圆锥螺纹切削循环的一种特殊情况。G92 指令加工圆锥螺纹时，切削循环路线如图 11-6 所示，刀具由循环起点开始按直角梯形循环，最后返回循环起点。

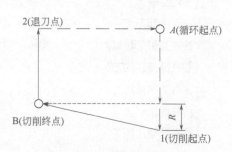

图 11-6　圆锥螺纹切削循环路线

【例 2】　车削加工如图 11-7 所示圆锥螺纹，已知圆锥大径 $D=26mm$，圆锥小径 $d=20mm$，圆锥长度 $L=30mm$，螺距 $P=3mm$，由图可以得出：该圆锥锥度 $C=(D-d)/L=(26-20)/30=1/5$；导入空刀量 $\delta_1=(1\sim2)P$，δ_1 取值 4；导出空刀量 $\delta_2>0.5P$，δ_2 取值 2；螺纹精加工切削起点 A 点的 X 轴坐标值 $XA=d-\delta_1\times C-1.3P=20-4\times1/5-1.3\times3=15.3$；螺纹精加工切削终点 B 点的 X 轴坐标值 $X_B=D+\delta_2\times C-1.3P=26+2\times1/5-1.3\times3=22.5$；切削起点和切削终点的半径差 $R=(15.3-22.5)/2=-3.6$。编制精加工程序如下：

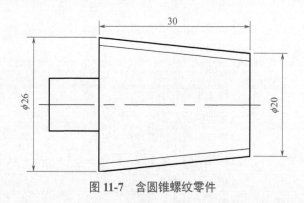

图 11-7　含圆锥螺纹零件

```
T0303                          （换 3 号螺纹刀）

M03 S500                       （主轴正转）

G00 X100 Z100                  （快进到起刀点）

X30 Z4                         （快进到循环起点）

G92 X22.5 Z-32 R-3.6 F3        （螺纹切削）

G00 X100 Z100                  （返回起刀点）

M30                            （程序结束）
```

编制圆锥螺纹粗精加工程序如下：

```
T0303                              (换 3 号螺纹刀)
M03 S500                           (主轴正转)
G00 X100 Z100                      (快进到起刀点)
X30 Z4                             (快进到循环起点)
G92 X25.2 Z-32 R-3.6 F3            (螺纹切削,第 1 刀,切 1.2mm)
X24.5                              (第 2 刀,切 0.7mm)
X23.9                              (第 3 刀,切 0.6mm)
X23.5                              (第 4 刀,切 0.4mm)
X23.1                              (第 5 刀,切 0.4mm)
X22.7                              (第 6 刀,切 0.4mm)
X22.5                              (第 7 刀,切 0.2mm)
G00 X100 Z100                      (返回起刀点)
M30                                (程序结束)
```

◆【HNC 华中数控系统】******

(1) 圆柱螺纹切削循环

指令格式:

```
G00 X___ Z___                                (刀具定位到循环起点)
G82 X(U)___ Z(W)___ R___ E___ C___ P___ F___ (圆柱螺纹切削循环)
```

其中与 FANUC 系统 G92 指令中不同的代码含义如下:

R,E:螺纹切削的退尾量。如图 11-8 所示,R 为 Z 向回退量,E 为 X 向回退量,R、E 可以省略,表示不用回退功能。

C:螺纹头数,为 0 或 1 时切削单线螺纹。

P:单线螺纹切削时,为主轴基准脉冲处距离切削起始点的主轴转角(缺省值为 0);多线螺纹切削时,为相邻螺纹头部切削起始点之间对应的主轴转角。即单线螺纹的 P 值为 360°(或看作 0°),双线螺纹的 P 值为 180°(360° 除以螺纹线数 2),以此类推。

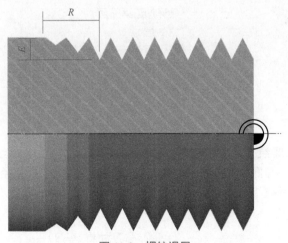

图 11-8　螺纹退尾

（2）圆锥螺纹切削循环

指令格式：

```
G00 X___ Z___                                          （刀具定位到循环起点）
G82 X(U)___ Z(W)___ I___ R___ D___ Q___ R___ F___      （圆柱螺纹切削循环）
```

其中，I 与 FANUC 系统圆锥螺纹循环指令中 R 含义一样，为螺纹切削起点和螺纹切削终点的半径差，其余含义同圆柱螺纹切削循环指令。

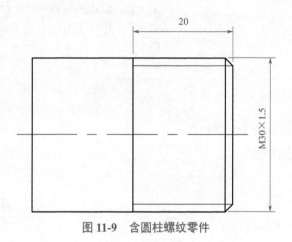

图 11-9　含圆柱螺纹零件

【例 3】 如图 11-9 所示圆柱螺纹尺寸为 M30×1.5，螺纹总长 20mm，无退刀槽，其螺纹小径为：公称直径 -1.3P=30-1.3×1.5=28.05(mm)。取导入空刀量 3mm，导出空刀量 2mm，编制加工程序如下：

```
%1
T0303                          （3号刀为螺纹车刀）
M03 S400                       （主轴正转）
G00 X36 Z3                     （到循环起点，注意 z 值增加了导入空刀量）
G82 X29.2 Z-22 C1 P360 F1.5    （循环加工第 1 层，z-22 为考虑导出空刀量的切削终点坐标值）
X28.7                          （循环加工第 2 层）
X28.4                          （第 3 层）
X28.2                          （第 4 层）
X28.1                          （第 5 层）
X28.05                         （第 6 层）
G00 X100 Z100                  （返回起刀点）
M30                            （程序结束）
```

【例 4】 某圆柱螺纹尺寸为 M30×3/2，总长 20mm，可得螺纹大径为 ϕ30mm，导程 3mm，螺纹线数 2，螺距 P=3/2=1.5(mm)，螺纹小径值为公称直径 D-1.3P=30-1.3×1.5=28.05(mm)，导入空刀量取 3mm。

```
%2
T0303                （3号刀为螺纹车刀）
M03 S400             （主轴正转）
G00 X36 Z3           （到循环起点，注意 z 值增加了导入空刀量）
```

```
G82 X29.2 Z-22 R-3 E1 C2 P180 F3    （螺纹循环加工第 1 层。Z-22 为未考虑退尾量的
                                      切削终点坐标值；R-3 为 Z 轴负向退刀 3mm；E1
                                      为 X 向退尾量，取总切削量的一半，即 1.3P/2=
                                      1.3×1.5/2=1.95/2≈1；C2 为螺纹线数；P180 为
                                      主轴转角=360/ 线数=360/2=180；F3 为螺纹导程）
X28.7                               （循环加工第 2 层）
X28.4                               （循环加工第 3 层）
X28.2                               （循环加工第 4 层）
X28.1                               （循环加工第 5 层）
X28.05                              （循环加工第 6 层）
G00 X100 Z100                       （返回起刀点）
M30                                 （程序结束）
```

11.3 螺纹切削复合循环 G76

螺纹加工方法有多种，但车削螺纹一般有如图 11-10 所示三种方法：直进法、斜进法和左右偏移法。

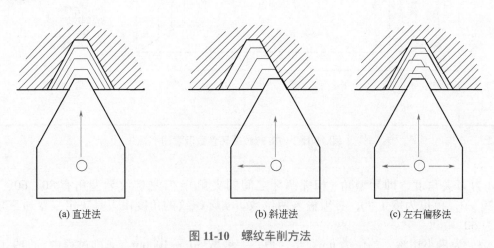

(a) 直进法　　　　　　　(b) 斜进法　　　　　　　(c) 左右偏移法

图 11-10　螺纹车削方法

螺纹切削复合循环 G76 指令用于多次自动循环斜进法切削螺纹。它经常用于加工不带退刀槽的圆柱螺纹和圆锥螺纹，可实现单侧刀刃螺纹切削，吃刀量逐渐减少，保护刀具，提高螺纹精度。G76 循环中的加工参数设置好后，可自动分层完成螺纹车削。

指令格式：

```
G00 X___ Z___
G76 P mrα  Q△d_min R d
G76 X___ Z___ R i  P k  Q△d F L
```

第一行：
X、Z 为螺纹切削循环起点的坐标值。
第二行：
m 为精车重复次数，取值范围 00 ～ 99（单位：次），必须输入两位数，一般取 01 ～ 03

次。重复精车的切削深度为 0，用于消除切削时的机械应力（让刀）造成的欠切，提高螺纹精度和表面质量，去除牙侧的毛刺，对螺纹的牙型起修光作用。

r 为螺纹尾端倒角量，也称螺纹退尾量，取值范围 00～99，一般取 00～20（单位 0.1P，P 为螺距），必须输入两位数。如图 11-11 所示，螺纹加工路线尾端 45° 倒角，r 为倒角量。螺纹退尾功能可实现无退刀槽螺纹的加工。例如取 1.1 倍螺距，表示为 11。

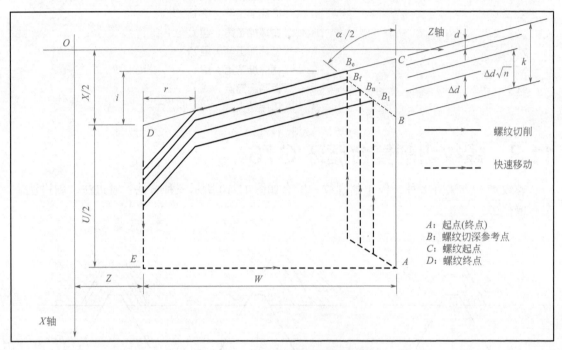

图 11-11　G76 螺纹循环参数示意图

α 为刀尖角度，即牙型角（相邻两牙之间的夹角），常见螺纹牙型角有 80、60、55、30、29、0，单位为度（°），必须输入两位数。实际螺纹的角度由刀具决定。普通三角形螺纹为 60°。

$\Delta d_{\min}$ 为最小切深，单位为 μm，半径值，一般取 50～100μm。车削过程中，如果切削深度小于此值，深度就锁定在此值。

d 为精车余量，螺纹精车的切削深度，半径值，单位为 μm，一般取 50～100μm。

第三行：

X、Z 为螺纹切削终点坐标值，即图 11-11 中 D 点。因为螺纹的加工路线中螺纹尾部为 45° 倒角，所以一般车不到 D 点，D 点为理论值。

i 为螺纹两端半径差，即锥度值，单位为 mm，圆柱螺纹半径差为 0。

k 为螺纹高度，半径值，单位为 μm，一般取 0.6495P（P 为螺距）。

Δd 为第一刀车削深度，半径值，根据机床刚性和螺距大小来取值，建议取 300～800μm。

L 为螺纹导程，为同一条螺旋线上相邻两牙之间的轴向距离，即螺距 × 螺纹头数，单位为 mm。单头螺纹的导程等于螺距。

【例】　数控车削如图 11-12 所示外圆柱螺纹，采用 G76 循环指令编程。

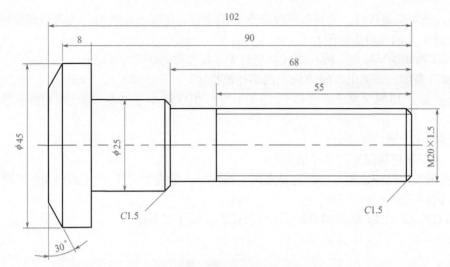

图 11-12 外圆柱螺纹零件图

若精车重复次数 m 取两次，表示为 02；螺纹尾倒角量（退尾量）r 取 1.1 倍螺距，表示为 11；刀尖角度 α 取 60，表示为 60；一起表示为 P021160。

最小切削深度 Δd_{min} 取 0.1mm=100μm，表示为 Q100；精车余量 d 取 0.1mm=100μm，表示为 R100；螺纹终点坐标 X=20-2×0.6495×1.5=18.05(mm)，Z=-56mm（考虑了 1mm 的导出空刀量），表示为 X18.05 Z-56。

由于不是圆锥螺纹，螺纹部分的半径差 i=0，表示为 R0；螺纹高度 k=0.6495×1.5 ≈ 0.97(mm)=970(μm)，表示为 P970；第一次车削深度 Δd 取 0.5mm=500μm，表示为 Q500；螺纹导程 L=1.5mm，表示为 F1.5。

编制加工程序如下。

```
T0303                              （换 3 号螺纹刀）
M03 S500                           （主轴正转）
G00 X100 Z100                      （快进到起刀点）
X25 Z2                             （进刀到螺纹加工循环起点）
G76 P021160 Q100 R100             （螺纹切削循环）
G76 X18.05 Z-56 R0 P970 Q500 F1.5 （螺纹切削循环）
G00 X100 Z100                      （返回起刀点）
M30                                （程序结束）
```

◆【HNC 华中数控系统】
指令格式：

```
G76 Cc Rr Ee Aa Xx Zz Ii Kk Ud VΔd_min QΔd Pp FL
```

其中：

c：精整次数（1～99），为模态值；

r：螺纹 Z 向退尾长度（00～99），为模态值，不用退尾功能即 r=0 时可省略；

e：螺纹 X 向退尾长度（00～99），为模态值，不用退尾功能即 e=0 时可省略；

a：刀尖角度（二位数字），为模态值，在 80°、60°、55°、30°、29°和 0°六个角度中选一个；

　　x、z：绝对值编程时，为有效螺纹终点 C 的坐标；增量值编程时，为有效螺纹终点 C 相对于循环起点 A 的相对坐标值；

　　i：螺纹两端的半径差，圆柱螺纹切削时无半径差即 $i=0$ 时可省略；

　　k：螺纹高度，该值由 X 轴方向上的半径值指定，

　　Δd_{min}：最小切削深度（半径值），当第 n 次切削深度小于 Δd_{min} 时，则切削深度设定为 Δd_{min}；

　　d：精加工余量，半径值；

　　Δd：第一次切削深度，半径值；

　　p：主轴基准脉冲处距离切削起始点的主轴转角，单线螺纹即 $p=0$ 或 $p=360$ 时可省略；

　　L：螺纹导程。

　　采用 G76 指令加工如图 11-12 所示外圆柱螺纹程序如下：

```
%1
T0303                                  （换 3 号螺纹刀）
M03 S500                               （主轴正转）
G00 X100 Z100                          （快进到起刀点）
X25 Z2                                 （进刀到螺纹加工循环起点）
G76 C2 R2 E1 A60 X18.05 Z-56 K0.97 U0.05 V0.05 Q0.5 F1.5
                                       （螺纹切削循环）
G00 X100 Z100                          （返回起刀点）
M30                                    （程序结束）
```

11.4　梯形螺纹

　　梯形螺纹的牙型如图 11-13 所示，各部分名称代号及计算公式见表 11-4。

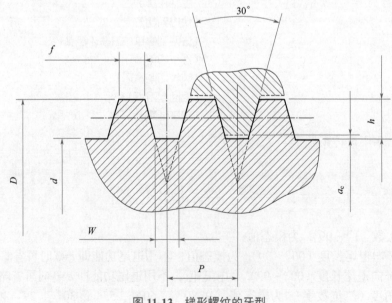

图 11-13　梯形螺纹的牙型

表 11-4　梯形螺纹各部分名称代号及计算公式

名称	代号	计算公式		
牙型角	α	$\alpha=30°$		
螺距	P	由螺纹标准规定		
牙顶间隙	a_c	P/mm	1.5～5	6～12	14～44
		a_c/mm	0.25	0.5	1
螺纹大径	D	公称直径		
螺纹小径	d	$d=D-2h$		
螺纹牙高	h	$h=0.5P+a_c$		
牙顶宽	f	$f=0.366P$		
螺纹牙槽底宽	W	$W=0.366P-0.536a_c$		

【例】　如图 11-14 所示梯形螺纹，螺距 $P=5$mm，牙顶间隙 $a_c=0.25$mm，螺纹牙高 $h=2.75$mm，螺纹大径 $D=28$mm，螺纹小径 $d=28-2×2.75=22.5$(mm)，编制加工程序如下。

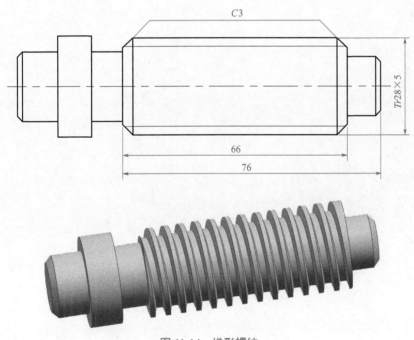

图 11-14　梯形螺纹

```
G54 G00 X100 Z100           （选定 G54 坐标系，刀具快进到起刀点）
M03 S500                    （主轴正转）
G00 X30 Z-5                 （进刀到循环起点）
G76 P020030 Q100 R100       （螺纹切削循环）
```

```
G76 X22.5 Z-79 P2750 Q500 F5              （螺纹切削循环）
G00 X100 Z100                             （返回起刀点）
M30                                       （程序结束）
```

◆【HNC 华中数控系统】

华中数控系统采用 G76 指令加工图 11-13 中梯形螺纹程序如下：

```
%1                                          （程序号）
T0101                                       （调用刀具刀补，建立工件坐标系）
M03 S500                                    （主轴正转）
G00 X100 Z100                               （快进到起刀点）
X30 Z-5                                     （进刀到循环起点）
G76 C2 A30 X22.5 Z-79 K2.75 U0.03 V0.03 Q0.2 F5  （螺纹切削循环）
G00 X100 Z100                               （返回起刀点）
M30                                         （程序结束）
```

第12章
数控车子程序

【例1】 数控车削加工如图 12-1 所示光轴零件的圆柱面，毛坯棒料直径为 ϕ48mm，编制加工程序如下：

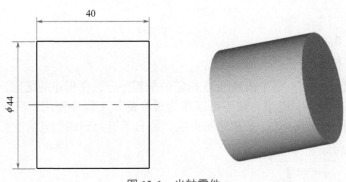

图 12-1 光轴零件

```
O1200                    （程序号）
T0101                    （调用刀具刀补）
M03 S800                 （主轴正转）
G00 X46 Z2               （刀具定位）
    G01 Z-40 F0.2        （直线插补）
    G00 X50              （退刀）
    Z2                   （返回）
G00 X44.5 Z2             （刀具定位）
    G01 Z-40 F0.2        （直线插补）
    G00 X50              （退刀）
    Z2                   （返回）
G00 X44 Z2               （刀具定位）
    G01 Z-40 F0.2        （直线插补）
    G00 X50              （退刀）
    Z2                   （返回）
G00 X100 Z100            （返回起刀点）
M30                      （程序结束）
```

　　仔细观察可以发现上面程序中加粗部分程序段完全一致，不仅仅是本例，在编制加工程序中，可能经常会出现有规律、重复出现的程序段。为了简化编程，可以将这一组在一个程序中多次出现或者在几个程序中都要使用的程序段单独加以命名，做成固定的程序，这组程序段就称为子程序。调用子程序的程序叫做主程序。

（1）主程序调用子程序（M98）

指令格式：

```
G00 X____ Z____          （刀具定位）
M98 P□□□□ L○○○○          （调用子程序）
```

部分数控系统的格式为：

```
G00 X____ Z____          （刀具定位）
M98 P○○○○□□□□           （调用子程序）
```

指令地址中□□□□为要调用的子程序号，○○○○为重复调用子程序的次数，当只调用1次时，可以省略，写为：

```
G00 X____ Z____          （刀具定位）
M98 P□□□□              （调用子程序）
```

（2）子程序格式

在程序的开始，应该有一个由地址 O 指定的子程序号，在程序的结尾，返回主程序的指令 M99 是必不可少的。子程序一般不可以作为独立的加工程序使用，只能通过主程序进行调用，实现加工中的局部动作。子程序结束后，能自动返回到调用它的主程序中。子程序格式如下：

```
O××××      （子程序号）
……         （子程序内容，程序号及程序内容与主程序的要求基本相同）
M99        （子程序结束，并返回主程序）
```

（3）子程序执行流程（图 12-2）

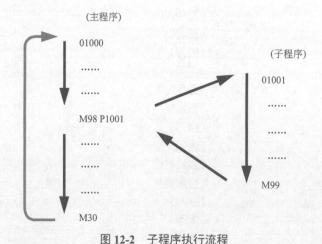

图 12-2　子程序执行流程

（4）子程序的嵌套调用

子程序还可以再调用其它子程序，称为子程序的嵌套调用，主程序也可以重复调用子程序多次。

将 O1200 号普通程序改写为子程序 + 主程序形式：

```
O1202                          (子程序号)
    G01 Z-40 F0.2              (直线插补)
    G00 X50                    (退刀)
    Z2                         (返回)
M99                            (子程序结束)


O1201                          (主程序号)
T0101                          (调用刀具刀补)
M03 S800                       (主轴正转)
G00 X46 Z2                     (刀具定位)
    M98 P1202                  (调用子程序)
G00 X44.5 Z2                   (刀具定位)
    M98 P1202                  (调用子程序)
G00 X44 Z2                     (刀具定位)
    M98 P1202                  (调用子程序)
G00 X100 Z100                  (返回起刀点)
M30                            (程序结束)
```

【例2】　选用3mm宽切槽刀加工如图12-3所示等距多槽，编制程序如下：

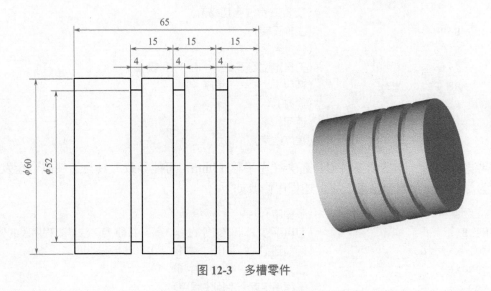

图12-3　多槽零件

```
O1204                          (子程序)
G01 X52 F0.1                   (切槽到图12-4（a）中❷点)
G00 X65                        (退刀到图12-4（a）中❶点)
M99                            (子程序结束，返回主程序)


O1203                          (主程序)
T0303                          (换4mm宽3号切槽刀)
M03 S600                       (主轴正转)
G00 X100 Z100                  (快进到起刀点)
```

```
    X65 Z-15              （刀具定位到图 12-4（a）中❶点）
      M98 P1204           （调用 1204 号子程序）
    X65 Z-30              （刀具定位）
      M98 P1204           （调用 1204 号子程序）
    X65 Z-45              （刀具定位）
      M98 P1204           （调用 1204 号子程序）
    G00 X100              （退刀）
    Z100                  （返回）
    M30                   （程序结束）
```

上面程序中每定位一次便调用一次子程序，重新定位后再调用一次，直至加工完毕，下面修改为多次调用子程序：

```
    O1206                 （子程序）
    G01 X52 F0.1          （切槽到图 12-4（b）中❷点）
    G00 X65               （退刀到图 12-4（b）中❶点）
    W-15                  （刀具平移 15mm 到图 12-4（b）中❶点）
    M99                   （子程序结束，返回主程序）


    O1205                 （主程序）
    T0303                 （换 4mm 宽 3 号切槽刀）
    M03 S600              （主轴正转）
    G00 X100 Z100         （快进到起刀点）
    X65 Z-15              （刀具定位到图 12-4（b）中❶点）
      M98 P1206 L3        （调用 1206 号子程序 3 次）
    G00 X100              （退刀）
    Z100                  （返回）
    M30                   （程序结束）
```

考虑到最后一个槽切完后刀具还会往左平移 15mm，可能导致刀具与工件或卡盘发生干涉，为尽可能避免安全隐患，将上述程序修改如下：

```
    O1208                 （子程序）
    W-15                  （刀具平移 15mm 到图 12-4（c）中❶点，注意本程序段的位置）
    G01 X52 F0.1          （切槽到图 12-4（c）中❷点）
    G00 X65               （退刀到图 12-4（c）中❶点）
    M99                   （子程序结束，返回主程序）


    O1207                 （主程序）
    T0303                 （换 4mm 宽 3 号切槽刀）
    M03 S600              （主轴正转）
    G00 X100 Z100         （快进到起刀点）
    X65 Z0                （刀具定位到图 12-4（c）中❶点，注意定位点的坐标值）
      M98 P1208 L3        （调用 1208 号子程序 3 次）
    G00 X100              （退刀）
    Z100                  （返回）
    M30                   （程序结束）
```

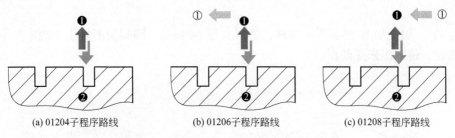

(a) 01204子程序路线　　　　(b) 01206子程序路线　　　　(c) 01208子程序路线

图 12-4　多槽零件加工各子程序路线示意图

【例3】　如图 12-5 所示多宽槽零件，选用 2mm 宽切槽刀切削加工图中宽槽，采用子程序的嵌套形式编制加工程序如下：

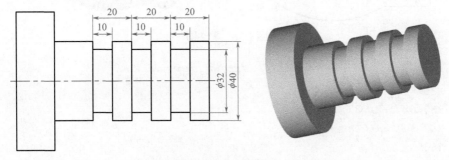

图 12-5　多宽槽零件

```
O1211                    （二级子程序）
W-2                      （刀具平移 2mm）
G01 X32 F0.1             （切槽）
G04 X0.5                 （程序暂停）
G00 X42                  （退刀）
M99                      （子程序结束）


O1210                    （一级子程序）
W-10                     （刀具平移 10mm）
    M98 P1211 L5         （调用 1211 号程序 5 次）
M99                      （子程序结束）


O1209                    （主程序）
T0303                    （换 2mm 宽的 3 号切槽刀）
M03 S500                 （主轴正转）
G00 X100 Z100            （快进到起刀点）
G00 X44 Z0               （刀具定位）
    M98 P1210 L3         （调用 1210 号子程序 3 次）
G00 X100 Z100            （返回起刀点）
M30                      （程序结束）
```

O1211 号程序用于切 2mm 宽的槽，被 O1210 号程序调用了 5 次，实现 10mm 宽槽的加工。O1210 号程序被 O1209 号主程序调用 3 次，每次使刀具向左平移 10mm，并调用 O1211 号程序加工一个宽槽。

【例4】 加工如图 12-6 所示零件，棒料直径 ϕ48mm，编制仿形加工子程序如下，其中有若干错误，请找出来并改正。

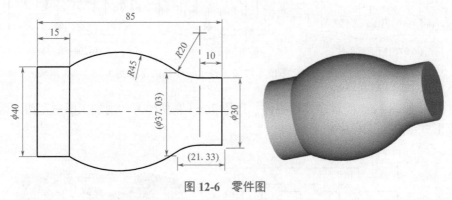

图 12-6 零件图

```
O1213                              （子程序，请改错）
G01 X30 Z-10 F0.1
G02 X37.03 Z-21.33 R20
G03 X40 Z-70 R45
G01 Z-85
G00 X60
Z2
U-21
M30


O1212                              （主程序，请改错）
T0101
M03 S800
G00 X100 Z100
X47 Z2
M98 P1212 L17
G00 X100 Z100
M30
```

下面是修改后的程序。其中，子程序 O1213 如图 12-7 所示，按照精加工路线编写，从切削起点 *A* 沿工件轮廓加工，返回 *B* 点，然后到 *A* 点，形成一个封闭区域。但应注意省略不必要的地址代码，以及涉及的有变化的 *X* 向坐标值要全部采用相对坐标值编写。分析 O1213 号子程序，*A* 和 *B* 点的 *X* 向高度差值为 30mm，若下一层背吃刀量选择 1mm，则子程序加工循环完成后还应进刀 1mm 到 *A'* 点，所以综合起来从 *B* 点到 *A'* 点编程为 "（G00）U-31"。由于每一层背吃刀量选择了 1mm，则主程序定位到 "X47 Z2"调用子程序加工一次后，剩下的总背吃刀量为 47-30=17(mm)，应加工 17 次，所以总的子程序调用次数为 18 次，即主程序调用子程序程序段为：M98 P1213 L18。该程序并不具备自适应能力，不同的主程序调用子程序前的定位点和每一层的切削厚度将影响子程序的应调用次数。

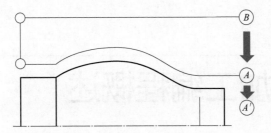

图 12-7　子程序 O1213 路线示意图

```
O1213                      （子程序号）
G01 Z-10 F0.1              （直线插补，应省略 X 坐标值）
G02 U7.03 Z-21.33 R20      （圆弧插补，X 坐标采用相对坐标表示）
G03 U2.97 Z-70 R45         （圆弧插补，X 坐标采用相对坐标表示）
G01 Z-85                   （直线插补到切削终点）
G00 U20                    （退刀 20mm 避让工件中部凸起）
Z2                         （返回）
U-31                       （移动到下一个循环的定位点 A'，见图 12-7）
M99                        （子程序结束并返回主程序）


O1212                      （主程序号）
T0101                      （调用刀具刀补）
M03 S800                   （主轴正转）
G00 X100 Z100              （刀具快进到起刀点）
X47 Z2                     （刀具定位）
M98 P1213 L18              （子程序调用，注意子程序号和调用次数）
G00 X100 Z100              （返回起刀点）
M30                        （程序结束）
```

第 **13** 章

数控铣削加工编程概述

除了数控车床外，按工艺用途来分，使用较广泛的还有数控铣床。数控铣床上的加工主要有平面和孔等形状特征。与数控车床相同，数控铣床的坐标系统也是采用笛卡儿坐标系统，编程指令也分为准备功能和辅助功能两大类。

数控铣削加工编程时，应根据零件的实际形状选用合适的数控机床进行加工，如平面零件轮廓加工可以选用两轴联动的数控铣床。编程时，刀具最好在同一平面内运行，避免 3 个轴同时运动，这样具有更好的安全性。注意选择正确的切削方向和刀补方向，充分利用刀具补偿功能，以提高编程效率。应尽量利用数控系统固有的循环功能（如孔加工固定循环等），简化编程，使操作合理规范。

（1）铣削加工刀具

常用铣削加工刀具主要有铣刀和孔加工刀具两大类，常用铣刀有立铣刀、端铣刀、键槽铣刀、球头铣刀和圆鼻刀等 5 种，常用孔加工刀具有麻花钻、铰刀、锪钻和丝锥等 4 种。常用铣刀类型及选用如表 13-1 所示，刀具参数中 D 表示刀具直径，L 为刀具总长，R_1 为刀具下半径（下侧边圆弧半径）。

表 13-1   常用铣刀类型及选用

	立铣刀	端铣刀	键槽铣刀	球头铣刀	圆鼻刀
刀具简图					
刀位点	铣刀底平面与轴线的交点	对称中心平面与圆柱面切削刃的交点	铣刀底平面与轴线的交点	球心	铣刀底平面与轴线的交点
刀具参数	D，L，$R_1=0$	D，L，$R_1=0$	D，L，$R_1=0$	D，L，$R_1=D/2$	D，L，$R_1<D/2$
加工范围	平面零件外内轮廓、凸台、凹槽、小平面加工	较大平面加工	封闭键槽加工	曲面、型腔、型芯加工	平面类零件转接凹圆弧处的过渡加工

提示：

① 除立铣刀之外的另外 4 种铣刀可看作立铣刀的变形，如立铣刀刀具直径与刀柄直径一

致，若刀具直径大于 40mm，一般将其刀柄缩小即成了端铣刀；立铣刀下半径为 0，若下半径为刀具直径的一半则形成球头铣刀。

② 刀具区分类型并不表示某一类型的刀具不可用来执行其它类型的加工，例如立铣刀也可用来做钻孔加工。

（2）工件坐标系的建立

采用机床坐标系进行编程很不方便，通常使用工件坐标系来编程。工件坐标系是以工件或夹具上某一点为坐标原点所建立的坐标系，它是为确定工件几何形体上各要素的位置而设置的坐标系。工件坐标系的原点称为工件原点，也称为工件零点或程序原点。工件原点的位置是任意的，它是由编程人员在编制程序时根据零件的特点选定的。一般为了编程的方便，在数控铣削编程时，工件原点的选择通常符合如下原则：

① 零件图的尺寸基准上。
② 对称零件的对称中心上。
③ 一般零件设在工件外轮廓的某一角上。
④ Z 轴方向上的工件原点一般设在工件表面。
⑤ 尽量选在精度较高的工件表面。

（3）设定工件坐标系（G92）

该指令用于在数控程序中建立工件坐标系。

指令格式：

```
G92   X_____   Y_____   Z_____
```

各地址含义：X、Y、Z 为起刀点即程序开始运动的起点在工件坐标系中的坐标值。

该指令只是设定坐标系，机床（刀具或工作台）并未产生任何运动。G92 设定工件坐标系与刀具位置有关，该指令执行前刀具需放在程序所要求的位置上，如果刀具在不同的位置，所设定出的工件坐标系的坐标原点也会不同。

如图 13-1 所示，刀具初始点在图中 J9 位置，表 13-2 是每个程序段执行后，相应的工件坐标系原点和刀具在网格图中的位置（用 "A1" 表示法表示，即若点在 D 列 5 行，则用 D5 表示该点位置）。

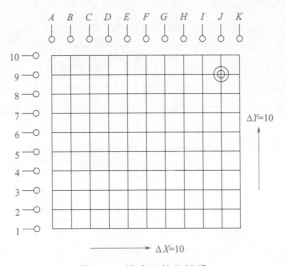

图 **13-1** 设定工件坐标系

表 13-2　坐标系原点与刀具位置确定（一）

程序	工件坐标系原点位置	刀具位置
G92 X20 Y30	H6	J9
G92 X50 Y40	E5	J9
G00 X0 Y10	E5	E6
G92 X30 Y20	B4	E6
G92 X−60 Y−20	K8	E6
G92 X−30 Y20	H4	E6

（4）选择工件坐标系（G54 ～ G59）

在机床 MDI 方式下设定 G54 ～ G59 各工件坐标系坐标原点在机床坐标系中对应的偏移值，然后在程序中通过 G54 等指令选择对应工件坐标系。

指令格式：

```
G54 ～ G59
```

G54 ～ G59 指令程序段可以和 G00、G01 指令组合，如：

```
G54                          （选择 G54 工件坐标系）
G00 X100 Y100 Z50            （刀具移动到起刀点）
```

以上程序也可合并成一段：

```
G54 G00 X100 Y100 Z50        （选择 G54 工件坐标系且刀具移动到起刀点）
```

以上程序段运行后，无论刀具当前点在哪里，它都会移动到 G54 工件坐标系中的 X100 Y100 Z50 点上。

G54 ～ G59 一经设定，工件坐标系原点在机床坐标系中的位置是不变的，它与刀具的当前位置无关，在系统断电后并不破坏，再次回参考点后仍有效，除非通过机床 CRT/MDI 方式修改。

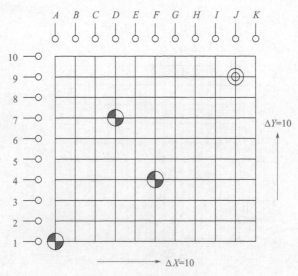

图 13-2　选择工件坐标系

如图 13-2 所示，刀具初始点在图中 J9 位置，G54 坐标原点在 A1，G55 坐标原点在 D7，G58 坐标原点在 F4。表 13-3 所示为每个程序段执行后，相应的工件坐标系原点和刀具在网格图中的位置。

表 13-3 坐标系原点与刀具位置确定（二）

程序	工件坐标系原点位置	刀具位置
G54 G00 X20 Y30	A1	C4
G55 G00 X50 Y10	D7	I8
G00 X10 Y−10	D7	E6
G54 G00 X30 Y20	A1	D3
G58 G00 X−40 Y20	F4	B6
G55 G00 X−30 Y20	D7	A9
G00 X30 Y20	D7	G9
G92 X30 Y70	D2	G9

（5）平面选择（G17/G18/G19）

坐标平面选择指令用于选择圆弧插补平面和刀具补偿平面。如图 13-3 所示，G17 选择 XY 平面，G18 选择 XZ 平面，G19 选择 YZ 平面。

Z 轴移动指令与平面选择无关，如：G17 Z___，Z 轴不存在于 XY 平面上，但这条指令可使机床在 Z 轴方向上产生移动。

该组指令为模态指令，在数控铣床上，数控系统初始状态一般默认为 G17 状态。若要在其它平面上加工则应使用坐标平面选择指令。

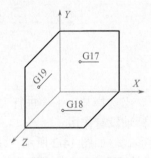

图 13-3 平面选择

（6）绝对与相对坐标值（G90/G91）

绝对坐标值编程用 G90 指令，相对坐标值编程用 G91 指令。这是一对模态 G 指令，在同一程序段中只能用一种，不能混用。

第 14 章

刀具半径补偿

在零件轮廓铣削加工时，由于刀具半径尺寸影响，刀具的中心轨迹与零件轮廓往往不一致，如图 14-1 所示。为了避免计算刀具中心轨迹，数控系统提供了刀具半径补偿功能。采用刀具半径补偿指令后，编程时只需按零件轮廓编制，数控系统能自动计算刀具中心轨迹，并使刀具按此轨迹运动，使编程简化。

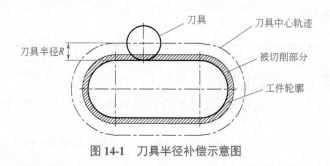

图 14-1 刀具半径补偿示意图

（1）刀具半径补偿（G41/G42/G40）

指令格式：

```
G17/G18/G19  G41/G42  G00/G01  X___ Y___ Z___ D___  （建立刀具半径补偿）
......                                                （轮廓铣削加工程序段）
G17/G18/G19  G40  G00/G01  X___ Y___ Z____           （取消刀具半径补偿）
```

各地址含义：

G17/G18/G19 为平面选择指令。当选择某一平面进行刀具半径补偿时，将仅影响该坐标平面的坐标轴的移动，而对另一坐标轴没有作用。

G41/G42/G40 为刀具半径补偿形式。如图 14-2 所示，G41 表示刀具半径左补偿（简称左刀补），指沿刀具前进方向看去（进给方向），刀具中心轨迹偏在被加工面的左边；G42 表示刀具半径右补偿（简称右刀补），指沿刀具前进方向看去（进给方向），刀具中心轨迹偏在被加工面的右边；G40 表示取消刀具半径补偿。

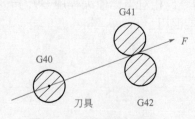

图 14-2 刀具半径补偿形式

G00/G01 为刀具移动指令，无论是建立还是取消刀具半径补偿，必须有补偿平面坐标轴的移动。

X、Y、Z 为刀具插补终点坐标值，平面选择指令选定平面坐标轴外的另一坐标轴可不写（无效）。

D 为刀具半径补偿功能字，其后两位数为补偿编号，该补偿编号对应的存储值为刀具半径补偿值，补偿值为刀具中心偏离编程零件轮廓的距离。特别的，D00 也可取消刀具半径补偿。如图 14-3 所示，补偿编号 D01 里存储的刀具半径值为"6"。

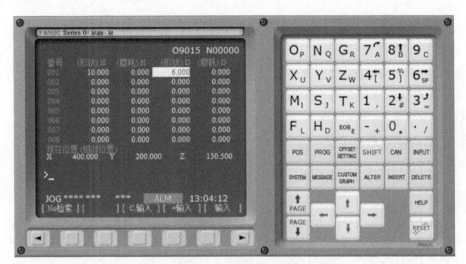

图 14-3　刀具半径补偿值

（2）关于刀具半径补偿需要注意的几个问题

建立和取消刀具半径补偿必须有补偿平面坐标轴的移动，并且该移动距离必须大于刀具半径补偿值，否则系统将会产生刀具半径补偿无法建立的情况，有时会产生报警。

使用 G41/G42 进刀，当刀具接近工件轮廓时，数控装置认为是从刀具中心坐标转变为刀具外圆与轮廓相切点的坐标值，而使用 G40 刀具退出时则相反。如图 14-4 所示，实线表示编程轨迹，点画线表示刀具中心轨迹，刀具与工件发生干涉。为防止刀具与工件发生干涉，如图 14-5 所示，一般应在切入工件之前建立刀具半径补偿，在切出工件之后取消刀具半径补偿，并选择正确的进刀和退刀路线。

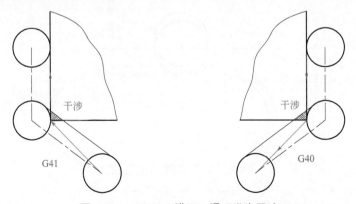

图 14-4　G41/G40 进刀、退刀发生干涉

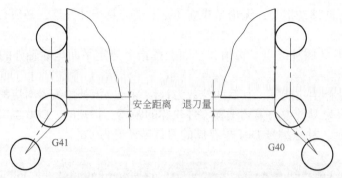

图 14-5   合理的 G41/G40 进刀、退刀路线

避免加工过程中出现过切现象，通常过切有以下两种情况：如图 14-6 所示的刀具半径大于所加工工件内轮廓转角时产生的过切，或如图 14-7 所示的刀具直径大于所加工沟槽时产生的过切。

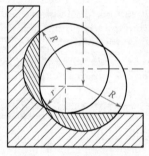

图 14-6   加工内轮廓转角

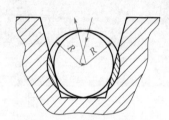

图 14-7   加工沟槽

（3）刀具半径补偿的其它应用

应用刀具半径补偿指令加工时，刀具的中心始终与工件轮廓相距一个刀具半径距离。当刀具磨损或刀具重磨后，刀具半径变小，只需在刀具补偿值中输入改变后的刀具半径，而不必修改程序。在采用同一把半径为 R 的刀具，并用同一个程序进行粗、精加工时，设精加工余量为 Δ，则粗加工时设置的刀具半径补偿量为 $R+\Delta$，精加工时设置的刀具半径补偿量为 R，就能在粗加工后留下精加工余量 Δ，然后，在精加工时完成切削，如图 14-8 所示。

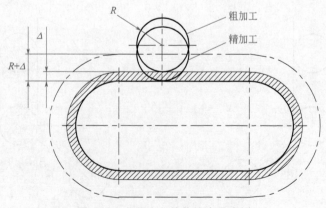

图 14-8   刀具半径补偿的应用实例

　　在数控铣床上加工编程时，若加工编程轨迹为如图 14-9 所示粗实线，铣刀中心轨迹为图中点画线，箭头指向进给方向，应采取的对应补偿形式如表 14-1 所示。注意刀具半径补偿形式与坐标平面有关。

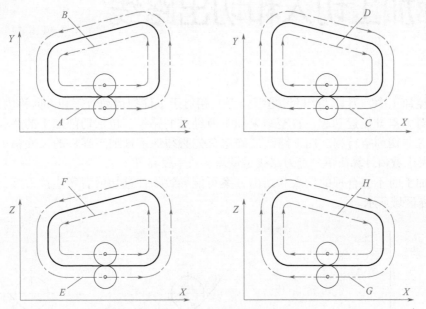

图 14-9　加工编程轨迹

表 14-1　加工编程轨迹与刀具半径补偿形式

加工编程轨迹	刀具半径补偿形式	刀具半径补偿指令
A	右刀补	G42
B	左刀补	G41
C	左刀补	G41
D	右刀补	G42
E	左刀补	G41
F	右刀补	G42
G	右刀补	G42
H	左刀补	G41

第 15 章
轮廓加工切入和切出路线

在数控加工中，刀具（严格说是刀位点）相对于工件的运动轨迹和方向称为加工路线，即刀具从对刀点开始运动起，直至结束加工所经过的路径，包括切削加工的路径及刀具引入、返回等非切削空行程。加工路线的确定首先必须保证被加工零件的尺寸精度和表面质量，其次考虑数值计算简单、走刀路线尽量短、效率较高等。

轮廓加工时不够合理的切入和切出方案可能导致零件过切或者产生接刀痕，如图 15-1 的网格填充区域所示。

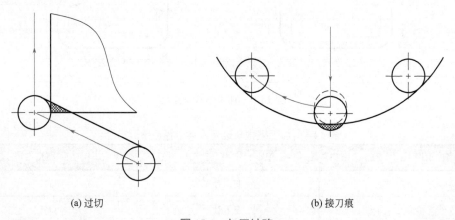

(a) 过切 (b) 接刀痕

图 15-1 加工缺陷

铣削平面零件时，一般采用立铣刀侧刃进行切削，为减少接刀痕迹，保证零件表面质量，对刀具的切入和切出程序需要精心设计。铣削外表面轮廓时，铣刀的切入和切出点应沿零件轮廓曲线的延长线切向切入和切出零件表面，而不应沿法向直接切入零件，以避免加工表面产生划痕，保证零件轮廓光滑；当铣削封闭内轮廓表面时，刀具也要沿轮廓线的切线方向进刀与退刀。

对于连续铣削轮廓，特别是加工圆弧时，要注意安排好刀具的切入、切出，要尽量避免交接处重复加工，否则会出现明显的界限痕迹。用圆弧插补方式铣削外整圆时，要安排刀具从切向进入圆周铣削加工，当整圆加工完毕后，不要在切点处直接退刀，而让刀具多运动一段距离，最好沿切线方向，以免取消刀具补偿时，刀具与工件表面相碰撞，造成工件报废。铣削内圆弧时，也要遵守从切向切入的原则，安排切入、切出过渡圆弧，来提高内孔表面的加工精度和质量。

针对直线或圆弧目标线段导入或导出的基本路线如表 15-1 所示。轮廓数控加工时，若选择从直线段上点 A 切入和切出，可根据导入或导出基本路线组合出不同的解决方案，如图 15-2 所示。

表 15-1　导入或导出的基本路线

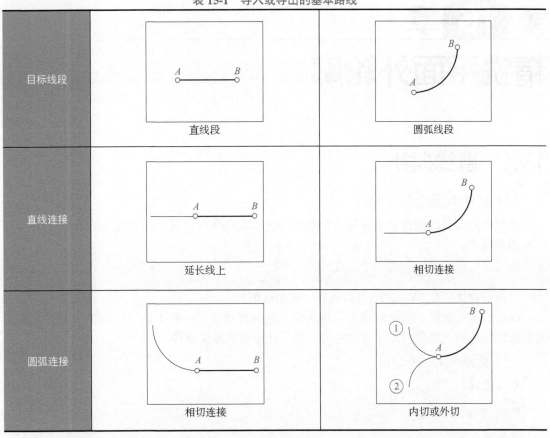

目标线段	直线段	圆弧线段
直线连接	延长线上	相切连接
圆弧连接	相切连接	内切或外切

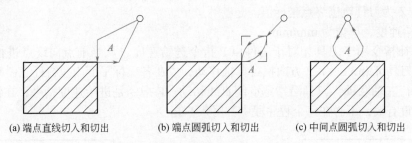

(a) 端点直线切入和切出　　(b) 端点圆弧切入和切出　　(c) 中间点圆弧切入和切出

图 15-2　从直线段上点 A 切入和切出

若选择从圆弧线段上点 A 切入和切出，组合出的三种路线方案如图 15-3 所示。

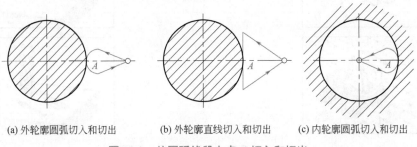

(a) 外轮廓圆弧切入和切出　　(b) 外轮廓直线切入和切出　　(c) 内轮廓圆弧切入和切出

图 15-3　从圆弧线段上点 A 切入和切出

第 16 章

精铣平面外轮廓

16.1 直线插补

（1）快速点定位（G00）

该指令为刀具以快速移动速度由开始点快速移动到终点位置，其示意图见图 16-1。

指令格式：

```
G00  X____  Y____  Z____
```

各地址含义：X、Y、Z 为刀具轨迹终点坐标值。

G00 的运动速度、运动轨迹由系统决定，它的运动轨迹一般不是一条直线，而是几条直线段的组合，因此编程时需注意避免刀具与工件或机床发生碰撞。

（2）直线插补（G01）

指令格式：

```
G01  X____  Y____  Z____  F____
```

各地址含义：

X、Y、Z 为刀具轨迹终点坐标值。

F 为进给速度，单位为 mm/min。

直线插补指令用于刀具相对于工件以 F 指令进给速度，从当前点向终点进行直线移动（图 16-1）。刀具可沿 X、Y、Z 方向执行单轴移动，或在各坐标平面内执行任意斜率的直线移动，也可执行三轴联动，刀具沿指定空间直线移动。F 指令是进给速度指令，在没有新的 F 指令以前一直有效，不必在每个程序段中都写入 F 指令。

G00
快速点定位

G01
直线插补

图 16-1　快速点定位与直线插补示意图

【例 1】 精加工如图 16-2 所示矩形零件外轮廓，采用 ϕ12mm 的立铣刀进行加工，刀具位置如图 16-3 所示。

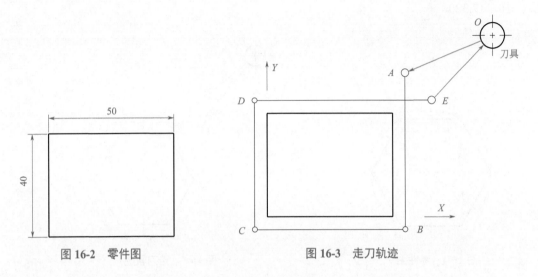

图 16-2 零件图   图 16-3 走刀轨迹

按手工编程的基本步骤来编写该程序（熟练掌握之后，可直接编程）。

第 1 步，建立工件坐标系。将工件坐标系原点设在矩形左下角点，如图 16-3 所示，朝右为 X 轴，朝上为 Y 轴。

第 2 步，确定走刀轨迹。走刀轨迹为 $O \to A \to B \to C \to D \to E \to O$，各刀位点位置如图 16-3 所示。其中：$O$ 为起刀点，一般为刀具的刀位点，立铣刀的刀位点在铣刀底平面与轴线的交点上；A 为切削起点，选择在距离切削线段起始点 2～5mm 安全距离的延长线或切线上最佳；E 为切削终点。

第 3 步，计算各刀位点坐标值。列出各刀位点坐标值为 O（100，100）、A（50，44）、B（50，0）、C（0，0）、D（0，40）、E（52，40）。

第 4 步，程序编制。加工程序编制如下。

```
G92 X100 Y100              （建立工件坐标系）

M03 S800                   （主轴正转，转速 800r/min）

G00 G41 X50 Y44 D01 M08    （进刀到切削起点A，建立刀具半径补偿，切削液开）

G01 Y0 F40                 （切削到刀位点B）

X0                         （切削到刀位点C）

Y40                        （切削到刀位点D）

X52                        （切削到刀位点E）

G00 G40 X100 Y100 M09      （返回起刀点，取消刀具半径补偿，切削液关）

M30                        （程序结束）
```

【例 2】 精加工如图 16-4 所示正六边形零件外轮廓，正六边形外接圆直径为 40mm，采用 ϕ12mm 立铣刀进行加工，刀具位置如图 16-5 所示。

第 1 步，建立工件坐标系。由于正六边形为轴对称零件，所以将 G54 工件坐标系原点建立在正六边形中心，便于各刀位点坐标值的计算，如图 16-5 所示。

第 2 步，确定走刀轨迹。走刀轨迹为 $O \to A \to B \to C \to D \to E \to F \to G \to O$，各刀位点位置如图 16-5 所示。

第 3 步，计算各刀位点坐标值。计算出各刀位点坐标值为 O（-100，100）、A（-14，17.32）、B（10，17.32）、C（20，0）、D（10，-17.32）、E（-10，-17.32）、F（-20，0）、G（-10，17.32）。

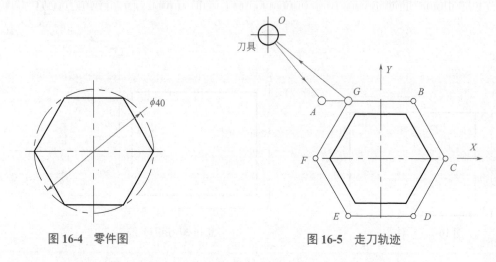

图 16-4 零件图   图 16-5 走刀轨迹

提示：各刀位点坐标值常用计算方法有三角函数法和 CAD 查询法。

第 4 步，程序编制。编制加工程序如下。

G54 G00 X-100 Y100	（选择 G54 坐标系，刀具快进到 O 点）
M03 S800	（主轴正转）
G00 G41 X-14 Y17.32 D01 M08	（快进到 A 点，建立刀具半径补偿）
G01 X10 F40	（直线插补到 B 点）
X20 Y0	（直线插补到 C 点）
X10 Y-17.32	（直线插补到 D 点）
X-10	（直线插补到 E 点）
X-20 Y0	（直线插补到 F 点）
X-10 Y17.32	（直线插补到 G 点）
G00 G40 X-100 Y100 M09	（返回 O 点，取消刀具半径补偿）
M30	（程序结束）

【例3】 数控铣削加工如图 16-6 所示零件外轮廓，设 G54 工件坐标系在圆心，编制加工程序如下。

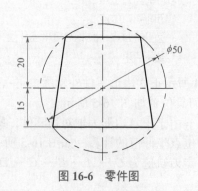

图 16-6 零件图

```
G54 G00 X100 Z100            (选择 G54 工件坐标系)
M03 S800                     (主轴正转)
G00 G42 X17 Y20 D01 M08      (刀具快进到切削起点,建立刀具半径补偿)
G01 X-15 F40                 (直线插补)
X-20 Y-15                    (直线插补)
X20                          (直线插补)
X15 Y20                      (直线插补)
G00 G40 X100 Y100 M09        (返回起刀点,取消刀具半径补偿)
M30                          (程序结束)
```

16.2　圆弧插补

圆弧插补(G02/G03)的指令格式为:

> G17/G18/G19 G02/G03 X___ Y___ Z___ R___ (I___ J___ K___)F ___

各地址含义:

G17/G18/G19 为坐标平面选择指令。进行圆弧插补时,要规定加工所在的平面,在 XOY 平面时,G17 可省略。

G02/G03 为圆弧插补类型,G02 表示顺时针圆弧插补,G03 表示逆时针圆弧插补。圆弧顺逆方向与平面的关系如图 16-7 所示,沿不在圆弧所在平面的坐标轴的正方向往负方向望去,顺时针方向圆弧为 G02,逆时针为 G03。

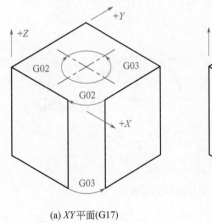
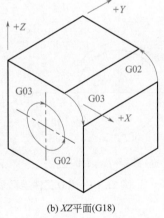
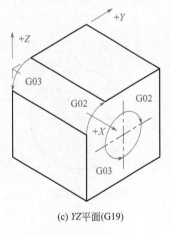

(a) XY 平面(G17)　　　　(b) XZ 平面(G18)　　　　(c) YZ 平面(G19)

图 16-7　圆弧顺逆方向与平面的关系

X、Y、Z 为圆弧终点坐标值,当 G90 时为绝对坐标值,当 G91 时为相对坐标值。

R 为圆弧半径。当圆心角 $\alpha \leqslant 180°$ 时, R 取正;当圆心角 $\alpha > 180°$ 时, R 取负。

I、J、K 为圆心相对圆弧起点的相对坐标值,与 G90、G91 无关。 I 、 J 、 K 为零时可省略。当 R、I、J、K 同时在同一程序段出现时,R 优先,I、J、K 无效。

F 为进给速度。

【例 1】　精加工如图 16-8 所示零件外轮廓,将 G54 工件原点建立在 $R20$ 圆心上,则 X 轴水平向右, Y 轴竖直朝上布置,编程如下(注意顺时针圆弧插补和逆时针圆弧插补的判断

和 R 的正负取值)。

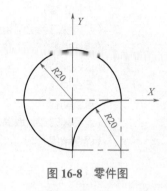

图 16-8 零件图

```
G54 G00 X100 Y0              (建立工件坐标系)
M03 S800                     (主轴正转)
G00 G41 X24 Y0 D01 M08       (快进,建立刀具半径补偿)
G01 X24 F50                  (直线插补)
G03 X0 Y-20 R20              (逆时针圆弧插补)
G02 X20 Y0 R-20             (顺时针圆弧插补)
G00 G40 X100 Y0 M09          (返回起刀点,取消刀具半径补偿)
M30                          (程序结束)
```

【例2】 精加工如图 16-9 所示零件外轮廓,工件坐标系及刀具轨迹如图 16-10(a)所示 $O \rightarrow A \rightarrow B \rightarrow B \rightarrow O$,编制加工程序如下。

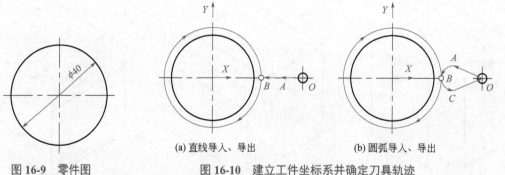

图 16-9 零件图

(a)直线导入、导出   (b)圆弧导入、导出

图 16-10 建立工件坐标系并确定刀具轨迹

```
G54 G00 X100 Y0              (刀位点O,建立工件坐标系)
M03 S900                     (主轴正转)
G00 G41 X24 D01 M08          (快进到A点,建立刀具半径补偿)
G01 X20 F50                  (刀位点B)
G02 I-20                     (顺时针圆弧插补到B点)
G00 G40 X100 Y0 M09          (返回O点,取消刀具半径补偿)
M30                          (程序结束)
```

提示:

① 因为经过同一点半径相同的圆有无数个(图 16-11),所以整圆加工编程只能用 I、J、

K 表示，不能用 R，或者采用分段编程。

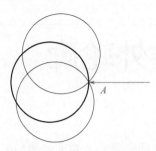

图 16-11　过点 *A* 同半径的圆

② *I*、*J*、*K* 为零时可省略，但 *I*、*J*、*K* 不能均为零。

③ 本例中切入工件刀具轨迹 *A* → *B* 段采用直线插补将会在 *B* 点位置留下接刀痕，为避免该现象，可采用相切圆弧段切入切出，刀具轨迹如图 16-10（b）所示，为 *O* → *A* → *B* → *B* → *C* → *O*。

按图 16-10（b）所示刀具轨迹编制加工程序如下。

```
G54 G00 X100 Y0          （刀位点 O，建立工件坐标系）
M03 S900                 （主轴正转）
G00 G41 X25 Y5 D01 M08   （快进到 A 点，建立刀具半径补偿）
G03 X20 Y0 R5 F50        （逆时针圆弧插补切入 B 点）
G02 I-20                 （顺时针圆弧插补到 B 点）
G03 X25 Y-5 R5           （逆时针圆弧插补切出 C 点）
G00 G40 X100 Y0 M09      （返回 O 点，取消刀具半径补偿）
M30                      （程序结束）
```

读者可尝试分别编写精加工如图 16-12 所示两个平面零件外轮廓的加工程序，注意刀具半径补偿的采用，刀具及工件坐标系自拟。

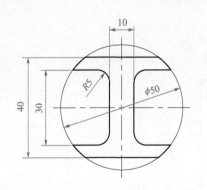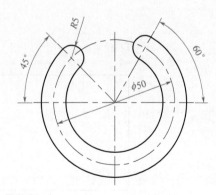

图 16-12　零件图

第 17 章

精铣立体零件外轮廓

形状特征较规则的立体零件（曲面除外）轮廓铣削加工时，一般采用立铣刀侧面刃口进行切削，刀具先 Z 向下刀到达所需加工的 XY 平面，然后进行 XY 平面内的轮廓加工，加工完毕后抬刀退离工件，返回起刀点即可。

【例1】 精加工如图 17-1 所示长方体零件外轮廓，工件坐标系原点设在工件上表面外轮廓的左前角上，加工路线如图 17-2 所示，编制加工程序如下。

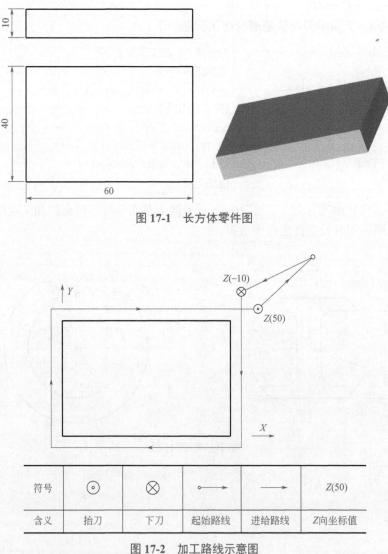

图 17-1 长方体零件图

图 17-2 加工路线示意图

符号	⊙	⊗	∘→	→	Z(50)
含义	抬刀	下刀	起始路线	进给路线	Z向坐标值

```
G54 G00 X100 Y100 Z50        （选择 G54 工件坐标系）
M03 S800                     （主轴正转）
G41 G00 X60 Y44 D01          （快进，建立刀具半径补偿）
Z-10 M08                     （下刀到加工平面）
G01 Y0 F70                   （直线插补）
X0                           （直线插补）
Y40                          （直线插补）
X62                          （直线插补）
G00 Z50 M09                  （抬刀）
G40 X100 Y100                （返回起刀点，取消刀具半径补偿）
M30                          （程序结束）
```

【例2】 精铣如图 17-3 所示六棱柱外轮廓，设工件原点在工件上表面的 φ40 圆心上，采用 φ12 立铣刀加工，编制加工程序如下。

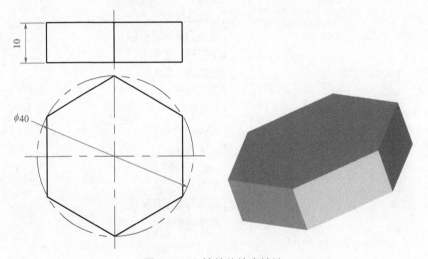

图 17-3　六棱柱外轮廓精铣

```
G54 G00 X100 Y100 Z50            （选择 G54 工件坐标系）
M03 S800                         （主轴正转）
Z-10                             （下刀到加工平面）
G41 G00 X17.32 Y14 D01 M08       （建立刀具半径补偿）
G01 Y-10 F80                     （直线插补）
X0 Y-20                          （直线插补）
X-17.32 Y-10                     （直线插补）
Y10                              （直线插补）
X0 Y20                           （直线插补）
X17.32 Y10                       （直线插补）
G40 G00 X100 Y100 M09            （取消刀具半径补偿）
Z50                              （抬刀）
M30                              （程序结束）
```

【例3】 数控铣削精加工如图 17-4 所示零件外轮廓，编制其加工程序如下。

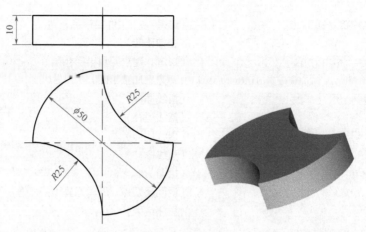

图 17-4   零件图

```
G54 G00 X100 Z100 Z50              （选择 G54 工件坐标系）
M03 S800                           （主轴正转）
G41 G00 X30 Y5 D01                 （建立刀具半径补偿）
Z-10 M08                           （下刀到加工平面）
G03 X25 Y0 R5 F40                  （圆弧插补导入）
G02 X0 Y-25 R25                    （圆弧插补）
G03 X-25 Y0 R25                    （圆弧插补）
G02 X0 Y25 R25                     （圆弧插补）
G03 X25 Y0 R25                     （圆弧插补）
X30 Y-5 R5                         （圆弧插补导出）
G00 Z50 M09                        （抬刀）
G40 X100 Y100                      （取消刀具半径补偿）
M30                                （程序结束）
```

第18章

精铣台阶形零件

【例1】 如图 18-1 所示台阶形零件，要求精加工图中 *A*、*B*、*C*、*D* 四个台阶侧面，G54 工件坐标系原点设在工件上表面的左前角上，采用立铣刀进行加工，编制程序如下。

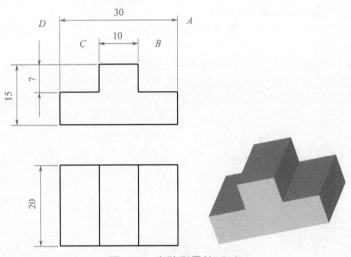

图 18-1　台阶形零件（一）

```
G54 G00 X100 Y100 Z50          （选用 G54 工件坐标系）
M03 S800                       （主轴正转）
Z-15                           （下刀到加工平面）
G41 G00 X30 Y24 D01 M08        （建立刀具半径补偿）
G01 Y-4 F60                    （A 面加工）
G00 X0                         （刀具快进）
G01 Y24 F60                    （D 面加工）
G00 X20                        （刀具快进）
Z-7                            （抬刀到加工平面）
G01 Y-4 F60                    （B 面加工）
G00 X10                        （刀具快进）
G01 Y24 F60                    （C 面加工）
G00 G40 X100 Y100 M09          （取消刀具刀补）
Z50                            （抬刀）
M30                            （程序结束）
```

【例2】 如图 18-2 所示台阶形零件，要求精加工 *A*、*B*、*C* 三个台阶侧面，G54 工件坐标系原点设在工件上表面的左前角上，采用直径为 ϕ12mm 的立铣刀进行加工。为方便编程，不采用刀具半径补偿，编程如下。

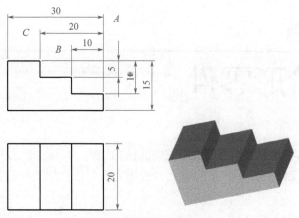

图 18-2　台阶形零件（二）

```
G54 G00 X100 Y100 Z50      （选择 G54 工件坐标系）
M03 S800                   （主轴正转）
X36 Y24                    （刀具定位）
Z-15 M08                   （下刀到加工平面）
G01 Y-4 F60                （A 面加工）
G00 Z-10                   （抬刀）
X26                        （刀具移动）
G01 Y24 F60                （B 面加工）
G00 Z-5                    （抬刀）
X16                        （刀具移动）
G01 Y-4 F60                （C 面加工）
G00 Z50 M09                （抬刀）
X100 Y100                  （返回起刀点）
M30                        （程序结束）
```

【例 3】　如图 18-3 所示，设 G54 工件坐标系原点在零件上表面的 R20 圆心位置，编制精加工该零件侧面程序如下。

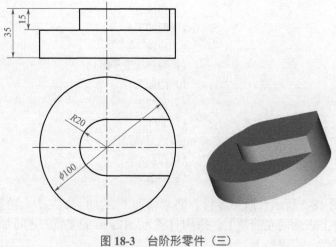

图 18-3　台阶形零件（三）

```
G54 G00 X100 Y100 Z50          (选择 G54 工件坐标系)
M03 S800                       (主轴正转)
G41 G00 X55 Y5 D01             (建立刀具半径补偿)
Z-35                           (下刀)
G03 X50 Y0 R5 F40              (圆弧插补导入)
G02 I-50 J0                    (圆弧插补加工 φ100 外侧面)
G00 Z-15                       (抬刀)
Y-20                           (刀具移动)
G01 X0 F40                     (直线插补)
G02 Y20 R20                    (圆弧插补)
G01 X50                        (直线插补)
G00 Z50                        (抬刀)
G40 G00 X100 Y100             (返回起刀点，取消刀具半径补偿)
M30                            (程序结束)
```

第 19 章

精铣立体零件内轮廓

零件轮廓可根据形状分为封闭型轮廓和开放型轮廓，根据位置分为内轮廓和外轮廓，内、外轮廓都有可能存在内、外拐角。

加工外拐角时，对铣刀半径没有限制；加工内拐角时，铣刀的最大半径应等于或小于所加工的内拐角半径。

另外，在加工时应注意选择适当的刀具下刀位置：

① 保证刀具不与工件、机床或夹具发生碰撞。

② 加工外轮廓时，应在轮廓外部下刀；而加工封闭内轮廓时，只能在轮廓内部下刀。

【例 1】 如图 19-1 所示，设 G54 工件原点在工件上表面的圆心，编制精铣该零件内轮廓的加工程序如下。

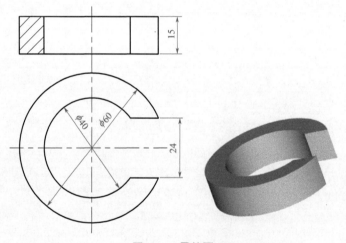

图 19-1 零件图

```
G54 G00 X100 Y100 Z50        （选择 G54 工件坐标系）
M03 S800                     （主轴正转）
G41 G00 X30 Y12 D01 M08      （建立刀具半径补偿）
Z-15                         （下刀）
G01 X16 F80                  （直线插补）
G03 Y-12 R-20                （逆时针圆弧插补）
G01 X30                      （直线插补）
G00 Z50 M09                  （抬刀）
G40 X100 Y100                （取消刀具半径补偿）
M30                          （程序结束）
```

【例 2】 精铣如图 19-2 所示 φ50mm 内轮廓，设 G54 工件原点在工件上表面的圆心，编制加工程序如下。

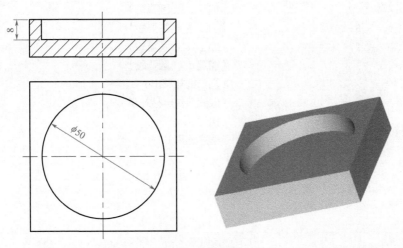

图 19-2　零件图

```
G54 G00 X0 Y0 Z50              （选择 G54 工件坐标系）
M03 S800                       （主轴正转）
Z-8 M08                        （下刀）
G41 G00 X15 Y-10 D01           （建立刀具半径补偿）
G03 X25 Y0 R10 F80             （圆弧插补导入）
I-25                           （圆弧插补）
X15 Y10 R10                    （圆弧插补导出）
G00 G40 X0 Y0 M09              （取消刀具半径补偿）
Z50                            （抬刀）
M30                            （程序结束）
```

【例3】　如图 19-3 所示零件图，轮廓深 5mm，设 G54 工件原点在工件上表面的中心，切点坐标值可以通过 CAD 查询，编制精加工内轮廓的程序如下。

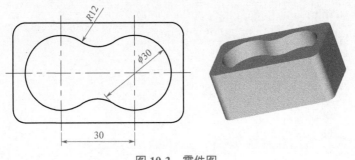

图 19-3　零件图

```
G54 G00 X0 Y0 Z50              （选择 G54 工件坐标系）
M03 S800                       （主轴正转）
Z-5                            （下刀）
G41 G00 X25 Y-5 D01            （建立刀具半径补偿）
G03 X30 Y0 R5 F40             （圆弧插补导入）
```

```
X6.77 Y12.47 R15            （加工 φ30 圆弧段）
G02 X-6.77 R12              （加工 R12 圆弧段）
G03 Y-12.47 R-15            （加工 φ30 圆弧段）
G02 X6.77 R12              （加工 R12 圆弧段）
G03 X30 Y0 R15             （加工 φ30 圆弧段）
X25 Y5 R5                  （圆弧插补导出）
G40 G00 X0 Y0              （取消刀具半径补偿）
Z50                        （抬刀）
M30                        （程序结束）
```

第 20 章

字（符）槽加工

字（符）槽在铣削加工中很常见，如键槽可看作"一"字槽。对于封闭的字（符）槽，因为刀具特点，通常不选用普通立铣刀加工，而应选用具有中心切削能力，能垂直下刀的键槽立铣刀。

【例1】 数控铣削加工如图 20-1 所示工字槽，槽深 0.8mm，G54 工件坐标系原点设在零件上表面的对称中心点上，选用 φ6mm 键槽立铣刀，编制加工程序如下。

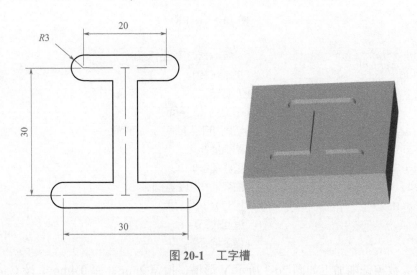

图 20-1 工字槽

```
G54 G00 X100 Y100 Z50        （选择 G54 工件坐标系）
X10 Y15                      （刀具定位）
M03 S600                     （主轴正转）
Z2 M08                       （下刀到 Z2 平面）
G01 Z-0.8 F40                （切削加工到槽底 Z-0.8 平面）
X-10 F60                     （直线插补）
X0                           （直线插补）
Y-15                         （直线插补）
X-15                         （直线插补）
X15                          （直线插补）
G00 Z50 M09                  （抬刀）
X100 Y100                    （返回起刀点）
M30                          （程序结束）
```

【例2】 数控铣削加工如图 20-2 所示 6 字槽，槽深 1mm，设 G54 工件坐标系原点在工件上表面 φ40mm 圆心上，选用 φ6mm 键槽立铣刀加工，编制加工程序如下。

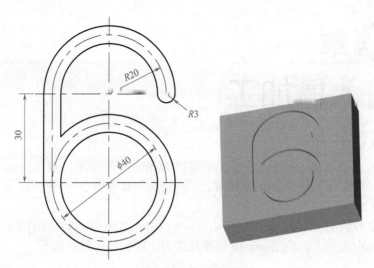

图 20-2　6 字槽

```
G54 G00 X100 Y100 Z50        (选择 G54 工件坐标系)
M03 S600                     (主轴正转)
X20 Y30                      (刀具定位)
Z2 M08                       (下刀到 Z2 平面)
G01 Z-1 F40                  (切削加工到槽底 Z-1 平面)
G03 X-20 R20 F60             (圆弧插补)
G01 Y0                       (直线插补)
G03 I20                      (圆弧插补加工整圆)
G00 Z50 M09                  (抬刀)
X100 Y100                    (返回起刀点)
M30                          (程序结束)
```

【例 3】　数控铣削加工如图 20-3 所示 Y 形槽，槽宽 2mm，深 0.4mm。设 G54 工件坐标系原点在工件上表面 $\phi60$mm 圆心，选用 $\phi2$mm 键槽立铣刀加工，编制加工程序如下。

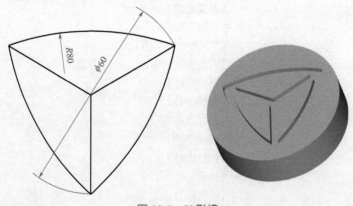

图 20-3　Y 形槽

```
G54 G00 X100 Y100 Z50        (选择 G54 工件坐标系)
M03 S600                     (主轴正转)
```

```
X0 Y0                        （刀具定位）
Z2 M08                       （下刀到 Z2 平面）
G01 Z-0.4 F40                （切削加工到槽底 Z-0.4 平面）
X25.98 Y15                   （直线插补加工 Y 形槽，该点的坐标值可通过 CAD 查询或三角
                              函数计算得）
G03 X-25.98 R80              （圆弧插补）
G01 X0 Y0                    （直线插补）
Y-30                         （直线插补）
G03 X25.98 Y15 R80          （圆弧插补）
X-25.98 R80                  （圆弧插补，本段路线为重复加工）
X0 Y-30 R80                 （圆弧插补）
G00 Z50 M09                  （抬刀）
X100 Y100                    （返回）
M30                          （程序结束）
```

【例 4】 数控铣削加工如图 20-4 所示五环槽，槽宽 4mm，槽深 1mm。设 G54 工件坐标系原点在工件上表面左上角 φ34mm 圆心上，选用 φ4mm 键槽立铣刀加工，编制加工程序如下。

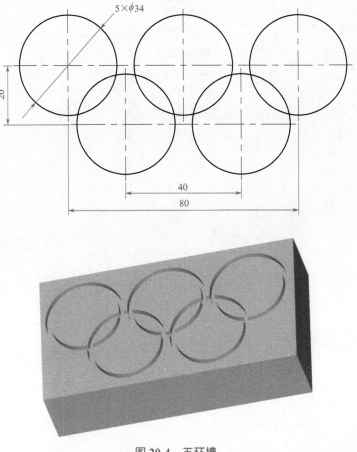

图 20-4 五环槽

```
G54 G00 X100 Y100 Z50          （选择 G54 工件坐标系）
M03 S600                       （主轴正转）
X-17 Y0                        （刀具定位）
Z2 M08                         （下刀到 z2 平面）
G01 Z-1 F40                    （切削加工到槽底 z-1 平面）
G02 I17                        （整圆加工）
G00 Z2                         （抬刀到 z2 平面）
X23                            （刀具平移）
G01 Z-1 F40                    （切削加工到槽底 z-1 平面）
G02 I17                        （整圆加工）
G00 Z2                         （抬刀到 z2 平面）
X63                            （刀具平移）
G01 Z-1 F40                    （切削加工到槽底 z-1 平面）
G02 I17                        （整圆加工）
G00 Z2                         （抬刀到 z2 平面）
X3 Y-20                        （刀具平移）
G01 Z-1 F40                    （切削加工到槽底 z-1 平面）
G02 I17                        （整圆加工）
G00 Z2                         （抬刀到 z2 平面）
X43                            （刀具平移）
G01 Z-1 F40                    （切削加工到槽底 z-1 平面）
G02 I17                        （整圆加工）
G00 Z50                        （抬刀）
X100 Y100                      （返回起刀点）
M30                            （程序结束）
```

第 21 章

精铣曲面凹槽

【例1】 精加工如图 21-1 所示曲面凹槽，工件坐标系及刀具自拟。

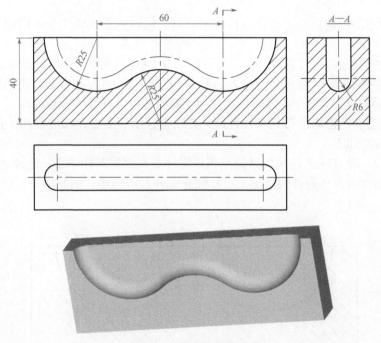

图 21-1 曲面凹槽零件图

加工方案 1：设 G54 工件坐标系原点在该零件上表面的对称中心，选择 ϕ12mm 球头刀进行加工，加工刀具轨迹如图 21-2 所示，编制加工程序如下。

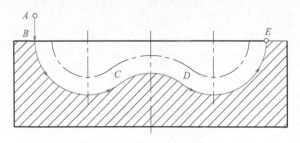

图 21-2 方案 1 加工刀具轨迹

```
G54 G00 X100 Y100 Z50    （选择 G54 工件坐标系）
M03 S600                 （主轴正转）
X-55 Y0                  （刀具定位）
```

```
G18 G42 Z2 D01 M08          (快进到 A 点, XZ 平面建立刀具半径右补偿)
G01 Z0 F40                  (直线插补到 B 点)
G02 X-15 Z-20 R25           (圆弧插补到 C 点)
G03 X15 R25                 (圆弧插补到 D 点)
G02 X55 Z0 R25              (圆弧插补到 E 点)
G00 G40 Z50                 (取消刀具半径补偿)
G17 X100 Y100 M09           (返回起刀点)
M30                         (程序结束)
```

提示：

① 圆弧顺逆的判定：沿不在圆弧所在平面的坐标轴的正方向往负方向望去，顺时针为 G02，逆时针为 G03。

② 刀半补的判定：在刀具半径补偿（简称"刀半补"）所在平面上（应从该平面外坐标轴的正方向往负方向看），沿刀具前进方向看去（进给方向），刀具中心轨迹偏在被加工面的左边为左刀半补 G41，刀具中心轨迹偏在被加工面的右边为右刀半补 G42。

③ 无论是启动还是取消刀具半径补偿，必须有补偿平面坐标轴的移动，且只能用 G00/G01，不能用 G02/G03。

加工方案 2：设 G54 工件坐标系原点在该零件上表面的对称中心，选择 ϕ12mm 球头刀进行加工，不进行刀具半径补偿，加工刀具轨迹如图 21-3 所示，编制加工程序如下。

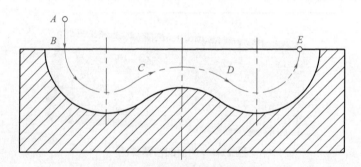

图 21-3　方案 2 加工刀具轨迹

```
G54 G00 X100 Y100 Z50       (选择 G54 工件坐标系)
M03 S600                    (主轴正转)
X-49 Y0                     (刀具定位)
G18 Z2 M08                  (快进到 A 点)
G01 Z0 F40                  (直线插补到 B 点)
G02 X-18.6 Z-15.2 R19       (圆弧插补到 C 点)
G03 X18.6 R31               (圆弧插补到 D 点)
G02 X49 Z0 R19              (圆弧插补到 E 点)
G00 Z50                     (抬刀)
G17 X100 Y100 M09           (返回起刀点)
M30                         (程序结束)
```

【例2】　数控精铣如图 21-4 所示曲面凹槽，设 G54 工件坐标系原点在零件上表面的对称中心，选择 ϕ6mm 球头刀进行加工，编制其加工程序。

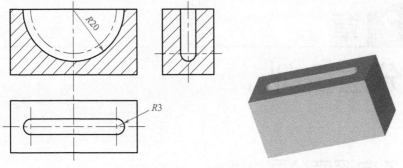

图 21-4　曲面凹槽

G54 G00 X100 Y100 Z50	（选择 G54 工件坐标系）
M03 S600	（主轴正转）
X-17 Y0	（刀具定位）
Z2 M08	（下刀到 Z2 平面）
G01 Z0 F40	（直线插补到 Z0 平面）
G18 G02 X17 R17	（圆弧插补加工 R20 凹槽）
G17 G00 Z50 M09	（抬刀）
X100 Y100	（返回起刀点）
M30	（程序结束）

第 22 章

粗精分层铣削

22.1 Z 向深度分层

铣削加工刀具轨迹形式很多，按切削加工特点来分，可分为等高铣削、曲面铣削、曲线铣削和插式铣削等几类。

等高铣削通常称为层铣，如图 22-1 所示，它按等高线一层一层地加工来移除加工区域

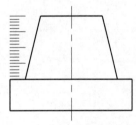

内的加工材料，主要用于零件直壁面或者斜度不大的侧壁面加工。应用等高铣削通常可以完成数控加工中约 80% 的工作量，而且采用等高铣削刀轨编程加工简单易懂，加工质量较高，因此等高铣削广泛用于非曲面零件轮廓的粗、精加工和曲面零件轮廓的粗加工。

曲面铣削简称面铣，指各种按曲面进行铣削的刀轨形式，主要用于曲面精加工。曲线铣削简称线铣，可用于三维曲线的铣削，也可以将曲线投影到曲面上进行沿投影线的加工，通常应用在生成型

图 22-1 等高铣削

腔的沿口和刻字等。插式铣削也称为钻铣，是一种加工效率最高的粗加工方法。

【例 1】 数控铣削加工如图 22-2 所示凸台，设 G54 工件坐标系原点在零件上表面的对称中心上，选用 $\phi16mm$ 立铣刀从上往下等高铣削，分两层加工，每层高度为 5mm，编制加工程序如下。

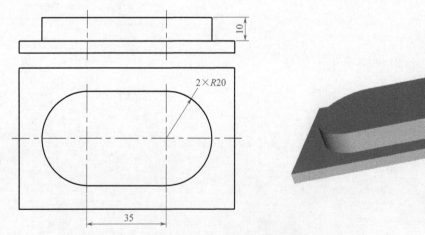

图 22-2 零件图

```
G54 G00 X0 Y100 Z50        （选择 G54 工件坐标系）
M03 S800                   （主轴正转）
G41 G00 X-10 Y30 D01 M08   （刀具半径补偿）
```

```
Z-5                              （Z-5 层加工定位）
    G03 X0 Y20 R10 F80           （圆弧切入）
    G01 X17.5                    （直线插补）
    G02 Y-20 R20                 （圆弧插补）
    G01 X-17.5                   （直线插补）
    G02 Y20 R20                  （圆弧插补）
    G01 X0                       （直线插补）
    G03 X10 Y30 R10              （圆弧切出）
G00 X-10                         （快速定位）
Z-10                             （Z-10 层加工定位）
    G03 X0 Y20 R10 F80           （圆弧切入）
    G01 X17.5                    （直线插补）
    G02 Y-20 R20                 （圆弧插补）
    G01 X-17.5                   （直线插补）
    G02 Y20 R20                  （圆弧插补）
    G01 X0                       （直线插补）
    G03 X10 Y30 R10              （圆弧切出）
G00 Z50 M09                      （抬刀）
G40 X0 Y100                      （取消刀具半径补偿）
M30                              （程序结束）
```

【例 2】　数控铣削加工如图 22-3 所示零件外轮廓，零件厚度 20mm，设工件原点在零件上表面的左前角，采用等高铣削方式编制铣削加工程序如下。

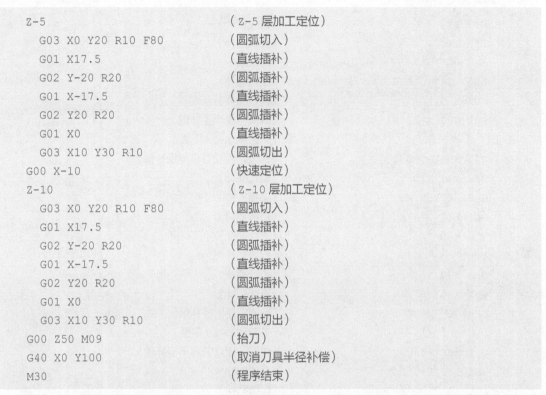

图 22-3　零件图

```
G54 G00 X-30 Y-30 Z50           （选择 G54 工件坐标系）
M03 S600                        （主轴正转）
Z-5 M08                         （下刀到 Z-5 平面，切削液开）
    G41 X0 Y-5 D01              （快进，建立刀具半径补偿）
    G01 Y42 F30                 （直线插补）
    G02 X8 Y50 R8               （圆弧插补）
```

```
    G01 X40                        （直线插补）
    X50 Y40                        （直线插补）
    Y20                            （直线插补）
    G03 X30 Y0 R20                 （圆弧插补）
    G01 X-5 Y0                     （直线插补）
    G40 G00 X-30 Y-30             （取消刀具半径补偿）
  Z-10                            （下刀到 Z-10 平面）
    G41 X0 Y-5 D01                （快进，建立刀具半径补偿）
    G01 Y42 F30                    （直线插补）
    G02 X8 Y50 R8                 （圆弧插补）
    G01 X40                        （直线插补）
    X50 Y40                        （直线插补）
    Y20                            （直线插补）
    G03 X30 Y0 R20                 （圆弧插补）
    G01 X-5 Y0                     （直线插补）
    G40 G00 X-30 Y-30             （取消刀具半径补偿）
  Z-15                            （下刀到 Z-15 平面）
    G41 X0 Y-5 D01                （快进，建立刀具半径补偿）
    G01 Y42 F30                    （直线插补）
    G02 X8 Y50 R8                 （圆弧插补）
    G01 X40                        （直线插补）
    X50 Y40                        （直线插补）
    Y20                            （直线插补）
    G03 X30 Y0 R20                 （圆弧插补）
    G01 X-5 Y0                     （直线插补）
    G40 G00 X-30 Y-30             （取消刀具半径补偿）
  Z-20                            （下刀到 Z-20 平面）
    G41 X0 Y-5 D01                （快进，建立刀具半径补偿）
    G01 Y42 F30                    （直线插补）
    G02 X8 Y50 R8                 （圆弧插补）
    G01 X40                        （直线插补）
    X50 Y40                        （直线插补）
    Y20                            （直线插补）
    G03 X30 Y0 R20                 （圆弧插补）
    G01 X-5 Y0                     （直线插补）
    G40 G00 X-30 Y-30             （取消刀具半径补偿）
  G00 Z50 M09                     （抬刀到初始平面，切削液关）
  X-30 Y-30                       （返回起刀点）
  M30                             （程序结束）
```

　　注意本节两个程序的刀具半径补偿做了不同的示例，虽然都是在 *XY* 平面内建立和取消的，但第一个程序是在初始平面（Z50 平面）进行的，第二个程序是分别在不同的加工深度层内进行的。

22.2 *XY* 平面分层

在 *XY* 平面分层铣削中，通常走刀方式有平行切削和环绕切削两种。选择合理的走刀方式，可以在付出同样加工时间的情况下，获得更好的表面加工质量。

平行切削也称为行切法加工，是指刀具以平行走刀的方式切削工件，有单向和往复两种方式。平行切削在粗加工时有很高的效率，一般其切削的步距可以达到刀具直径的70% ～ 90%，在精加工时可获得刀痕一致、整齐美观的加工表面，具有广泛的适应性。

环绕切削也称为环切法加工，是指以绕着轮廓的方式切削，并逐渐加大或减小轮廓，直到加工完毕。环绕切削可以减少提刀，提高铣削效率。

行切在手工编程时多用于规则矩形平面、台阶面和矩形下陷加工，对非矩形区域的行切一般用自动编程实现。环切主要用于轮廓的半精、精加工及粗加工，用于粗加工时，其效率比行切低，但可方便地用刀补功能实现。走刀方式见图 22-4。

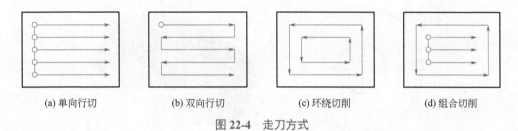

(a) 单向行切   (b) 双向行切   (c) 环绕切削   (d) 组合切削

图 22-4 走刀方式

【例1】 如图 22-5 所示矩形平面，设 G54 工件坐标系原点在工件上表面的左前角，选用 ϕ20mm 立铣刀双向行切加工，编制加工程序如下。

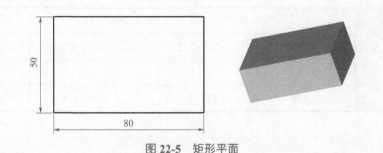

图 22-5 矩形平面

```
G54 G00 X-100 Y0 Z50      （选择 G54 工件坐标系）
M03 S600                  （主轴正转）
Z0                        （下刀到加工平面）
X-12 M08                  （刀具定位）
G01 X80 F50               （向右切削）
Y15                       （平移一个行距）
X0                        （向左切削）
Y30                       （平移一个行距）
X80                       （向右切削）
Y45                       （平移一个行距）
X0                        （向左切削）
```

```
G00 Z50 M09              （抬刀）
X-100 Y0                 （返回起刀点）
M30                      （程序结束）
```

【例2】　数控铣削如图 22-6 所示圆环形台阶面，毛坯直径 ϕ50mm。设 G54 工件坐标系原点在工件上表面的圆心，选用环切加工走刀方式，分层加工方案如表 22-1 所示，编制加工程序如下。

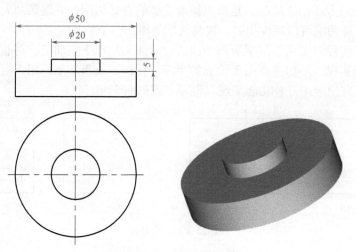

图 22-6　圆环形台阶面

表 22-1　各层加工方案

总加工余量	30mm（50-20）			
背吃刀量	第 4 层	第 3 层	第 2 层	第 1 层
	2	8	10	10
主要加工尺寸	ϕ20	ϕ22（20+2）	ϕ30（22+8）	ϕ40（30+10）

```
G54 G00 X100 Y100 Z50       （选择 G54 工件坐标系）
M03 S600                    （主轴正转）
Z-5                         （下刀到 Z-5 加工平面）
G41 G00 X30 Y10 D01 M08     （建立刀具半径补偿）
G03 X20 Y0 R10 F60          （导入）
G02 I-20                    （环切 $\phi$40）
G03 X30 Y-10 R10            （导出）
G01 X25 Y10                 （刀具平移）
G03 X15 Y0 R10              （导入）
G02 I-15                    （环切 $\phi$30）
G03 X25 Y-10 R10            （导出）
G01 X21 Y10                 （刀具平移）
G03 X11 Y0 R10              （导入）
G02 I-11                    （环切 $\phi$22）
```

```
    G03 X21 Y-10 R10              （导出）
    G01 X20 Y10                   （刀具平移）
    G03 X10 Y0 R10                （导入）
    G02 I-10                      （环切φ20）
    G03 X20 Y-10 R10              （导出）
    G00 Z50 M09                   （抬刀）
    G00 G40 X100 Y100             （取消刀具半径补偿）
    M30                           （程序结束）
```

【例3】 数控铣削加工如图 22-7 所示台阶面，毛坯为长方体，设工件坐标系原点在零件上表面左前角，采取环切走刀方式，编制加工程序如下。

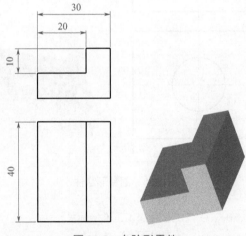

图 22-7 台阶形零件

```
    G54 G00 X100 Y100 Z50         （选择 G54 工件坐标系）
    M03 S600                      （主轴正转）
    G41 X30 Y45 D01 M08           （建立刀具半径补偿）
    Z-10                          （下刀到 Z-10 加工平面）
    Y0                            （刀具移动）
    X5                            （刀具定位）
        G01 Y40 F40               （加工台阶面）
        G00 X30                   （刀具移动）
        Y0                        （刀具移动）
    X10                           （刀具定位）
        G01 Y40 F40               （加工台阶面）
        G00 X30                   （刀具移动）
        Y0                        （刀具移动）
    X15                           （刀具定位）
        G01 Y40 F40               （加工台阶面）
        G00 X30                   （刀具移动）
        Y0                        （刀具移动）
```

```
X20                        (刀具定位)
    G01 Y42 F40            (加工台阶面)
G00 Z50 M09                (抬刀)
G40 X100 Y100              (取消刀具半径补偿)
M30                        (程序结束)
```

【例 4】　数控铣削加工如图 22-8 所示 ϕ20mm 圆台形零件，毛坯为长方体，设工件坐标系原点在零件上表面对称中心，选用 ϕ16mm 立铣刀环切加工，编制加工程序如下。

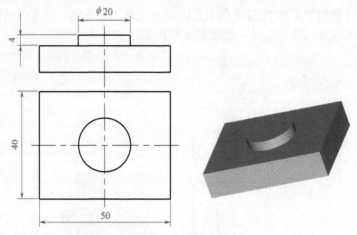

图 22-8　圆台形零件

```
G54 G00 X100 Y100 Z50      (选择 G54 工件坐标系)
M03 S600                   (主轴正转)
Z-4                        (下刀到 Z-4 加工平面)
X25 Y30                    (刀具定位)
G01 Y-20 F40               (第一圈矩形加工)
X-25                       (第一圈矩形加工)
Y20                        (第一圈矩形加工)
X19                        (第一圈矩形加工)
Y-19                       (第二圈矩形加工)
X-19                       (第二圈矩形加工)
Y19                        (第二圈矩形加工)
X18                        (第二圈矩形加工)
Y0                         (第二圈矩形加工)
G02 I-18                   (精铣 $\phi$20mm 圆台面)
G00 Y-20                   (导出)
Z50                        (抬刀)
X100 Y100                  (返回起刀点)
M30                        (程序结束)
```

【例 5】　如图 22-9 所示，在 ϕ60mm 圆柱上铣削加工，设 G54 工件坐标系原点在工件上表面的对称中心，选用 ϕ8mm 键槽立铣刀加工，编制加工程序如下。

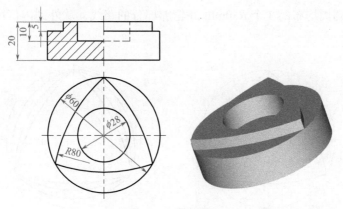

图 22-9 零件图

```
G54 G00 X100 Y100 Z50          （选择 G54 工件坐标系）
M03 S600                       （主轴正转）
X10 Y0                         （刀具定位）
Z2 M08                         （下刀到 Z2 平面）
G01 Z-5 F30                    （直线插补到 Z-5 平面）
    G03 I-4                    （圆弧插补 φ8）
    I-6                        （圆弧插补 φ12）
    I-8                        （圆弧插补 φ16）
    I-10                       （圆弧插补 φ20）
G01 Z-10                       （直线插补到 Z-10 平面）
    G03 I-4                    （圆弧插补 φ8）
    I-6                        （圆弧插补 φ12）
    I-8                        （圆弧插补 φ16）
    I-10                       （圆弧插补 φ20）
G00 Z2                         （抬刀）
G42 X0 Y30 D01                 （建立刀具半径补偿）
G01 Z-5 F30                    （直线插补到 Z-5 平面）
G03 X-25.98 Y-15 R36           （第一圈圆弧插补 R36）
X25.98 R36                     （第一圈圆弧插补 R36）
X0 Y30 R36                     （第一圈圆弧插补 R36）
X-25.98 Y-15 R50               （第二圈圆弧插补 R50）
X25.98 R50                     （第二圈圆弧插补 R50）
X0 Y30 R50                     （第二圈圆弧插补 R50）
X-25.98 Y-15 R80               （第三圈圆弧插补 R80）
X25.98 R80                     （第三圈圆弧插补 R80）
X0 Y30 R80                     （第三圈圆弧插补 R80）
G00 Z50 M09                    （抬刀）
G40 X100 Y100                  （取消刀具半径补偿）
M30                            （程序结束）
```

本例加工程序在 XY 平面内的走刀路线比较特殊。如图 22-10（a）所示，粗实线为加工 ϕ28mm 内轮廓部分的路线，从内到外依次加工 ϕ8、ϕ12、ϕ16、ϕ20mm 整圆；图 22-10（b）

中粗实线为加工圆周均布的 3 个 $R80\text{mm}$ 外轮廓部分的路线，从外到内依次加工 $R36$、$R50$、$R80\text{mm}$ 圆弧。

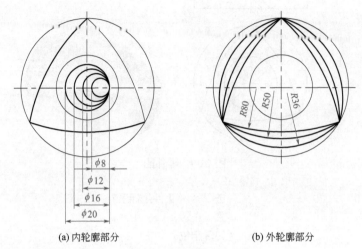

(a) 内轮廓部分　　　　　　　　　　　(b) 外轮廓部分

图 22-10　走刀路线示意图

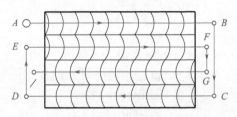

图 22-11　顺铣模式组合走刀路线示意图

如图 22-11 所示的组合走刀路线实现了全部采用顺铣模式加工图 22-5 矩形平面，仍然选用 $\phi20\text{mm}$ 立铣刀，编制参考程序如下：

```
G54 G00 X-15 Y48 Z50        （选择 G54 工件坐标系）
M03 S600                    （主轴正转）
Z0 M08                      （下刀到加工平面）
G01 X92 F50                 （从 A 点到 B 点直线插补）
G00 Y2                      （快进到 C 点）
G01 X-12 F50                （直线插补到 D 点）
G00 Y35                     （快进到 E 点）
G01 X92 F50                 （直线插补到 F 点）
G00 Y18.5                   （快进到 G 点）
G01 X-12 F50                （直线插补到 I 点）
G00 Z50                     （抬刀）
X100 Y100                   （返回）
M30                         （程序结束）
```

第 23 章

数控铣仿真加工

FANUC 系统数控
铣仿真加工

23.1 FANUC 系统数控铣仿真加工

选择 FANUC 0iM 系统（图 23-1）后单击运行，进入仿真系统界面（图 23-2），旋开急停按钮并置程序保护开关于关闭状态，在 REF 模式下依次将 Z、X、Y 轴回参考点（图 23-3）。

图 23-1　选择 FANUC 0iM 系统

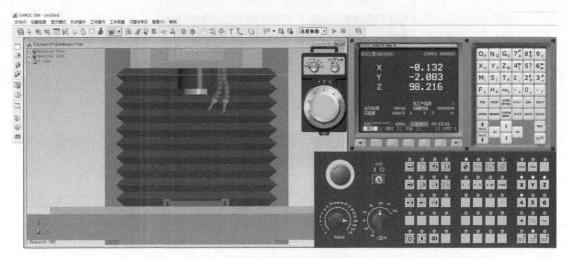

图 23-2　仿真系统界面

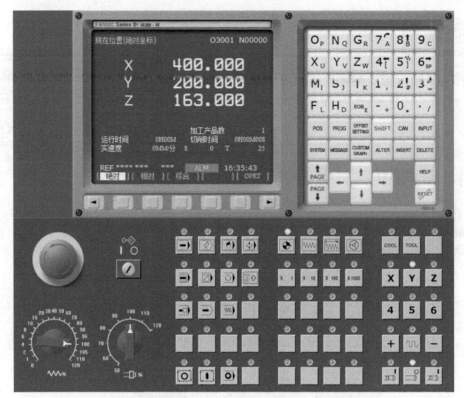

图 23-3　旋开急停、关闭程序保护开关、回参考点

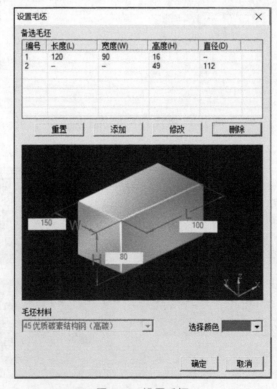

图 23-4　设置毛坯

　　在"工件操作"下拉菜单中选择"选择毛坯",进入"设置毛坯"对话框（图 23-4）,选择添加长方体毛坯尺寸为 50×40×30（图 23-5）,然后按确定按钮。

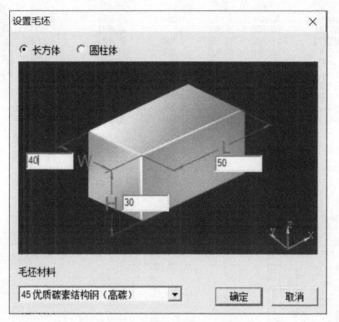

图 23-5　设置长方体毛坯尺寸

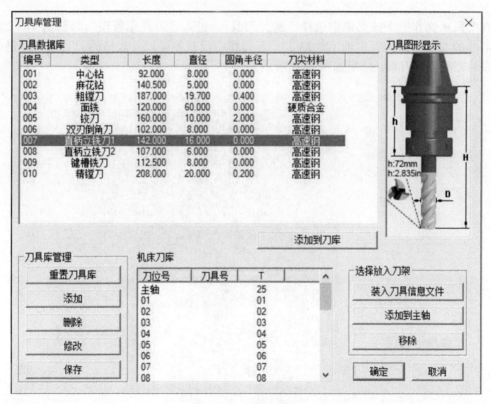

图 23-6　刀具库管理

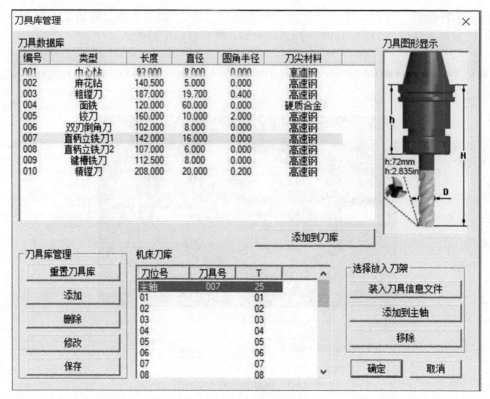

图 23-7 添加刀具到主轴

在"机床操作"下拉菜单中选择"选择刀具",进入"刀具库管理"对话框(图 23-6),选择需要的刀具并添加到主轴(图 23-7),若刀库中没有需要尺寸规格的刀具还可以进行修改。安装完毛坯和刀具,结果如图 23-8 所示。

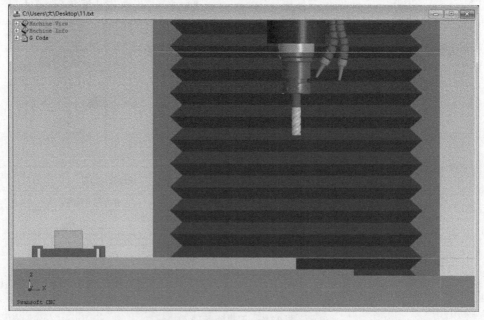

图 23-8 安装完毛坯和刀具结果图

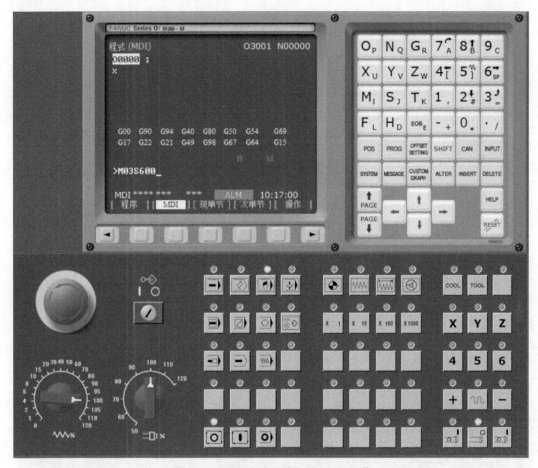

图 23-9 MDI 方式下输入 "M03S600"

选择 MDI 方式，按 "PROG" 程序键，输入 "M03S600"（图 23-9），按 "INSERT" 插入键，按 "循环启动" 键启动主轴，在 JOG 手动方式下移动刀具到工件上表面（图 23-10），然后选择 HND 手轮方式低速移动刀具蹭工件上表面（图 23-11）。按 "OFFSET SETTING" 键进入刀具补正页面（图 23-12），然后按 "坐标系" 软键，接着移动光标在 G54 坐标系中输入 "Z0" 后按测量软键（图 23-13），结果如图 23-14 所示。

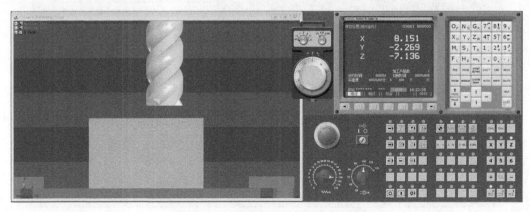

图 23-10 JOG 手动方式下移动主轴

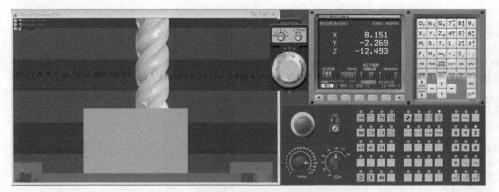

图 23-11 HND 手轮方式下刀具蹭工件上表面

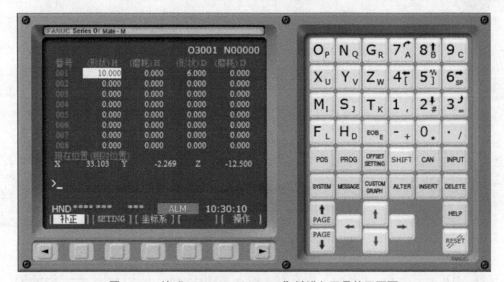

图 23-12 按"OFFSET SETTING"键进入刀具补正页面

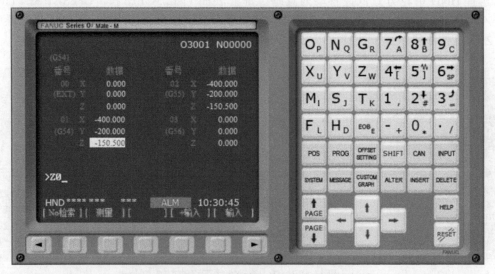

图 23-13 G54 坐标系中输入"Z0"后按测量软键

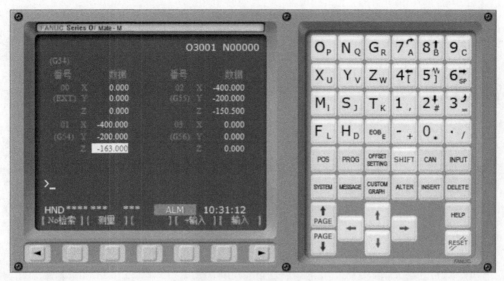

图 23-14　结果图（一）

如图 23-15 所示，移动刀具蹭工件右侧面，输入 "X33" ［当前刀具中心在 G54 工件坐标系中的 X 坐标值。此处设 G54 工件原点在工件上表面的对称中心，由于工件毛坯长度为 50mm，刀具直径 16mm，则 X 值为毛坯长度的一半（25）+ 刀具半径值（8）=33］后按 "测量" 软键（图 23-16）。

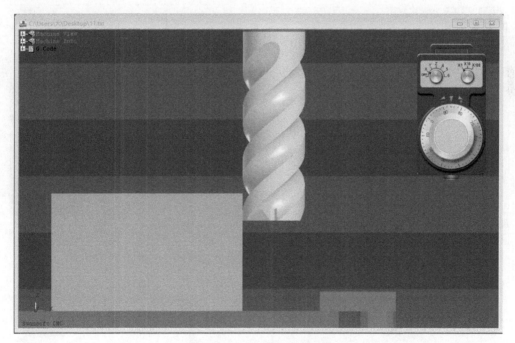

图 23-15　刀具蹭工件右侧面

如图 23-17 所示，移动刀具蹭工件后侧面，输入 "Y28" ［工件毛坯宽度为 40mm，刀具直径 16mm，当前刀具中心在 G54 工件坐标系中的 Y 坐标值为毛坯宽度的一半（20）+ 刀具半径值（8）=28］后按 "测量" 软键（图 23-18），结果如图 23-19 所示。

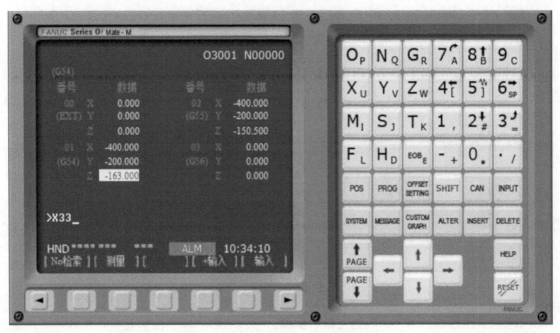

图 23-16 输入 X 值后按 "测量" 软键

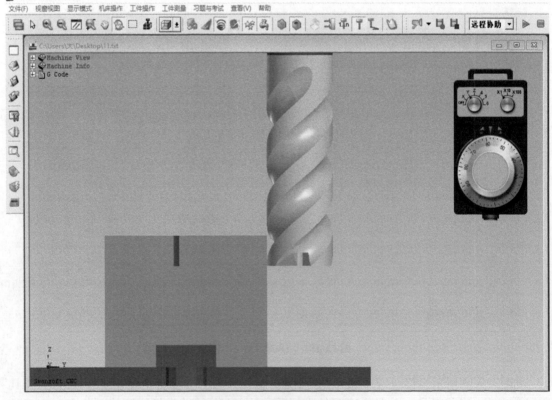

图 23-17 刀具蹭工件后侧面

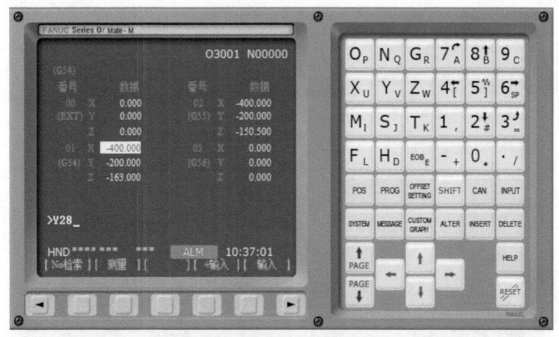

图 23-18 输入 Y 值后按"测量"软键

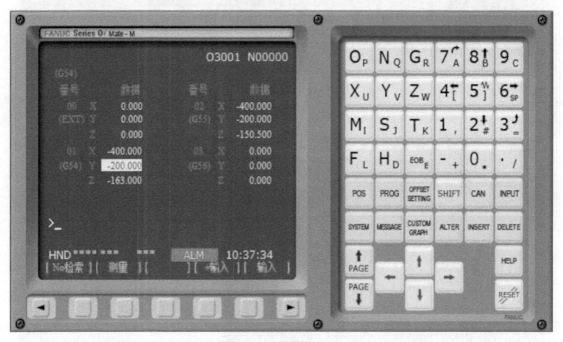

图 23-19 结果图（二）

选择 EDIT 编辑模式，按"PROG"程序键，按"列表"软键（图 23-20），输入列表中没有的程序号后按"INSERT"键进入程序编辑页面（图 23-21），输入图 22-8 圆台形零件加工程序（图 23-22），选择 MEM 自动加工模式，按"循环启动"键仿真加工，结果如图 23-23 所示。

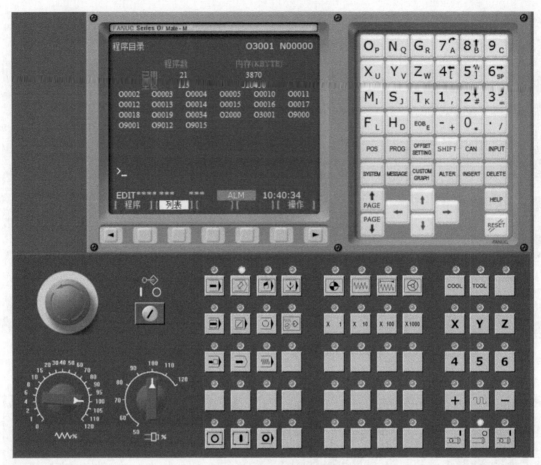

图 23-20　EDIT 编辑模式

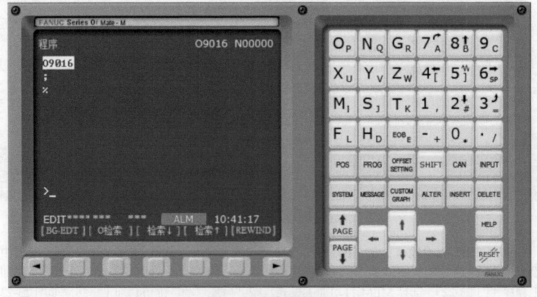

图 23-21　程序编辑页面

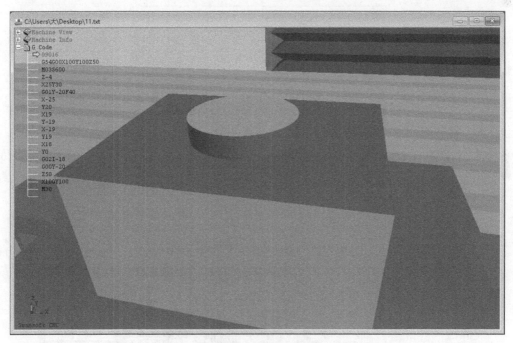

图 23-22 输入程序

图 23-23 仿真加工结果

23.2 华中系统数控铣仿真加工

仿真加工如图 23-24 所示零件，打开仿真软件，选择华中数控 HNC-21M 数控系统（图 23-25），点运行，进入系统界面（图 23-26），旋开急停按钮，在回参考点模式下依次将 Z、X、Y 回零，选用 ϕ8mm 键槽立铣刀添加到主轴，然后设置工件毛坯尺寸为 50mm×50mm×60mm 并装夹。

华中系统数控铣
仿真加工

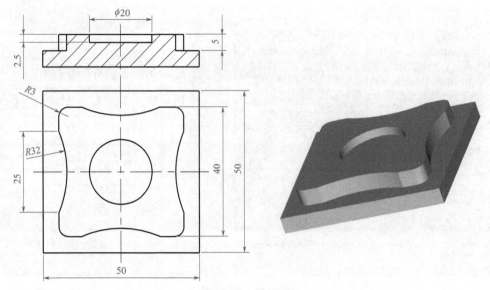

图 23-24 零件图

图 23-25 选择华中数控 HNC-21M

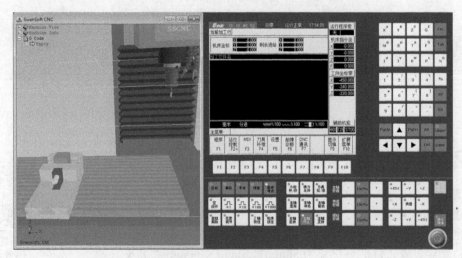

图 23-26 系统界面与准备

在 MDI 方式下输入"M03 S600"，按 ENTER 键，然后按循环启动键启动主轴（图 23-27）。在手动方式下或手轮移动刀具蹭工件上表面（图 23-28），在 G54 坐标系设定界面下输入当前机床实际坐标"Z-142.5"后按 ENTER 键（图 23-29），完成 Z 向对刀，该步将 G54 坐标 Z 轴零点设置在了工件上表面。

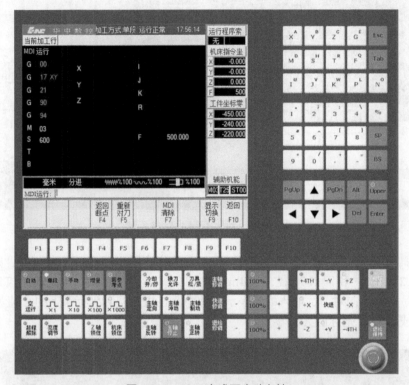

图 23-27　MDI 方式下启动主轴

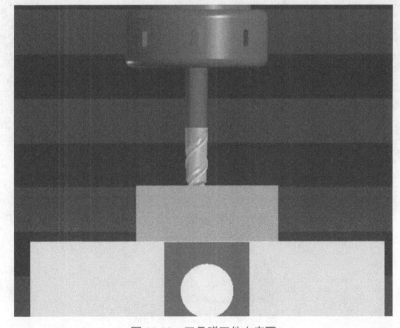

图 23-28　刀具蹭工件上表面

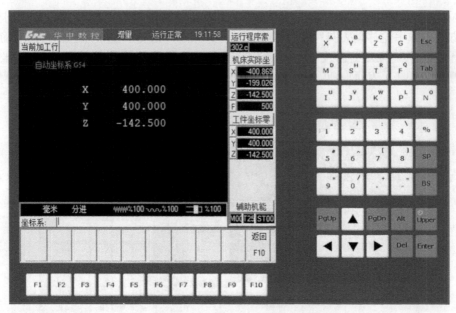

图 23-29 设置 G54 坐标系 Z 轴

　　移动刀具蹭工件右侧面（图 23-30），当前 X 向机床实际坐标值显示为 -371，减去工件长度的一半（25mm）和刀具半径值（4mm）的值"X-400"输入后按 ENTER 键确认（图 23-31），完成 X 向对刀，输入的值表示工件中心在机床实际坐标系下的 X 值为 -400，并将该点设置成了 G54 坐标的 X 轴零点。

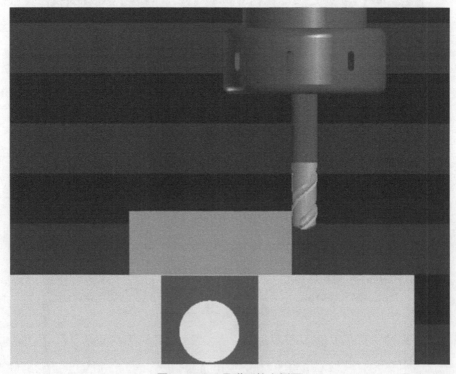

图 23-30 刀具蹭工件右侧面

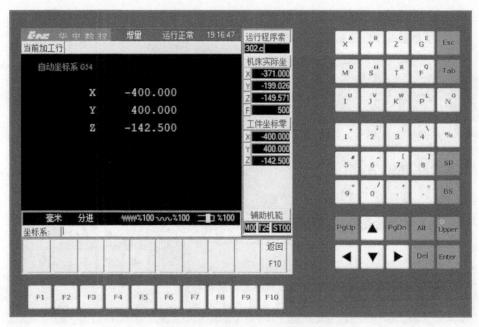

图 23-31 设置 G54 坐标系 *X* 轴

移动刀具蹭工件后侧面（图 23-32），将当前机床实际坐标值 Y-171 减去工件长度的一半（25mm）和刀具半径值（4mm）的值 "Y-200" 输入后按 ENTER 键确认（图 23-33），完成 *Y* 向对刀。至此，G54 坐标系原点最终被设定在了工件上表面的对称中心上。

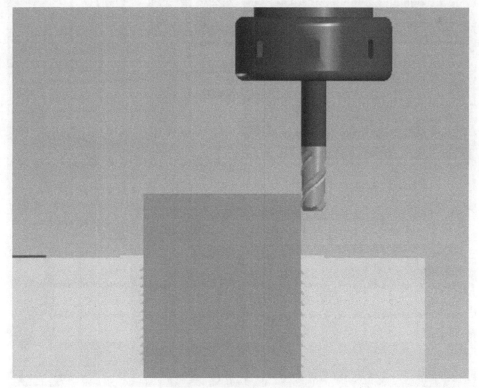

图 23-32 刀具蹭工件后侧面

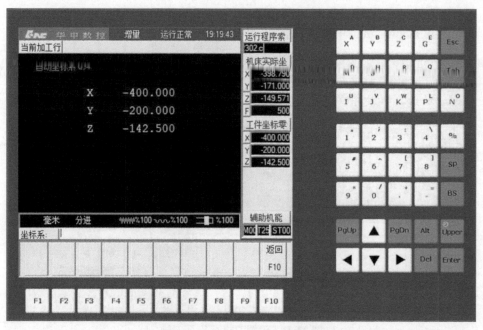

图 23-33 设置 G54 坐标系 Y 轴

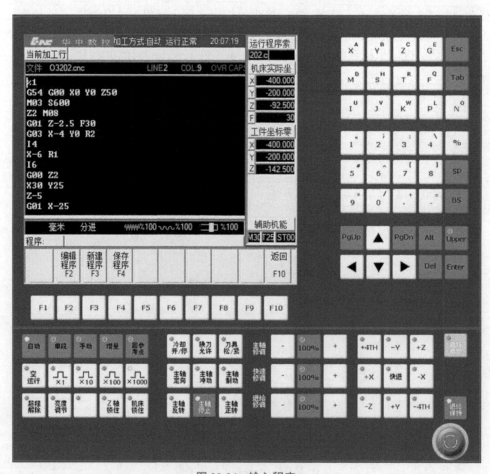

图 23-34 输入程序

如图 23-34 所示，输入下面已经编制好的程序，选择自动模式，按循环启动，完成该零件的仿真加工（图 23-35）。

%1	（程序号）
G54 G00 X0 Y0 Z50	（选择 G54 工件坐标系）
M03 S600	（主轴正转）
Z2 M08	（快进到 Z2 平面，开切削液）
G01 Z-2.5 F30	（直线插补到 Z-2.5 内轮廓加工平面）
G03 X-4 Y0 R2	（圆弧插补）
I4	（圆弧插补）
X-6 R1	（圆弧插补）
I6	（圆弧插补）
G00 Z2	（抬刀）
X30 Y25	（刀具快进）
Z-5	（下刀到 Z-5 外轮廓加工平面）
G01 X-25	（直线插补）
Y-25	（直线插补）
X25	（直线插补）
Y25	（直线插补）
G00 X40	（离开工件）
G42 X26 Y20 D01	（建立刀具半径补偿）
G01 X12.5 F30	（直线插补）
G02 X-12.5 R32	（圆弧插补）
G01 X-17	（直线插补）
G03 X-20 Y17 R3	（圆弧插补）
G01 Y12.5	（直线插补）
G02 Y-12.5 R32	（圆弧插补）
G01 Y-17	（直线插补）
G03 X-17 Y-20 R3	（圆弧插补）
G01 X-12.5	（直线插补）
G02 X12.5 R32	（圆弧插补）
G01 X17	（直线插补）
G03 X20 Y-17 R3	（圆弧插补）
G01 Y-12.5	（直线插补）
G02 Y12.5 R32	（圆弧插补）
G01 Y17	（直线插补）
G03 X17 Y20 R3	（圆弧插补）
G01 X0	（直线插补）
G00 Z50 M09	（抬刀，切削液关）
G40 X0 Y0	（返回，取消刀具半径补偿）
M30	（程序结束）

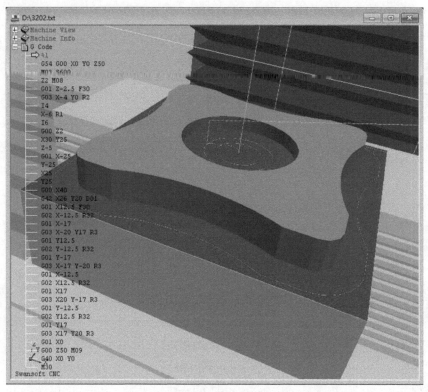

图 23-35 仿真加工结果

23.3 西门子系统数控铣仿真加工

西门子系统数控
铣仿真加工

采用西门子系统数控铣削加工如图 23-36 所示正方形平面，设 G54 工件
坐标系原点在工件上表面的对称中心，编制加工程序如下：

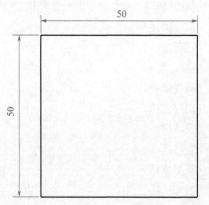

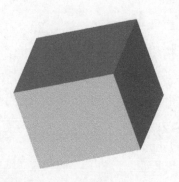

图 23-36 正方形平面加工

```
G90 G94 G40 G17                     （初始状态设定）
G54 G00 X100 Y100 Z50               （选择 G54 工件坐标系）
M03 S1000                           （主轴正转）
```

```
Z-1                          （下刀到 Z-1 加工平面）
X30 Y25                      （刀具定位）
G01 X-25 F100                （直线插补往）
Y20                          （刀具平移一个行距 5mm）
X25                          （直线插补返）
Y15                          （刀具平移一个行距 5mm）
X-25                         （直线插补往）
Y10                          （刀具平移一个行距 5mm）
X25                          （直线插补返）
Y5                           （刀具平移一个行距 5mm）
X-25                         （直线插补往）
Y0                           （刀具平移一个行距 5mm）
X25                          （直线插补返）
Y-5                          （刀具平移一个行距 5mm）
X-25                         （直线插补往）
Y-10                         （刀具平移一个行距 5mm）
X25                          （直线插补返）
Y-15                         （刀具平移一个行距 5mm）
X-25                         （直线插补往）
Y-20                         （刀具平移一个行距 5mm）
X25                          （直线插补返）
Y-25                         （刀具平移一个行距 5mm）
X-25                         （直线插补往）
G00 Z50                      （抬刀）
X100 Y100                    （返回起刀点）
M30                          （程序结束）
```

打开仿真软件，选择 SINUMERIK 802DM 数控系统（图 23-37），点运行，进入仿真界面后旋开急停按钮，依次按 +Z、+X、+Y 键回参考点（图 23-38）。在工件操作下拉菜单中点选择毛坯，按要求设置毛坯尺寸（图 23-39）；在机床操作下拉菜单中点寻边器选择，选择合适的寻边器后点确定按钮（图 23-40）。

图 23-37　选择数控系统后点运行

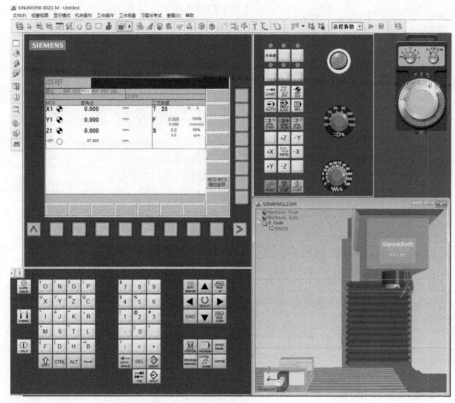

图 23-38 系统界面与回参考点

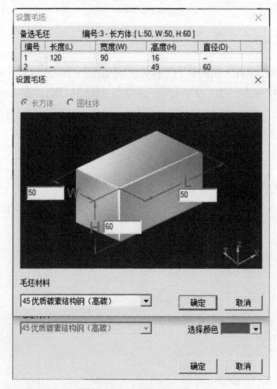

图 23-39 设置毛坯尺寸

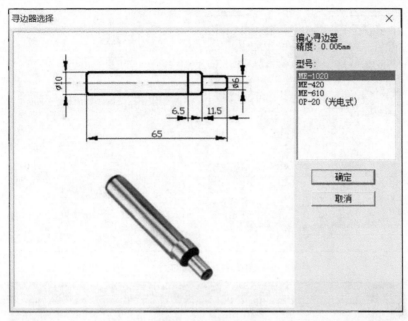

图 23-40 寻边器选择

　　按 MDI 键，输入"M03 S600"，按 CYCLE START 循环启动键启动主轴（图 23-41），按 JOG 键进入手动模式，为方便观察，在对刀视图下小心移动寻边器靠近工件右侧面直到显示"寻边器同心"（图 23-42）。按显示器下排"测量工件"软键进入工件测量页面，按"SELECT"键将"存储在"位置选择为 G54，移动"▼"向下光标键到"设置位置到 X0"，输入 28（工件长 50 的一半加上寻边器的半径值 3）后按计算软键（图 23-43）完成 X 向对刀。

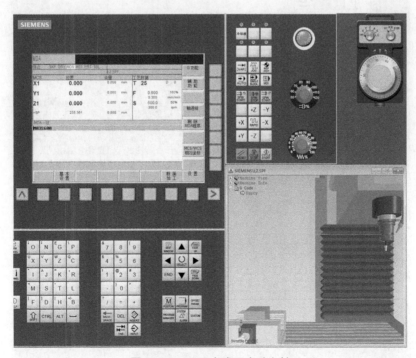

图 23-41 MDI 方式下启动主轴

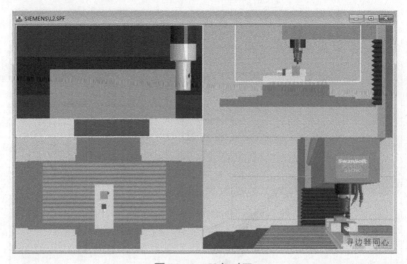

图 23-42　X 向对刀

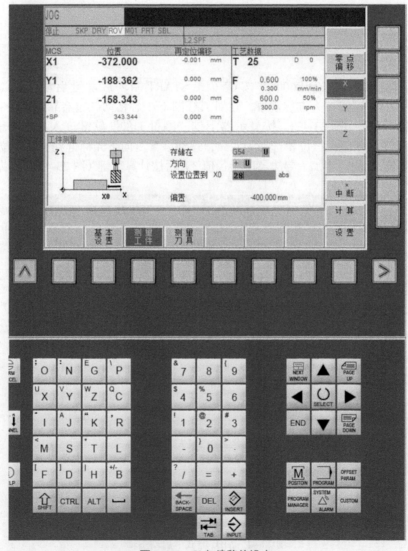

图 23-43　X 向偏移值设定

移动寻边器靠近工件后侧面，直到显示寻边器同心（图 23-44），按显示器右排 Y 软键，移动 "▼" 向下光标键到 "设置位置到 Y0"，输入 28（工件宽 50 的一半加上寻边器的半径值 3）后按计算软键（图 23-45）完成 Y 向对刀。

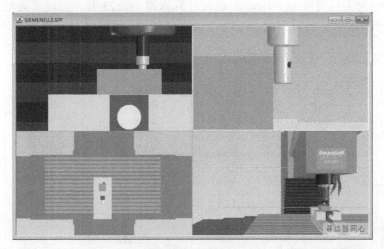

图 23-44 Y 向对刀

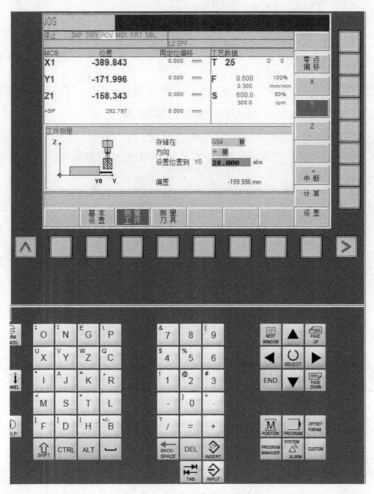

图 23-45 Y 向偏移值设定

停主轴，在机床操作下拉菜单中选择卸下寻边器，然后选择刀具，将需要的刀具添加到主轴（图23-46），然后装上100mm高的Z向对刀仪，小心移动刀具底面接触到对刀仪顶面后对刀仪灯亮（图23-47）。按显示器右排Z软键，移动"▼"向下光标键到"设置位置到Z0"，输入100（对刀仪高度为100mm）后按计算软键（图23-48）完成Z向对刀。在机床操作下拉菜单中选择卸下Z向对刀仪。

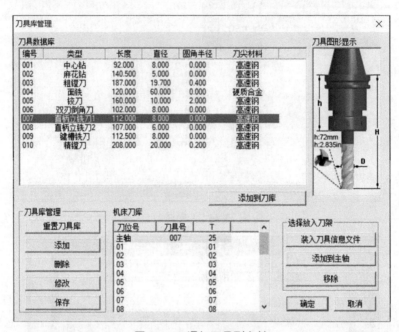

图 23-46　添加刀具到主轴

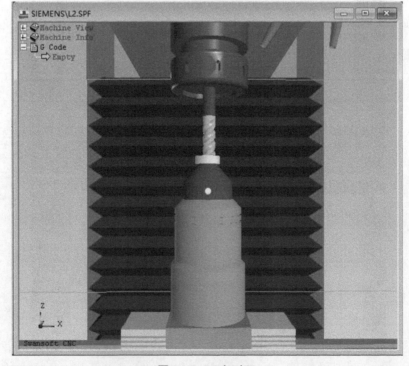

图 23-47　Z向对刀

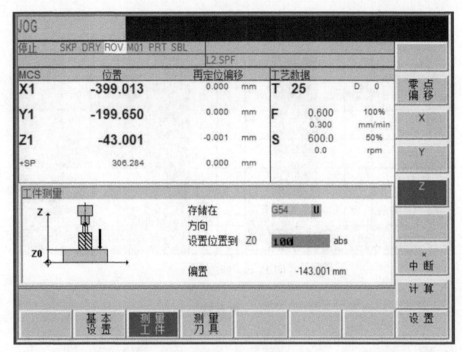

图 23-48　Z 向偏移值设定

　　按"PROGRAM MANAGER"键进入程序管理页面，按显示器右排"新程序"软键，输入程序名，点右排"确认"软键（图 23-49），打开事先存储好的文件（图 23-50），完成程序的导入（图 23-51）。选择 AUTO 自动加工模式，按 CYCLE START 循环启动键完成零件表面加工（图 23-52）。

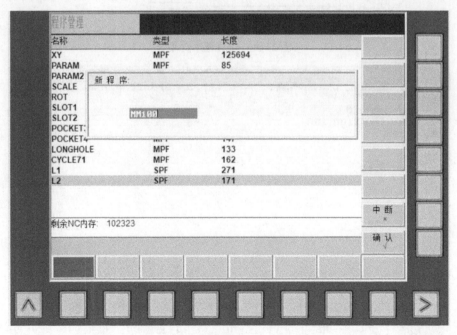

图 23-49

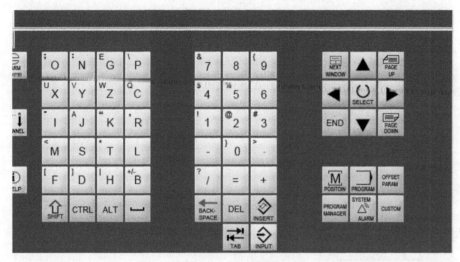

图 23-49 新建程序

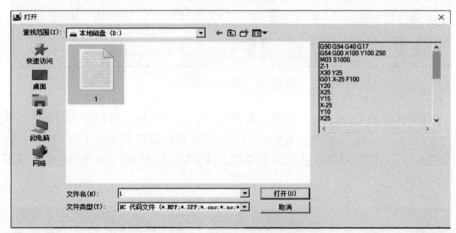

图 23-50 打开程序文件

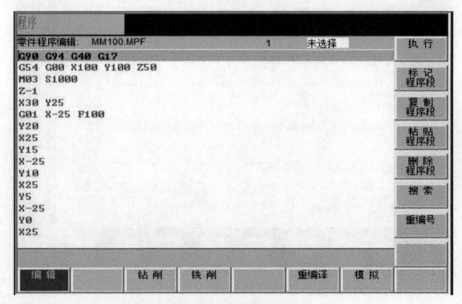

图 23-51 导入程序完毕

图 23-52 仿真加工结果

第 24 章

刀具长度补偿

采用刀具长度补偿指令，在编程时不必知道实际使用的刀具的长度，可假定一个刀具的长度进行编程，然后在加工时，只要把实际刀具长度与假定值之差输入到刀具长度补偿存储器中即可以进行加工了。在加工过程中，刀具长度发生变化或者更换新刀具时，也不必去变更程序，只要更换一下刀具长度补偿存储器中的差值即可。

(1) 刀具长度补偿（G43/G44/G49）

指令格式：

```
G43/G44  G00/G01  Z_____  H_____    （建立刀具长度补偿）
......                             （铣削加工程序段）
G49  G00/G01  Z_____               （取消刀具长度补偿）
```

各地址含义：

G43/G44/G49 为刀具长度补偿形式。G43 为刀具长度正补偿，即把刀具向上抬起。G44 为刀具长度负补偿，即把刀具向下补偿。G49 为取消刀具长度补偿。

Z 为程序指令的刀具目标点坐标值，为不考虑刀补，理想状态下刀具刀位点应到的编程终点（即 Z 指令值）。

H 为刀具长度补偿功能字，其后面一般用两位数字表示补偿编号。H 功能字中存放刀具的长度补偿值作为偏置量。补偿编号与刀具半径补偿共用。特别的，H00 也可取消刀具长度补偿。如图 24-1 所示，刀具长度补偿编号 H01 中存储的补偿值为 "-10"。

图 24-1　刀具长度补偿值

（2）关于刀具长度补偿需要注意的问题

建立和取消刀具长度补偿时必须有 Z 轴方向的移动。

无论是采用绝对坐标还是采用相对坐标编程，对于存放在 H 中的刀具长度补偿值，在执行 G43 时是加到 Z 轴坐标值中，在执行 G44 时是从原 Z 轴坐标中减去，从而形成新的 Z 轴坐标。

如图 24-2 所示，执行 G43 刀具长度正补偿时，$Z_{实际值}=Z_{指令值}+H\times\times$ 值；执行 G44 刀具长度负补偿时，$Z_{实际值}=Z_{指令值}-H\times\times$ 值。

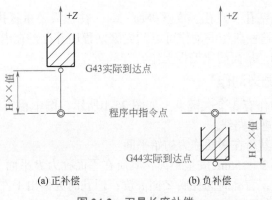

图 24-2　刀具长度补偿

当偏置量为正值时，G43 指令是在正方向移动一个偏置量（即刀具向上抬起），G44 是在负方向上移动一个偏置量。当偏置量是负值时，则与上述移动方向相反。因此，实际编程时，通常采用 G43 进行刀具长度补偿，而很少采用 G44 编程。

第 **25** 章

孔加工固定循环

在数控铣床上进行钻孔、镗孔、攻丝等加工时，往往需要重复执行一系列的加工动作，且动作循环已典型化。这些典型的动作可以预先编好程序并存贮在内存中，需要时可用固定循环的 G 指令进行调用，从而简化编程工作。

（1）孔加工固定循环动作

孔加工固定循环动作有 3 个关键点，如图 25-1 所示，图中粗实线箭头表示切削进给路线，虚线箭头表示快速进给路线。

① A 点：初始点，其所在平面称为初始平面。

② R 点：距孔表面 2 ～ 5mm 安全距离，其所在平面称为 R 平面。

③ B 点：切削终点，盲孔时为孔底 Z 向高度；通孔时为伸出工件底平面一段距离；钻孔时还必须考虑钻尖对孔深的影响。

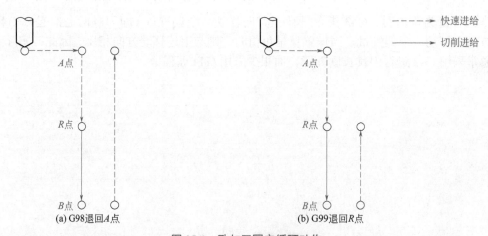

图 25-1　孔加工固定循环动作

采用孔加工固定循环指令的一个程序段等效于 $O \rightarrow A \rightarrow R \rightarrow B \rightarrow R(A)$ 逐段编程加工。各刀具轨迹对应关系如表 25-1 所示。

表 25-1　孔加工固定循环刀具轨迹对应关系表

刀具轨迹	循环动作	采用 G 指令	刀位点
$O \rightarrow A$	XY平面定位	G00	初始点 A
$A \rightarrow R$	进刀	G00	R 点
$R \rightarrow B$	切削	G01	切削终点 B
$B \rightarrow R(A)$	退刀	G00/G01	R 点（初始点 A）

提示：孔加工循环与平面选择指令无关，即不管选择哪个平面，孔加工都是在 XY 平面上定位并在 Z 方向钻孔。

（2）孔加工固定循环（G80/G81/G83/G84）

指令格式：

```
G90/G91 G98/G99 G___ X___ Y___ Z___ R___ Q___ P___ F___ L___
```

各地址含义：G90/G91 为坐标方式指令。采用 G90 指令时，X、Y、Z、R 均为绝对坐标值；采用 G91 指令时，X、Y、Z、R 均为相对坐标值（X、Y 为相对于前一点的 X、Y 轴坐标值，R 为 R 点相对于初始点 A 的 Z 轴坐标值，Z 为切削终点 B 相对于 R 点的 Z 轴坐标值）。

G98/G99 为退刀点指令。采用 G98 指令时，刀具退刀到初始点（常是单孔加工或最后一个孔加工时用）；采用 G99 指令时，刀具退刀到 R 点（常是多孔加工时用）。

G 为孔加工方式，常用孔加工方式 G 代码如表 25-2 所示。

表 25-2　常用孔加工方式 G 代码表

序号	G 代码	孔加工动作（−Z 方向）	在孔底动作	刀具退刀方式（+Z 方向）	用途
1	G80	无	无	无	取消固定循环
2	G81	切削进给	无	快速	钻孔（中心孔、浅孔）
3	G83	间歇进给	无	快速	往复排屑钻深孔
4	G84	切削进给	暂停，主轴反转	切削进给	攻右旋螺纹

X、Y 为定位点（孔）的 X、Y 轴坐标值。

Z 为切削终点 Z 轴坐标值。

R 为 R 点 Z 轴坐标值。

Q 为 G83 方式中的每次加工深度，为增量值且用正值表示，与 G90/G91 无关。

P 为孔底暂停时间，单位 ms（镗、锪孔时用）。

F 为切削进给速度，单位 mm/min。

L 为孔加工的重复次数，L1 可省略。当 L0 时不执行加工动作；采用 G90 指令时刀具在原来的孔位重复加工；采用 G91 指令时可实现分布在一条直线上的若干个等距孔的加工。

注意：

① L 为非模态代码，而 X、Y、Z、R、Q、P、F 均为模态代码。

② 取消孔加工固定循环有两种方法：一是采用 G80 指令；二是当固定循环程序中出现了任何 01 组的代码（G00、G01、G02、G03），循环即被取消。

（3）常用孔加工方式

孔加工固定循环指令格式中各指令不一定全部都写，根据需要可省去若干地址和数据。

① 钻中心孔或浅孔（长径比小于 4）采用 G81 指令的格式如下。

```
G81 X___ Y___ Z___ R___ F___
```

② 往复排屑钻深孔（长径比大于 4）采用 G83 指令的格式如下。

```
G83 X___ Y___ Z___ R___ Q___ F___
```

注意：刀具每次间隙进给后退回到 R 点。

③ 攻右旋螺纹采用 G84 指令的格式如下。

```
G84 X___ Y___ Z___ R___ P___ F___
```

注意：在攻右旋螺纹 G84 指令中指定 P 有效，F 为进给速度（因为丝锥已确定螺距，注意与车削螺纹指令 G32 和 G92 中的 F 为螺距相区别）。攻右旋螺纹动作中从 R 点到 B 点切削进给时刀具正转（右旋），孔底 B 点暂停，从 B 点到 R 点退刀时刀具反转（左旋），回到 R 点后恢复正转。

（4）固定循环指令使用中的注意事项

① 在使用固定循环指令前，必须用辅助功能 M 指令使主轴旋转。

② 在固定循环程序段中，位置数据 X、Y、Z（包括 R）缺一不可，一旦数据不全，固定循环指令就不执行。

③ 除 G80 指令能取消固定循环外，G00、G01、G02、G03 功能字同样能取消固定循环，故在固定循环程序段中不能出现上述 G 功能字。

④ 在固定循环中，G43、G44 仍起刀具长度补偿作用。

⑤ 在固定循环执行过程中，若由于系统复位或急停数控装置，数控系统将保存系统停止前的孔加工方式和孔加工数据，再次启动时，固定循环将继续执行直到结束。

【例 1】 钻削如图 25-2 所示 ϕ12 孔，选用 ϕ12 麻花钻，设 G54 工件坐标系工件原点在工件上表面的圆心上，编制加工程序如下。

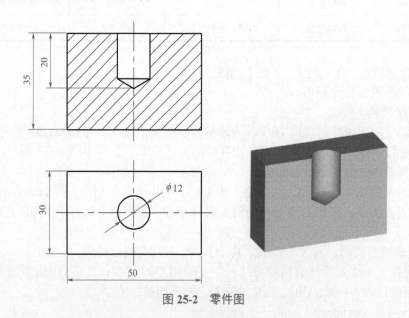

图 25-2 零件图

```
O2501                        （程序号）
G54 G00 X100 Y100 Z50 M08    （建立工件坐标系，切削液开）
M03 S400                     （主轴正转，转速 600r/min）
G98 G81 X0 Y0 Z-20 R3 F30    （钻 φ12 孔，回初始平面）
G00 X100 Y100 M09            （回起刀点，切削液关）
M30                          （程序结束）
```

在 O2501 号程序中，孔加工固定循环的 3 个关键点和工件平面关系示意如图 25-3 所示，其中工件上表面 Z 坐标值为 0，初始平面中的 A 点 Z 坐标值为 50，R 平面中的 R 点 Z 取值为 3，切削终点 B 点的 Z 坐标值为 -20。

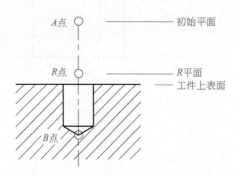

图 25-3　孔加工固定循环点与工件平面关系示意图

【例2】　选择 ϕ10 麻花钻钻削如图 25-4 所示 ϕ10 孔，由于所加工孔属于长径比大于 4 的深孔，故采用往复排屑钻深孔 G83 固定循环来加工。另外该孔为通孔，切削终点应选在工件下表面之下，以保证通孔加工完整，切削终点距工件下表面高度可按 $H \geqslant 0.3D$ 取值，其中 D 为孔径。G54 工件坐标系原点设在工件上表面左前角，编程如下。

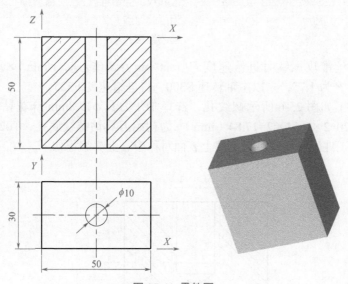

图 25-4　零件图

```
G54 G00 X100 Y100 Z50 M08        （选择 G54 工件坐标系）
M03 S400                         （主轴正转）
G98 G83 X25 Y15 Z-55 R3 Q15 F30  （循环加工，注意切削终点的 Z 坐标值）
G00 X100 Y100 M09                （返回起刀点）
M30                              （程序结束）
```

【例3】　如图 25-5 所示，螺纹底孔已经钻削加工完毕，要求加工 M12 螺纹孔。由于该例中要求加工 M12 螺纹孔，故选择 M12 丝锥（初始刀具）攻螺纹，采用 G84 固定循环来加工；设 G54 工件坐标系原点在工件上表面左前角。编制加工程序如下。

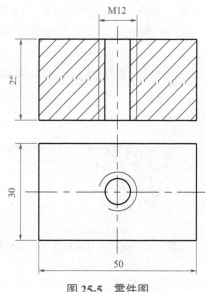

图 25-5   零件图

```
G54 G00 X100 Y100 Z50 M08          (选择 G54 工件坐标系)
M03 S300                            (主轴正转)
G98 G84 X25 Y15 Z-30 R3 P15 F525   (攻螺纹, 回参考点A, 孔底暂停 15ms)
G00 X100 Y100 M09                   (返回起刀点)
M30                                 (程序结束)
```

提示: 采用丝锥攻螺纹时进给速度 F(mm/min)=S(转速, r/min)$\times P$(螺距, mm/r), 由于 M12 的螺距 P 为 1.75, 乘以主轴转速 S300, 得进给速度 F525。

【例 4】   加工如图 25-6 所示螺纹孔, 选择 T01 刀具 ϕ17.8mm 麻花钻 [螺纹底孔直径 $D_1=D-2\times0.54P=20-2\times0.54\times2=17.84$ (mm)] 为初始刀具钻螺纹底孔, T02 刀具 M20$\times$2 丝锥攻丝。设 G54 工件坐标系原点在工件上表面对称中心上。编程如下。

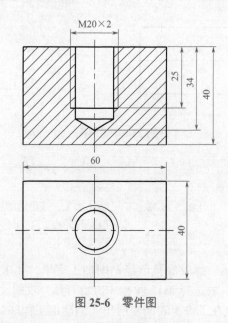

图 25-6   零件图

```
G54 G00 X100 Y100 Z50                （建立工件坐标系）
M03 S500                             （主轴正转）
M08                                  （切削液开）
G90 G98 G81 X0 Y0 Z-34 R2 F120       （钻螺纹底孔）
G00 X100 Y100 M09                    （返回换刀点）
G40 G49 G80 M05                      （取消刀补，取消固定循环，主轴停转）
M00                                  （程序暂停，换T02丝锥）
G00 G43 Z50 H02 M08                  （调用2号刀具长度补偿）
M03 S300                             （主轴正转）
G90 G98 G84 X0 Y0 Z-25 R2 P1000 F600 （攻螺纹）
G00 G49 Z50 M09                      （取消2号刀具长度补偿，切削液关）
X100 Y100                            （返回起刀点）
M30                                  （程序结束）
```

第 26 章

数控铣子程序

在程序中，若某一部分程序反复出现，可以把这部分程序作为子程序，并事先存储起来，在需要时作为子程序调用。数控铣主程序调用子程序指令格式和子程序格式与数控车子程序（第 12 章）中内容一致。

在编制数控铣子程序时，应注意及时变换主、子程序间的模态代码。在半径补偿模式中的程序不能分开（常在子程序开头建立刀补，结束前取消刀补）。在子程序中使用 G91（相对坐标）模式编程时，请注意使用 G91 模式对主程序的影响，常在回到主程序执行时，使用 G90 取消 G91 模式。在调用子程序的程序段（M98 P___ L ___）内，允许同时有坐标轴的移动。

【例 1】 等高精铣如图 26-1 所示零件外轮廓，要求调用子程序编制其加工程序。

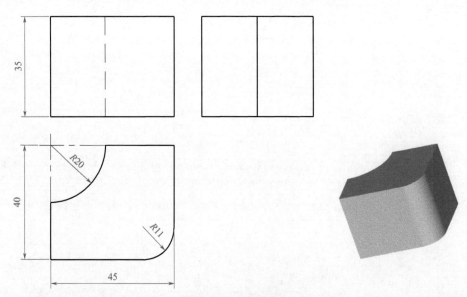

图 26-1 外轮廓精铣

如图 26-2 所示，等高铣削加工该零件外轮廓的执行过程是：刀具 Z 向下刀到某一加工高度后，在该高度上即 XY 平面内按等高线加工完工件轮廓；然后刀具再 Z 向下刀到另一高度继续按等高线铣削加工，直到整个零件加工完毕。

通过分析不难发现：等高铣削规则零件时，其 XY 平面内的加工程序始终相同。因此将 XY 平面的轮廓加工路线编写为子程序，如图 26-3 中所示"$O \rightarrow A \rightarrow B \rightarrow C \rightarrow D \rightarrow E \rightarrow F \rightarrow G \rightarrow O$"，主程序中刀具在 XY 平面内定位到 O 点后，Z 向下刀至所需的加工高度，然后调用子程序加工。设 G54 工件坐标系原点在工件上表面的左前角，编制加工程序如下。

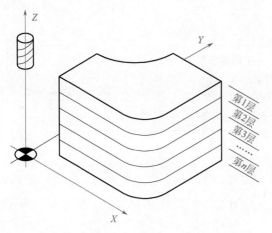

图 26-2　等高铣削加工示意图（Z 向分层加工）

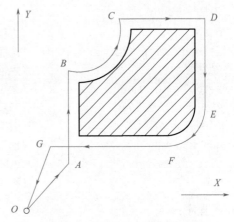

图 26-3　*XY* 平面内铣削加工路线

主程序：

O2600	（主程序号）
G54 G00 X100 Y100 Z50	（选择 G54 工件坐标系）
M03 S1000	（主轴正转）
X-100 Y-100 M08	（*XY* 平面定位到 *O* 点）
Z-15	（刀具定位到 Z-15 平面）
M98 P2601	（调用子程序加工第 1 层）
Z-30	（刀具定位到 Z-30 平面）
M98 P2601	（调用子程序加工第 2 层）
Z-35	（刀具定位到 Z-35 平面）
M98 P2601	（调用子程序加工第 3 层）
G00 Z50 M09	（抬刀）
X100 Y100	（返回起刀点）
M30	（程序结束）

子程序：

O2601	（子程序号）
G00 G41 X0 Y-10 D01	（快进到 *A* 点，建立刀具半径补偿）
G01 Y20 F100	（直线插补到 *B* 点）
G03 X20 Y40 R20	（圆弧插补到 *C* 点）
G01 X45	（直线插补到 *D* 点）
Y11	（直线插补到 *E* 点）
G02 X34 Y0 R11	（圆弧插补到 *F* 点）
G01 X-5	（直线插补到 *G* 点）
G00 G40 X-100 Y-100	（返回 *O* 点，取消刀具半径补偿）
M99	（子程序结束，并返回主程序）

　　下面采用多次重复调用子程序进一步简化主程序编程。注意 G41/G42-G40 和 G91-G90 指令在子程序中均应成对使用。

主程序：

```
O2602                        （主程序号）
G54 G00 X100 Y100 Z50        （选择 G54 工件坐标系）
M03 S1000                    （主轴正转）
X-100 Y-100 M08              （XY 平面定位到 O 点）
Z-5                          （刀具定位到 Z-5 平面）
  M98 P2603 L7               （调用子程序加工）
G00 Z50 M09                  （抬刀）
X100 Y100                    （返回起刀点）
M30                          （程序结束）
```

子程序：

```
O2603                        （子程序号）
G00 G41 X0 Y-10 D01          （快进到 A 点，建立刀具半径补偿）
G01 Y20 F100                 （直线插补到 B 点）
G03 X20 Y40 R20              （圆弧插补到 C 点）
G01 X45                      （直线插补到 D 点）
Y11                          （直线插补到 E 点）
G02 X34 Y0 R11               （圆弧插补到 F 点）
G01 X-5                      （直线插补到 G 点）
G00 G40 X-100 Y-100          （返回 O 点，取消刀具半径补偿）
 G91 Z-5                     （相对下刀 5mm）
 G90                         （恢复绝对值）
M99                          （子程序结束，并返回主程序）
```

将上述程序稍作调整，注意两程序的区别。

主程序：

```
O2604                        （主程序号）
G54 G00 X100 Y100 Z50        （选择 G54 工件坐标系）
M03 S1000                    （主轴正转）
X-100 Y-100 M08              （XY 平面定位到 O 点）
Z0                           （刀具定位到 Z0 平面）
  M98 P2605 L7               （调用子程序加工）
G00 Z50 M09                  （抬刀）
X100 Y100                    （返回起刀点）
M30                          （程序结束）
```

子程序：

```
O2605                        （子程序）
 G91 Z-5                     （相对下刀 5mm）
 G90                         （恢复绝对值）
G00 G41 X0 Y-10 D01          （快进到 A 点，建立刀具半径补偿）
G01 Y20 F100                 （直线插补到 B 点）
G03 X20 Y40 R20              （圆弧插补到 C 点）
```

```
G01 X45                      （直线插补到 D 点）
Y11                          （直线插补到 E 点）
G02 X34 Y0 R11               （圆弧插补到 F 点）
G01 X-5                      （直线插补到 G 点）
G00 G40 X-100 Y-100          （返回 O 点，取消刀具半径补偿）
M99                          （子程序结束，并返回主程序）
```

【例2】　精铣如图 26-4 所示零件上 3 个尺寸相同的矩形凸台外轮廓，设 G54 工件坐标系原点在工件上表面左边凸台左前角，编制加工程序如下。

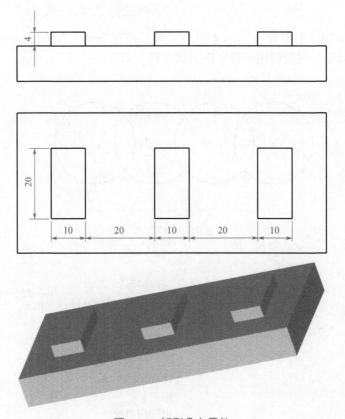

图 26-4　矩形凸台零件

主程序：

```
O2606                        （主程序号）
G54 G00 X100 Y100 Z50        （选择 G54 工件坐标系）
M03 S1000                    （主轴正转）
X0 Y-100                     （刀具定位）
Z-4                          （下刀到 Z-4 加工平面）
  M98 P2607 L3               （调用子程序）
G00 Z50                      （抬刀）
X100 Y100                    （返回起刀点）
M30                          （程序结束）
```

子程序:

```
O2607                            (子程序号)
G91 G00 G41 X0 Y90 D01           (快进, 建立刀具半径补偿)
G01 Y30 F100                     (直线插补)
X10                              (直线插补)
Y-20                             (直线插补)
X-15                             (直线插补, 有延长 5mm)
G00 G40 X35 Y-100                (快进到下一个凸台加工定位点, 取消刀具半径补偿)
G90                              (恢复绝对值)
M99                              (子程序结束, 并返回主程序)
```

【例3】　铣削加工如图 26-5 所示 4 个 O 形槽, 槽宽 2mm, 槽深 0.8mm, 设 G54 工件坐标系原点在左侧圆心, 编制调用子程序铣削加工程序如下。

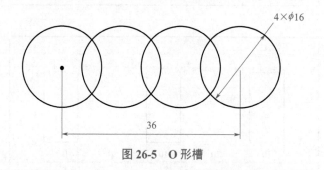

图 26-5　O 形槽

主程序:

```
O2608                            (主程序号)
G54 G00 X100 Y100 Z50            (选择 G54 工件坐标系)
M03 S800                         (主轴正转)
X-8 Y0 M08                       (刀具定位)
Z2                               (下刀到 Z2 平面)
    M98 P2609 L4                 (调用子程序加工)
G00 Z50 M09                      (抬刀)
X100 Y100                        (返回起刀点)
M30                              (程序结束)
```

子程序:

```
O2609                            (子程序号)
G01 Z-0.8 F30                    (直线插补加工到槽底)
G03 I8                           (整圆加工)
G00 Z2                           (抬刀)
G91 X12                          (x 向相对移动, 定位下一个圆加工)
G90                              (恢复绝对坐标值)
M99                              (子程序结束, 并返回主程序)
```

【例4】　调用子程序精铣如图 26-6 所示矩形平面时, 加工路线可选图 26-7 (a) 所示单向行切或者图 26-7 (b) 所示双向行切, 将加工路线单元①编为子程序供主程序调用。设

G54 工件坐标系原点在工件上表面的左下角，选择 ϕ16mm 铣刀加工，编制加工程序如下。

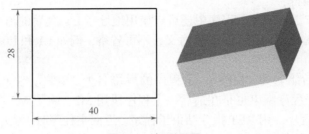

图 26-6　矩形平面

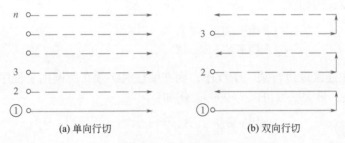

(a) 单向行切　　　　　　　　　　(b) 双向行切

图 26-7　加工路线

主程序：

```
O2610                        （主程序号）
G54 G00 X100 Y100 Z50        （选择 G54 工件坐标系）
M03 S800                     （主轴正转）
X-10 Y0 M08                  （刀具定位到左下角）
Z0                           （下刀到 Z0 平面）
    M98 P2611 L2             （调用子程序加工）
G00 Z50 M09                  （抬刀）
X100 Y100                    （返回起刀点）
M30                          （程序结束）
```

子程序：

```
O2611                        （子程序号）
G01 X40 F30                  （直线插补往）
G91 Y8                       （直线插补）
G90 X-10                     （直线插补返）
G91 G00 Y8                   （刀具平移，定位下一次加工）
G90                          （恢复绝对坐标值）
M99                          （子程序结束，并返回主程序）
```

◇【SIEMENS（西门子）数控系统】

西门子 802DT 数控系统中每个程序都有一个程序名，程序的命名规则如下：

① 开始的两个符号必须是字母；

② 其后的符号可以是字母，数字或下划线；

③ 最多为 16 个字符；

④ 不得使用分隔符。

例如 WELLE527。另外在子程序中还可以使用地址字 L，其后的值可以有 7 位（只能为整数），注意地址字 L 之后的每个零均有意义，不可省略，例如 L1 和 L01、L001 分别表示不同的子程序。

主程序的程序后缀名为"MPF"，子程序的后缀名为"SPF"，主程序的程序结束指令为"M02（M2）"，子程序结束也是在最后一个程序段用 M2。除了 M2 指令之外，还可以用"RET"指令结束子程序。用 RET 指令结束子程序，返回主程序时不会中断 G64 连续路径运行方法，用 M2 指令则会中断 G64 运行方式，并进入停止状态。

在一个程序中（主程序或子程序）可以直接用程序名调用子程序，子程序调用要求占用一个独立的程序段，例如：

```
N10 L785          （调用子程序 L785）
N20 WELLE7        （调用子程序 WELLE7）
```

如果要求多次连续地执行某一子程序，则在编程时必须在所调用子程序的程序名后地址 P 下写入调用次数，最大次数可以为 9999。例如：

```
N10 L785 P3       （调用子程序 L785，运行 3 次）
```

子程序不仅可以从主程序中调用，也可以从其它子程序中调用，这个过程称为子程序的嵌套。西门子数控系统中子程序的嵌套深度可以为 8 层。

下 篇 **宏程序编程**

第 27 章

外圆柱面车削

27.1 常量与变量

我们在观察某一现象或过程时，常常会遇到各种不同的量，其中有的量在过程中不起变化，称为常量；而有的量在过程中是变化的，也就是可以取不同的数值，称为变量。

【例1】 数控车削精加工如图 27-1 所示 $\phi50\times60$ 外圆柱面，设工件原点在圆柱面右端面与轴线的交点上，选用外圆车刀，从（100,100）位置起刀，加工完毕后返回起刀点。编制加工部分程序如下：

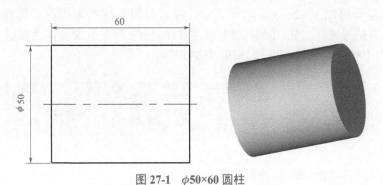

图 27-1 $\phi50\times60$ 圆柱

```
G00 X50 Z2              （快进到切削起点）
G01 Z-60 F0.1          （直线插补到切削终点）
G00 X100               （退刀）
Z100                   （返回）
```

【例2】 如果数控车削精加工如图 27-2 所示 $D\times L$ 外圆柱面，可编程如下：

```
G00 XD Z2                          （快进到切削起点）
G01 Z-L F0.1                       （直线插补到切削终点）
G00 X100                           （退刀）
Z100                               （返回）
```

圆柱直径用符号 D 表示，长度用符号 L 表示，它可以代表原来的 $\phi50\times60$，也叫以表示 $\phi40\times35$、$\phi20\times30$ 等其它值的圆柱。根据前面的定义，$\phi50\times60$ 就是用常量表示的圆柱，$D\times L$ 就是用变量表示的圆柱。

符号 D 或者 L 就是一个变量，只不过这样的符号不被数控系统所接受，FANUC 数控系统能接受变量形如 "#i" 的符号，如图 27-3 所示，编制精加工程序如下：

```
G00 X#1 Z2                         （快进到切削起点）
G01 Z-#2 F0.1                      （直线插补到切削终点）
G00 X100                           （退刀）
Z100                               （返回）
```

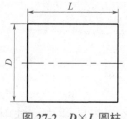

图 27-2　$D\times L$ 圆柱

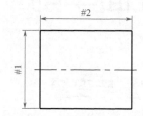

图 27-3　$\#1\times\#2$ 外圆柱面车削

含有变量的数控程序称为宏程序，上面就是一段简短的宏程序，在程序中涉及变量的表示与引用两个知识点，并引出变量的赋值。

（1）变量的表示形式

如图 27-4 所示，FANUC 数控系统的变量表示形式为：#i。其中，"#" 为变量符号，"i" 为变量号，变量号可用 1、2、3 等数字表示，也可以用表达式来指定变量号，但其表达式必须全部写入方括号 "[]" 中。例如，#1 和 #[#1+#2+10] 均表示变量，当变量 #1 的值为 10，变量 #2 的值为 100 时，变量 #[#1+#2+10] 表示 #120。

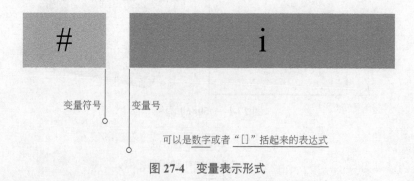

图 27-4　变量表示形式

（2）变量的引用

将跟随在地址符后的数值用变量来代替的过程称为引用变量，如上面程序中的程序段：G00 X#1 Z2。要使被引用的变量值反号，在"#"前加前缀"-"即可，如 G01 Z-#2 F0.1。

同样地，引用变量也可以采用表达式。在程序中引用（使用）变量时，其格式为在指令字地址后面跟变量号。当用表达式表示变量时，表达式应包含在一对方括号内，如：G01 X[#1+#2] F#3。

（3）变量的赋值

如果要利用上面的宏程序加工一个 $\phi50\times60$ 的圆柱，就要让变量 #1 的值为 50，#2 的值为 60；如果要加工一个 $\phi30\times20$ 的圆柱，让变量 #1 的值为 30，#2 的值为 20 即可。要想实现这样的功能，就需要对变量进行赋值，其格式为：

变量 = 数值（表达式或者变量）

切记不能把"="理解为"等于"，其真正作用是将"="号右边的值赋给左边的变量，就像把钱（"="号右边的值）存到银行卡（"="号左边的变量）。例如：

```
#1=300          （把 300 赋值给变量 #1，相当于把 300 元钱存入银行卡 1 中）
#2=400          （把 400 赋值给变量 #2，相当于把 400 元钱存入银行卡 2 中）
```

把变量的赋值结合起来，一个加工外圆柱面的宏程序就有了：

```
#1=50           （将圆柱直径 50 赋值给 #1）
#2=60           （将圆柱长度 60 赋值给 #2）
G00 X#1 Z2      （进刀）
G01 Z-#2 F0.1   （切削）
G00 X100        （退刀）
Z100            （返回）
```

【例3】 精加工表 27-1 中 4 个外圆柱面，试分别用宏程序编程。

表 27-1 外圆柱面尺寸

零件	直径 D	长度 L
1	50	40
2	30	20
3	40	50
4	42	56

提示：只需要修改相应变量的赋值即可，如表中零件 1 的尺寸为 $\phi50\times40$，其加工程序为：

```
#1=50           （将圆柱直径 50 赋值给 #1）
#2=40           （将圆柱长度 40 赋值给 #2）
G00 X#1 Z2      （进刀）
G01 Z-#2 F0.1   （切削）
G00 X100        （退刀）
Z100            （返回）
```

27.2　算术运算

【例1】　编制一个如图 27-5 所示，实现 $A \rightarrow B \rightarrow C \rightarrow D \rightarrow A$ 矩形循环路线的宏程序，用于加工直径 #1、长度 #2 尺寸的外圆柱面。

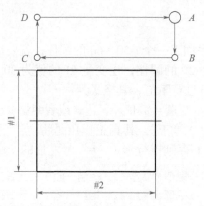

图 27-5　矩形循环路线加工外圆柱面

设工件原点在圆柱面右端面与轴线的交点上，$A \rightarrow B$ 之间的距离为 10mm（直径值），B 点距离右端面 2mm，编制程序如下：

```
G00 X#1 Z2            （从 A 点进刀到 B 点）
G01 Z-#2 F0.1         （从 B 点切削到 C 点）
G00 X[#1+10]          （从 C 点退刀到 D 点）
Z2                    （从 D 点返回到 A 点）
```

注意第三个程序段中的 X[#1+10]，表示把变量 #1 的值加上 10 后供 X 程序字引用，也就是说变量能进行加法运算，除此之外，减、乘、除法运算也都可以。表 27-2 为算术四则运算的格式。

表 27-2　算术四则运算的格式

类型	功能	格式	备注
算术运算	加	#i=#j+#k	
	减	#i=#j-#k	
	乘	#i=#j*#k	注意乘号
	除	#i=#j/#k	注意除号

举两个例子：若上例中圆柱尺寸提供的是半径 #3，换算成直径值就是 2*#3，则第一个程序段可修改为：

```
G00 X[2*#3] Z2        （从 A 点进刀到 B 点）
```

若增加一个中间变量 #4，将 #1+10 的值赋给 #4，上面程序可以修改为：

```
#4=#1+10              （将 #1+10 赋值给 #4）
```

G00 X#1 Z2	（从 A 点进刀到 B 点）
G01 Z-#2 F0.1	（从 B 点切削到 C 点）
G00 X#4	（从 C 点退刀到 D 点）
Z2	（从 D 点返回到 A 点）

【例 2】 如图 27-6 所示，若已知毛坯直径 #3=50，要求加工到最终外圆尺寸为 $\phi42\times30$，试编制其粗精加工程序。

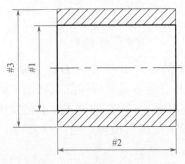

图 27-6 粗精加工圆柱面

如图 27-7 所示分层加工，设每一层背吃刀量 2mm，编制加工宏程序如下：

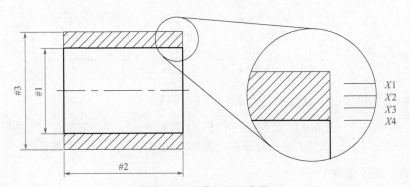

图 27-7 分层加工示意图

#1=42	（直径 #1 赋值）
#2=30	（长度 #2 赋值）
#3=50	（毛坯直径 #3 赋值）
#4=#3-2	（加工 X 值赋初值，当前值为 48，图 27-7 中第一层 X1 位置）
G00 X#4 Z2	（从 A 点进刀到 B 点）
G01 Z-#2 F0.1	（从 B 点切削到 C 点）
G00 X[#4+10]	（从 C 点退刀到 D 点）
Z2	（从 D 点返回到 A 点）
#4=#4-2	（加工 X 值递减 2mm，当前值为 46，图 27-7 中第二层 X2 位置）
G00 X#4 Z2	（从 A 点进刀到 B 点）
G01 Z-#2 F0.1	（从 B 点切削到 C 点）
G00 X[#4+10]	（从 C 点退刀到 D 点）
Z2	（从 D 点返回到 A 点）

```
#4=#4-2                  （加工 X 值递减 2mm，当前值为 44，图 27-7 中第三层 X3 位置）
G00 X#4 Z2               （从 A 点进刀到 B 点）
G01 Z-#2 F0.1            （从 B 点切削到 C 点）
G00 X[#4+10]             （从 C 点退刀到 D 点）
Z2                       （从 D 点返回到 A 点）
#4=#4-2                  （加工 X 值递减 2mm，当前值为 42，图 27-7 中第四层 X4 位置）
G00 X#4 Z2               （从 A 点进刀到 B 点）
G01 Z-#2 F0.1            （从 B 点切削到 C 点）
G00 X[#4+10]             （从 C 点退刀到 D 点）
Z2                       （从 D 点返回到 A 点）
```

仔细研究我们会发现程序中的 $A \to B \to C \to D \to A$ 矩形循环加工部分程序每一层加工时都没有变化，每一层加工的 X 值变量赋值语句除赋初值 "#4=#3-2" 不同之外，其余每一段都是 "#4=#4-2"，当然要注意理解 #4 内在的值实际上是发生了变化的。

结合算术运算，我们将变量的赋值再梳理一遍：

变量的赋值格式为：

变量 = 数值（表达式或者变量）

切记不能把 "=" 理解为 "等于"，其真正作用是将 "=" 号右边的值赋给左边的变量，就像把钱（"=" 号右边的值）存到银行卡（"=" 号左边的变量）。例如：

```
#1=500             （把 500 赋值给变量 #1，相当于把 500 元钱存入银行卡 1 中）
#2=600             （把 600 赋值给变量 #2，相当于把 600 元钱存入银行卡 2 中）
#3=#1+2*#2+700     （把 #1+2*#2+700 的值赋给变量 #3，相当于把银行卡 1 中的 500 元和银行卡
                    2 中 600 元的两倍，另加 700 元一起存入银行卡 3 中，其值为 2400）
```

但是同一个变量后赋的值会覆盖掉原来的值，例如：

```
#4=800             （把 800 赋值给变量 #4，即 #4 的值为 800，相当于把 800 元钱存入银行卡 4 中）
#4=10              （把 10 赋值给变量 #4，即 #4 的值为 10，银行卡 4 中原来的 800 元没有了！）
```

神不神奇，惊不惊喜？

要想实现在银行卡现有钱数中存入或取出，请看下面的例子：

```
#5=900             （把 900 赋值给变量 #5，即银行卡 5 中存入了 900 元）
#5=#5+100          （把 #5+100 的值赋值给变量 #5，即银行卡 5 中变成了 1000 元）
#5=#5-50           （把 #5-50 的值赋值给变量 #5，即银行卡 5 中变成了 950 元）
```

也许你被搞糊涂了，其实只需要记住前面所说的一句话：

变量赋值的作用是将 "=" 号右边的值赋给左边的变量。

形如 "#1=#1+1" "#1=#1-1" 的赋值语句称为变量的自赋值，能实现变量的自加或自减，这种语句在宏程序中有非常重要的作用。

请读者再理解理解上面程序段中的 "#4=#4-2" 吧，注意 "=" 不是 "等于" 哦，而是把 #4-2 的值赋给 #4！

27.3 转移语句

前一节虽然我们实现了将毛坯直径 $\phi50$ 的棒料加工到 $\phi42$，但是程序也太长了点，能不

能想办法简化些？答案是肯定的，本节的转移语句就能帮到你。

（1）无条件转移指令（GOTO 语句）

指令格式：

```
GOTO+ 目标程序段号（不带 N）
```

无条件转移指令用于无条件转移到指定程序段号的程序段开始执行，可用表达式指定目标程序段号。

例如：

```
GOTO10          （转移到顺序号为 N10 的程序段）
```

再如：

```
#100=50
GOTO#100        （转移到由变量 #100 指定的程序段号为 N50 的程序段）
```

采用 GOTO 语句修改后的图 27-7 所示加工程序：

```
#1=42           （直径 #1 赋值）
#2=30           （长度 #2 赋值）
#3=50           （毛坯直径 #3 赋值）
#4=#3-2         （加工 x 值赋初值）
N1 G00 X#4 Z2   （从 A 点进刀到 B 点）
   G01 Z-#2 F0.1 （从 B 点切削到 C 点）
   G00 X[#4+10] （从 C 点退刀到 D 点）
   Z2           （从 D 点返回到 A 点）
#4=#4-2         （加工 x 值递减 2mm）
GOTO1           （无条件跳转到 N1 程序段）
```

将程序导入仿真软件中验证，结果如图 27-8 所示：

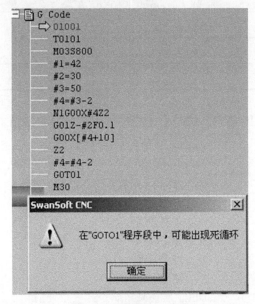

图 27-8　仿真验证结果

死循环！为什么？我们分析一下程序：执行第一次矩形循环的时候，#4 的值为 48（#3-2），执行完后接着执行"#4=#4-2"程序段，#4 的值变成了 46；然后执行"GOTO1"程序跳转到 N1 程序段，开始执行第二次矩形循环，接着执行"#4=#4-2"，#4 的值从 46 变成了 44；再次执行"GOTO1"跳转到 N1 程序段，开始执行第三次矩形循环，然后 #4 的值为 42 的时候执行第四次矩形循环，#4 的值为 40 的时候执行第五次矩形循环……停不下来，程序陷入了死循环！

（2）条件转移指令（IF 语句）

指令格式：

```
IF+［条件表达式］+GOTO+ 目标程序段号（不带 N）
```

当条件满足时，转移到指定程序段号的程序段；如果条件不满足，则执行下一程序段。

例如以下程序，如果变量 #1 的值大于 10（条件满足），转移到程序段号为 N100 的程序段；如果条件不满足，则执行 N20 程序段。

```
N10 IF [#1GT10] GOTO100
N20 G00 X70 Y20
......
N100 G00 G91 X10
```

① 条件表达式。

条件表达式必须包括运算符，运算符插在两个变量或变量和常数之间，并且用方括号封闭。表达式可以替代变量。

② 运算符。

运算符由 2 个字母组成，用于两个值的比较，以决定它们的大小关系。注意不能使用不等号。表 27-3 为运算符含义。

表 27-3　运算符含义

运算符	含义	运算符	含义
EQ	等于（=）	NE	不等于（≠）
GT	大于（>）	GE	大于或等于（≥）
LT	小于（<）	LE	小于或等于（≤）

采用条件转移指令（IF 语句）修改后的程序如下，仿真验证结果如图 27-9 所示。

```
#1=42              （直径 #1 赋值）
#2=30              （长度 #2 赋值）
#3=50              （毛坯直径 #3 赋值）
#4=#3-2            （加工 x 值赋初值）
N1 G00 X#4 Z2      （从 A 点进刀到 B 点）
   G01 Z-#2 F0.1   （从 B 点切削到 C 点）
   G00 X[#4+10]    （从 C 点退刀到 D 点）
   Z2              （从 D 点返回到 A 点）
#4=#4-2            （加工 x 值递减 2mm）
```

```
IF[#4LT#1] GOTO2          （如果 #4 小于 #1，程序跳转到 N2 程序段）
GOTO1                     （无条件跳转到 N1 程序段）
N2                        （程序段号 N2，跳转标记）
```

当然也可以修改为如下程序，仿真验证结果如图 27-10 所示：

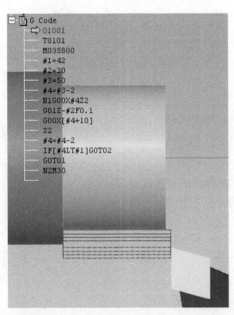

图 27-9　修改程序后仿真验证结果 1

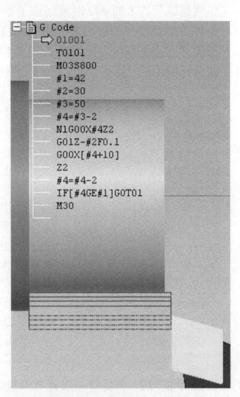

图 27-10　修改程序后仿真验证结果 2

```
#1=42                    （直径 #1 赋值）
#2=30                    （长度 #2 赋值）
#3=50                    （毛坯直径 #3 赋值）
#4=#3-2                  （加工 X 值赋初值）
N1 G00 X#4 Z2            （从 A 点进刀到 B 点）
   G01 Z-#2 F0.1         （从 B 点切削到 C 点）
   G00 X[#4+10]          （从 C 点退刀到 D 点）
   Z2                    （从 D 点返回到 A 点）
#4=#4-2                  （加工 X 值递减 2mm）
IF[#4GE#1] GOTO1         （如果 #4 大于或等于 #1，程序跳转到 N1 程序段）
```

细心的你能发现两个程序中条件跳转程序段中的区别吗？一个向前跳转，一个向后跳转；一个是"LT"小于，另一个是"GE"大于或等于。简单来说就是 #4 小于 #1 的时候不再执行矩形循环加工；若 #4 大于或等于 #1，就继续执行矩形循环加工。

若 #1=41，即要求加工的最终直径值为 ϕ41mm，上面的程序能完成预期加工目标吗？分析一下程序执行情况：

当 #4=48 时，执行第一次加工；

当 #4=46 时，执行第二次加工；

当 #4=44 时，执行第三次加工；

当 #4=42 时，执行第四次加工；

当 #4 40 时，不再执行。

也就是说只加工到 ϕ42 时就结束了，程序并没有加工到预期的 ϕ41。

一种看似最简便的解决方法是将原程序中的"#4=#4-2"程序段修改为"#4=#4-1"，即每一层的背吃刀量修改为 1mm，但这样修改后的程序适应性并不强，例如若 #1=40.5，程序又不能保证加工到规定尺寸了。下面是修改后的程序，注意字体加粗的两个程序段。

```
#1=41                    （直径 #1 赋值）
#2=30                    （长度 #2 赋值）
#3=50                    （毛坯直径 #3 赋值）
#4=#3-2                  （加工 x 值赋初值）
N1 G00 X#4 Z2            （从 A 点进刀到 B 点）
   G01 Z-#2 F0.2         （从 B 点切削到 C 点）
   G00 X[#4+10]          （从 C 点退刀到 D 点）
   Z2                    （从 D 点返回到 A 点）
#4=#4-2                  （加工 x 值递减 2mm）
IF[#4GT#1] GOTO1         （如果 #4 大于 #1，程序跳转到 N1 程序段）
#4=#1                    （将最终尺寸直接赋值给 #4，然后执行精加工）
   G00 X#4 Z2            （从 A 点进刀到 B 点）
   G01 Z-#2 F0.1         （从 B 点切削到 C 点）
   G00 X[#4+10]          （从 C 点退刀到 D 点）
   Z2                    （从 D 点返回到 A 点）
```

【延伸问题 1】 若将每一层背吃刀量设为 #5，程序如何修改？

前面程序中"#4=#3-2"和"#4=#4-2"程序段中的"2"就表示切削层的背吃刀量，直接替换成 #5 就可以了，程序如下（别忘了给 #5 赋初值）：

```
#1=41                    （直径 #1 赋值）
#2=30                    （长度 #2 赋值）
#3=50                    （毛坯直径 #3 赋值）
#5=2                     （背吃刀量 #5 赋初值）
#4=#3-#5                 （加工 x 值赋初值）
N1 G00 X#4 Z2            （从 A 点进刀到 B 点）
   G01 Z-#2 F0.2         （从 B 点切削到 C 点）
   G00 X[#4+10]          （从 C 点退刀到 D 点）
   Z2                    （从 D 点返回到 A 点）
#4=#4-#5                 （加工 x 值递减 #5）
IF[#4GT#1] GOTO1         （如果 #4 大于 #1，程序跳转到 N1 程序段）
#4=#1                    （将最终尺寸直接赋值给 #4，然后执行精加工）
   G00 X#4 Z2            （从 A 点进刀到 B 点）
   G01 Z-#2 F0.1         （从 B 点切削到 C 点）
   G00 X[#4+10]          （从 C 点退刀到 D 点）
   Z2                    （从 D 点返回到 A 点）
```

类似地，进给速度 F 后面的值也可以用变量代替，还可以根据粗精加工赋以不同的值。

【延伸问题 2】 如图 27-11 所示，若要求粗精加工取不同的背吃刀量，程序如何修改？

一种设想是：

若加工余量大于 3，背吃刀量 #5=3；

若加工余量大于 2，背吃刀量 #5=2；

若加工余量大于 1，背吃刀量 #5=1；

若加工余量大于 0.5，背吃刀量 #5=0.5；

若加工余量小于或等于 0.5，直接精加工。

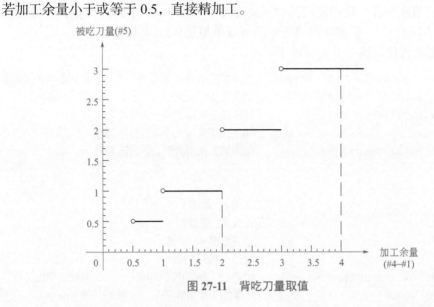

图 27-11　背吃刀量取值

（3）另一种 IF 条件转移语句

指令格式：

IF+[条件表达式]+THEN+ 宏程序语句

当条件表达式满足时，执行预先决定的宏程序语句。例如执行程序段 IF[#1EQ#2] THEN#3=0，该程序段的含义是如果 #1 和 #2 的值相等，则将 0 赋给 #3。

将延伸问题 2 的设想转换成程序就是：

```
IF [[#4-#1]GT3] THEN #5=3        （如果加工余量大于 3，背吃刀量 #5=3）
IF [[#4-#1]GT2] THEN #5=2        （如果加工余量大于 2，背吃刀量 #5=2）
IF [[#4-#1]GT1] THEN #5=1        （如果加工余量大于 1，背吃刀量 #5=1）
IF [[#4-#1]GT0.5] THEN #5=0.5    （如果加工余量大于 0.5，背吃刀量 #5=0.5）
IF [[#4-#1]LE0.5] THEN #5=#4-#1  （如果加工余量小于或等于 0.5，直接取精加工值）
```

采用表 27-4 特值法检验一下程序是否正确：

表 27-4　特值法检验程序

	加工余量为 4	加工余量为 2	加工余量为 0.4
IF [[#4-#1]GT3] THEN #5=3	满足条件，#5=3	不满足	不满足
IF [[#4-#1]GT2] THEN #5=2	满足条件，#5=2	不满足	不满足
IF [[#4-#1]GT1] THEN #5=1	满足条件，#5=1	满足，#5=1	不满足

续表

	加工余量为 4	加工余量为 2	加工余量为 0.4
IF [[#4-#1]GT0.5] THEN #5=0.5	满足条件，#5=0.5	满足，#5=0.5	不满足
IF [[#4-#1]LE0.5] THEN #5=#4-#1	条件不满足	条件不满足	满足
最终取值	#5=0.5	#5=0.5	#5=#4-#1

通过上表特值法验证，我们发现，加工余量为 4 时（即 #4-#1 的值为 4），期望背吃刀量取值 3（如图 27-11 所示），但实际最终程序执行结果却是 0.5，与期望不符合。

其实只需要将程序调换一下先后顺序即可。

```
IF [[#4-#1]LE0.5] THEN #5=#4-#1    （如果加工余量小于或等于 0.5，直接取精加工值）
IF [[#4-#1]GT0.5] THEN #5=0.5      （如果加工余量大于 0.5，背吃刀量 #5=0.5）
IF [[#4-#1]GT1] THEN #5=1          （如果加工余量大于 1，背吃刀量 #5=1）
IF [[#4-#1]GT2] THEN #5=2          （如果加工余量大于 2，背吃刀量 #5=2）
IF [[#4-#1]GT3] THEN #5=3          （如果加工余量大于 3，背吃刀量 #5=3）
```

整合一下：

```
#1=41                              （直径 #1 赋值）
#2=30                              （长度 #2 赋值）
#3=50                              （毛坯直径 #3 赋值）
#4=#3                              （加工 X 值赋初值）
IF [[#4-#1]LE0.5] THEN #5=#4-#1    （如果加工余量小于或等于 0.5，直接取精加工值）
IF [[#4-#1]GT0.5] THEN #5=0.5      （如果加工余量大于 0.5，背吃刀量 #5=0.5）
IF [[#4-#1]GT1] THEN #5=1          （如果加工余量大于 1，背吃刀量 #5=1）
IF [[#4-#1]GT2] THEN #5=2          （如果加工余量大于 2，背吃刀量 #5=2）
IF [[#4-#1]GT3] THEN #5=3          （如果加工余量大于 3，背吃刀量 #5=3）
#4=#4-#5                           （加工 X 值递减 #5）
N1 G00 X#4 Z2                      （从 A 点进刀到 B 点）
   G01 Z-#2 F0.2                   （从 B 点切削到 C 点）
   G00 X[#4+10]                    （从 C 点退刀到 D 点）
   Z2                              （从 D 点返回到 A 点）
IF [[#4-#1]LE0.5] THEN #5=#4-#1    （如果加工余量小于或等于 0.5，直接取精加工值）
IF [[#4-#1]GT0.5] THEN #5=0.5      （如果加工余量大于 0.5，背吃刀量 #5=0.5）
IF [[#4-#1]GT1] THEN #5=1          （如果加工余量大于 1，背吃刀量 #5=1）
IF [[#4-#1]GT2] THEN #5=2          （如果加工余量大于 2，背吃刀量 #5=2）
IF [[#4-#1]GT3] THEN #5=3          （如果加工余量大于 3，背吃刀量 #5=3）
#4=#4-#5                           （加工 X 值递减 #5）
IF[#4GT#1] GOTO1                   （如果 #4 大于 #1，程序跳转到 N1 程序段）
   G00 X#4 Z2                      （从 A 点进刀到 B 点）
   G01 Z-#2 F0.1                   （从 B 点切削到 C 点）
   G00 X[#4+10]                    （从 C 点退刀到 D 点）
   Z2                              （从 D 点返回到 A 点）
```

程序段 "#5=#4-#1" 的作用是把剩下的余量全部赋值给 #5，执行 "#4=#4-#5" 时使 #4 的值为 #1，也就是精加工。

优化一下程序结构,得到最终程序:

```
#1=41                                   (直径 #1 赋值)
#2=30                                   (长度 #2 赋值)
#3=50                                   (毛坯直径 #3 赋值)
#4=#3                                   (加工 x 值赋初值)
N1 IF [[#4-#1]LE0.5] THEN #5=#4-#1      (如果加工余量小于或等于 0.5,直接取精加工值)
   IF [[#4-#1]GT0.5] THEN #5=0.5        (如果加工余量大于 0.5,背吃刀量 #5=0.5)
   IF [[#4-#1]GT1] THEN #5=1            (如果加工余量大于 1,背吃刀量 #5=1)
   IF [[#4-#1]GT2] THEN #5=2            (如果加工余量大于 2,背吃刀量 #5=2)
   IF [[#4-#1]GT3] THEN #5=3            (如果加工余量大于 3,背吃刀量 #5=3)
   #4=#4-#5                             (加工 x 值递减 #5)
   G00 X#4 Z2                           (从 A 点进刀到 B 点)
   G01 Z-#2 F0.2                        (从 B 点切削到 C 点)
   G00 X[#4+10]                         (从 C 点退刀到 D 点)
   Z2                                   (从 D 点返回到 A 点)
IF[#4GT#1] GOTO1                        (如果 #4 大于 #1,程序跳转到 N1 程序段)
```

27.4 循环语句

继续外圆柱面的车削加工,前一节用条件转移 IF 语句实现了圆柱面的分层车削,本节采用循环指令(WHILE 语句)来编程实现。

循环指令(WHILE 语句)格式:

```
WHILE [ 条件表达式 ] DOm (m=1、2、3);
……
ENDm;
```

当条件满足时,就循环执行 DO 与 END 之间的程序段(称循环体);当条件不满足时,就执行 END 后的下一个程序段。DO 和 END 后的数字 m 用于指定程序执行范围的识别号,该识别号只能在 1、2、3 中取值,否则系统报警。

【例】 以下程序,如果变量 #1 的值大于 10(条件满足),执行 N20 程序段,如果条件不满足则转移到程序段号为 N100 的程序段结束循环。

```
N10 WHILE [#1GT10] DO1
N20 G00 X70 Y20
……
N100 END1
```

采用循环指令(WHILE 语句)编程如下:

```
#1=41                                   (直径 #1 赋值)
#2=30                                   (长度 #2 赋值)
#3=50                                   (毛坯直径 #3 赋值)
#4=#3                                   (加工 x 值赋初值)
WHILE [#4GT#1] DO1                      (条件判断)
   IF [[#4-#1]LE0.5] THEN #5=#4-#1      (如果加工余量小于或等于 0.5,直接取精加工值)
   IF [[#4-#1]GT0.5] THEN #5=0.5        (如果加工余量大于 0.5,背吃刀量 #5=0.5)
```

```
     IF [[#4-#1]GT1] THEN #5=1        （如果加工余量大于 1，背吃刀量 #5=1）
     IF [[#4-#1]GT2] THEN #5=2        （如果加工余量大于 2，背吃刀量 #5=2）
     IF [[#4-#1]GT3] THEN #5=3        （如果加工余量大于 3，背吃刀量 #5=3）
     #4=#4-#5                         （加工 X 值递减 #5）
     G00 X#4 Z2                       （从 A 点进刀到 B 点）
     G01 Z-#2 F0.2                    （从 B 点切削到 C 点）
     G00 X[#4+10]                     （从 C 点退刀到 D 点）
     Z2                               （从 D 点返回到 A 点）
   END1                               （循环体 1 结束）
```

对比 IF 语句编写的程序，程序结构没有变化，只是语句格式与运用上的区别。

归纳整理一下，一个完整的宏程序可大致分为零件加工、变量赋值、程序运算三大基本部分，见表 27-5。

表 27-5　宏程序的三大基本部分

三大基本部分		示例
零件加工部分		`G00 X#4 Z2`（从 A 点进刀到 B 点） `G01 Z-#2 F0.2`（从 B 点切削到 C 点） `G00 X[#4+10]`（从 C 点退刀到 D 点） `Z2`（从 D 点返回到 A 点）
变量赋值部分	直接参数，一经赋值在程序中是固定不变的，如例题程序中的圆柱直径、长度、毛坯直径等原始数据	`#1=41`（直径 #1 赋值） `#2=30`（长度 #2 赋值） `#3=50`（毛坯直径 #3 赋值）
	间接参数，在程序中是可能变化的，如例题程序中的背吃刀量、加工 X 值、F 值等	`#4=#3`（加工 X 值赋初值） `#5=3`（背吃刀量 #5=3） `#4=#4-#5`（加工 X 值递减 #5）
程序运算部分		`WHILE [#4GT#1] DO1`（条件判断） `IF [[#4-#1]LE0.5] THEN #5=#4-#1`（如果加工余量小于或等于 0.5，直接取精加工值） `IF [[#4-#1]GT0.5] THEN #5=0.5`（如果加工余量大于 0.5，背吃刀量 #5=0.5） `IF [[#4-#1]GT1] THEN #5=1`（如果加工余量大于 1，背吃刀量 #5=1） `IF [[#4-#1]GT2] THEN #5=2`（如果加工余量大于 2，背吃刀量 #5=2） `IF [[#4-#1]GT3] THEN #5=3`（如果加工余量大于 3，背吃刀量 #5=3） `END1`（循环体 1 结束）

　　对于具有代表性的典型加工特征，我们可以建立相应的几何参数模型，事先编制好对应的宏程序，需要的时候直接修改变量赋值即可使用。下面是编制完善的外圆柱面加工宏程序：

```
#1=41                              （工件直径 d 赋值）
#2=30                              （工件长度 L 赋值）
#3=50                              （毛坯直径 D 赋值）
#4=0                               （工件右端面 z 坐标值）
#5=0.2                             （进给速度赋值）
#10=#3                             （加工 x 值赋初值）
WHILE [#10GT#1] DO1                （条件判断）
    IF[[#10-#1]LE0.5] THEN #11=#10-#1  （如果加工余量小于或等于 0.5，直接取精加工值）
    IF[[#10-#1]GT0.5] THEN #11=0.5  （如果加工余量大于 0.5，背吃刀量值取 0.5）
    IF[[#10-#1]GT1] THEN #11=1      （如果加工余量大于 1，背吃刀量值取 1）
    IF[[#10-#1]GT2] THEN #11=2      （如果加工余量大于 2，背吃刀量值取 2）
    IF[[#10-#1]GT3] THEN #11=3      （如果加工余量大于 3，背吃刀量值取 3）
    #10=#10-#11                     （加工 x 值递减）
    G00 X#10 Z[#4+2]                （从 A 点进刀到 B 点）
    G01 Z-[#4+#2] F#5               （从 B 点切削到 C 点）
    G00 X[#10+10]                   （从 C 点退刀到 D 点）
    Z2                              （从 D 点返回到 A 点）
END1                               （循环体 1 结束）
```

仿真加工结果如图 27-12 所示。

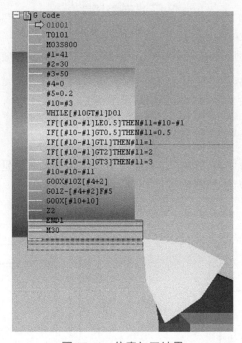

图 27-12　仿真加工结果

第 28 章

外圆锥面车削

数控车削加工如图 28-1 所示外圆锥面，设毛坯直径 $\phi42$，编制宏程序加工。

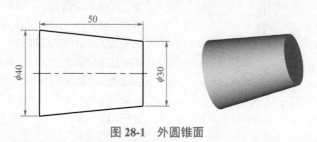

图 28-1　外圆锥面

首先给相关参数赋值：

```
#1=42              （毛坯直径 A 赋值）
#2=40              （圆锥大径 D 赋值）
#3=30              （圆锥小径 d 赋值）
#4=50              （圆锥长度 L 赋值）
#5=0               （圆锥右端面 Z 坐标为 0）
#6=[#2-#3]/#4      （圆锥锥度计算）
#7=0.2             （进给速度 F 赋值）
```

精加工路线如图 28-2 所示 $A' \to B' \to C' \to D' \to A'$，编制精加工部分程序：

```
G00 X[#3-2*#6] Z[#5+2]      （进刀到 B′ 点）
G01 X#2 Z-[#5+#4] F#7       （切削到 C′ 点）
G00 U10                     （退刀到 D′ 点）
Z[#5+2]                     （返回 A′ 点）
```

为什么 B' 点的 X 值为 "#3-2*#6"？在图 28-3 中，将圆锥面延伸 2mm 到 B' 点，得到左段长为 L 的圆锥与右端长为 2 的圆锥锥度相等，所以有：

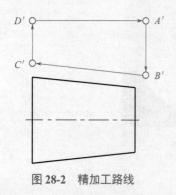

图 28-2　精加工路线

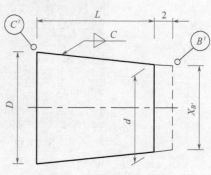

图 28-3　圆锥参数示意图

$$C = \frac{D-d}{L} = \frac{d - X_{B'}}{2}$$

解得 B' 点的 X 坐标值 $X_{B'} = d - 2C = d - 2 \times \dfrac{D-d}{L}$，所以 B' 点的 X 值用宏程序表示为 "#3- 2*#6"，其中 #6 为圆锥锥度值。

将变量赋值和精加工两部分程序"组装"起来就可以用宏程序实现精加工了，结果如图 28-4 所示。

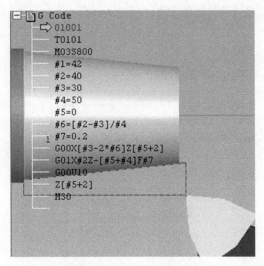

图 28-4　精加工仿真结果

接下来可以通过平移如图 28-3 所示 $A' \rightarrow B' \rightarrow C' \rightarrow D' \rightarrow A'$ 梯形路线，分层切削实现该圆锥面的粗精加工，总加工余量为毛坯直径 $A -$ 圆锥小径 d。以加工余量为变量，采用 WHILE 循环语句编制加工程序如下，程序中加粗部分可看作宏程序三个基本部分中的程序运算部分，加工结果如图 28-5 所示。

```
#1=42                      （毛坯直径 A 赋值）
#2=40                      （圆锥大径 D 赋值）
#3=30                      （圆锥小径 d 赋值）
#4=50                      （圆锥长度 L 赋值）
#5=0                       （圆锥右端面 Z 坐标为 0）
#6=[#2-#3]/#4              （圆锥锥度计算）
#7=0.2                     （进给速度 F 赋值）
#10=#1-#3                  （加工余量值计算）
WHILE[#10GT0]DO1           （循环条件判断）
  #10=#10-1                （加工余量递减）
  IF[[#10+1]LT1]THEN #10=0 （判断加工，余量是否少于 1，若少于 1 则直接精加工）
  G00 X[#3-2*#6+#10] Z[#5+2] （进刀到 B′ 点）
  G01 X[#2+#10] Z-[#5+#4] F#7 （切削到 C′ 点）
  G00 U10                  （退刀到 D′ 点）
  Z[#5+2]                  （返回 A′ 点）
END1                       （循环体 1 结束）
```

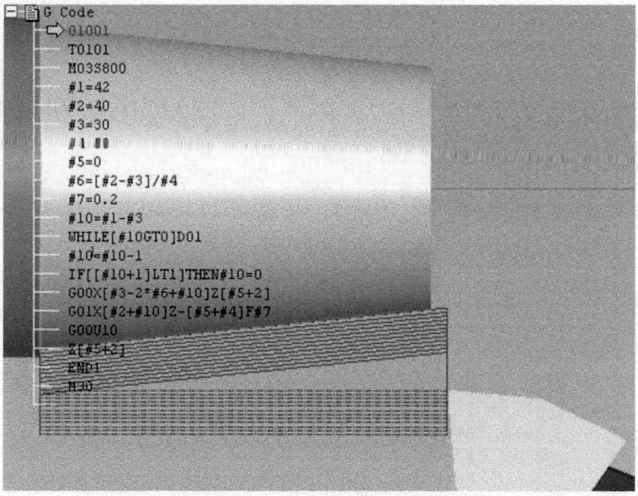

图 28-5 加工结果

第 29 章

程序格式与结构

29.1 程序格式

（1）变量与参数

SIEMENS 数控系统中的宏程序称为"参数编程"，因为其程序中用形如"Ri"的形式表示，称为 R 参数。常见数控系统中除 SIEMENS 数控系统中"变量"用形如"Ri"的形式表示，称为 R 参数外，其它系统都用形如"#i"的形式表示，称为变量。虽然叫法不同，书写格式有区别，但不同的数控系统的宏程序编程思想与使用方法基本一致，只需要注意其细微差别，仔细检查具体数控系统和机床使用手册，并在需要的地方做出更改即可。

本书编程以 FANUC 系统为主讲解，兼顾另外两种比较具有代表性的系统（华中和 SIEMENS 数控），但并不会对每一个程序都给出三种系统的程序，需要详细对比学习其它系统宏程序的读者可参看笔者其它图书。

（2）括号

括号在宏程序编程中用途广泛，可以将需要的部分括起来作为一个整体，也可以用来改变运算的先后顺序。以 FANUC 数控系统为代表的数控系统均以"[]"作为括号使用，而 SIEMENS 数控系统的括号则以"()"形式出现。

（3）转移与循环语句

不同数控系统的转移与循环语句格式也有区别，本章 29.2、29.3 节将做相应介绍。

（4）条件运算符

表 29-1 所示为不同数控系统中的条件运算符的对比。

表 29-1　不同数控系统中的条件运算符

含义	FANUC 系统	华中系统	SIEMENS 系统
等于（＝）	EQ	EQ	＝＝
不等于（≠）	NE	NE	<>
大于（>）	GT	GT	>
大于或等于（≥）	GE	GE	>＝
小于（<）	LT	LT	<
小于或等于（≤）	LE	LE	<=

(5) 算术运算与三角函数

不同数控系统的算术运算格式相同，主要在函数运算中书写格式是有区别的，例如三角函数中，华中系统只支持弧度计算，也就是说华中系统中涉及的角度只能以弧度形式表示，其转换公式为：

$$1\text{rad} = \left(\frac{180}{\pi}\right)^{\circ}$$

$$1^{\circ} = \frac{\pi}{180}\text{rad}$$

通常，华中、广数系统宏程序格式与 FANUC 系统更相似，与 SIEMENS 系统区别更大一些，表 29-2 对部分案例进行了比较。

表 29-2　不同数控系统的表示示例

数学表达式	FANUC 系统	华中系统	SIEMENS 系统
$\alpha=60^{\circ}$	#1=60	#1=60	R1=60
$\beta=60^{\circ}$	#2=30	#2=30	R2=30
$A = \alpha+\beta$	#3=#1+#2	#3=#1+#2	R3=R1+R2
$B=\sin60^{\circ}$	#4=SIN[#1]	#4=SIN[#1*PI/180]	R4=SIN(R1)
$C=\cos60^{\circ}$	#5=COS[#1]	#5=COS[#1*PI/180]	R5=COS(R1)
$D=\tan60^{\circ}$	#6=TAN[#1]	#6=TAN[#1*PI/180]	R6=TAN(R1)

知识链接：

度量角的方法有角度制和弧度制两种。角度制就是用角度（°）来度量角的大小的方法。在角度制中，把周角的 1/360 看作 1 度，那么，半周就是 180 度，一周就是 360 度。由于 1 度的大小不因为圆的大小而改变，所以角度是一个与圆的半径无关的量。

用弧长与半径之比度量对应圆心角的方式，叫做弧度制，用符号 rad 表示，读作弧度。等于半径长的圆弧所对的圆心角叫做 1 弧度的角。由于弧长与圆半径之比，不因为圆的大小而改变，所以弧度也是一个与圆的半径无关的量。角以弧度给出时，通常习惯把弧度的单位省略。

一个完整的圆的弧度是 2π，所以它们之间的换算关系是：

$2\pi\text{rad} = 360^{\circ}$，$1\pi\text{rad} = 180^{\circ}$，$1^{\circ} =(\pi/180)\text{rad}$，$1\text{rad} = (180/\pi)^{\circ} \approx 57.30^{\circ} = 57^{\circ}\,18'$。

总结角度制与弧度制如表 29-3 所示。

表 29-3　角度制与弧度制的比较

	角度制	弧度制
度量单位	度（60 进制，$1^{\circ}=60'$，$1'=60''$）	弧度（10 进制）
单位规定	圆周角的 1/360 叫做 1 度的角	长度等于半径长的弧所对的圆心角叫做 1 弧度的角

续表

		角度制	弧度制
换算关系	基本关系	$360°=2\pi\text{rad}$ $180°=2\pi\text{rad}$	
	导出关系	$1°=\dfrac{\pi}{180}\text{rad}\approx0.01745\text{rad}$ $1\text{rad}=\left(\dfrac{180°}{\pi}\right)°\approx57.30°=57°18'$	

29.2　循环结构

(1) 程序结构

采用结构化程序设计方法，程序结构清晰，易于阅读、测试、排错和修改。由于每个模块执行单一功能，模块间联系较少，所以程序编制更简单，程序更可靠，而且增加了可维护性，每个模块可以独立编制、测试。

结构化程序设计主要由以下三种逻辑结构组成：

① 顺序结构：顺序结构是一种线性、有序的结构，它依次执行各语句模块。

② 循环结构：循环结构是重复执行一个或几个模块，直到满足某一条件为止。

③ 选择结构：选择结构是根据条件成立与否选择程序执行的通路。

打个比方，顺序结构就像交通标志（图 29-1）中的直行，循环结构像环岛，选择结构像左转或右转路口。

图 29-1　交通标志

本节使用循环结构编程，完成"从 1 到 10 的累加"。

(2) FANUC 数控系统实现"从 1 到 10 的累加"编程

编程思路（算法）主要有两种，分析如下。

① 最原始方法：

步骤 1：先求 1+2，得到结果 3。

步骤 2：将步骤 1 得到的和 3 再加 3，得到结果 6。

步骤 3：将步骤 2 得到的和 6 再加 4，得到结果 10。

步骤 4：依次将前一步计算得到的和加上加数，直到加到 10 得到最终结果。

这样的算法虽然正确，但太繁琐。

② 改进后的编程思路：

步骤 1：使变量 #1=0。

步骤 2：使变量 #2=1。

步骤 3：计算 #1+#2，和仍然储存在变量 #1 中，可表示为 #1=#1+#2。

步骤 4：使 #2 的值加 1，即 #2=#2+1。

步骤 5：如果 #2 ≤ 10，返回重新执行步骤 3 以及其后的步骤 4 和步骤 5，否则结束执行。

利用改进后的编程思路，求 1～100 各整数总和时，只需将第 5 步 #2 ≤ 10 改成 #2 ≤ 100 即可。

如果求 1×3×5×7×9×11 的乘积，编程也只需做很少的改动：

步骤 1：使变量 #1=1。

步骤 2：使变量 #2=3。

步骤 3：计算 #1×#2，表示为 #1=#1*#2。

步骤 4：使 #2 的值 +2，即 #2=#2+2。

步骤 5：如果 #2 ≤ 11，返回重新执行步骤 3 以及其后的步骤 4 和步骤 5，否则结束执行。

该编程思路不仅正确，而且对计算机而言是较好的算法，因为计算机是高速运算的自动机器，实现循环轻而易举。采用该编程思路编程如下。

采用 WHILE 语句编制程序 1：

```
#1=0                           （存储和的变量赋初值 0）
#2=1                           （计数器赋初值 1，从 1 开始）
WHILE [#2LE10] DO1             （如果计数器值小于或等于 10，执行循环）
  #1=#1+#2                      （求和）
  #2=#2+1                       （计数器加 1，即求下一个被加的数）
END1                           （结束循环）
```

采用 IF 语句编制程序 2：

```
#1=0                           （存储和的变量赋初值 0）
#2=1                           （计数器赋初值 1，从 1 开始）
N1                             （程序跳转标记符）
IF[#2GT10] GOTO2               （条件判断）
  #1=#1+#2                      （求和）
  #2=#2+1                       （计数器加 1，即求下一个被加的数）
GOTO1                          （无条件跳转到程序段 N1）
N2                             （程序跳转目标程序段 N2）
```

稍作修改，编制程序 3：

```
#1=0                           （存储和的变量赋初值 0）
#2=1                           （计数器赋初值 1，从 1 开始）
N1                             （程序跳转标记符）
  #1=#1+#2                      （求和）
  #2=#2+1                       （计数器加 1，即求下一个被加的数）
IF [#2LE10] GOTO1             （如果计数器值小于或等于 10，转移到 N1 程序段）
```

思考题：从 1 到 10 的累加的和存在变量 #1 还是在 #2 里了？

(3) 华中数控系统实现"从 1 到 10 的累加"编程

华中数控系统条件循环指令（WHILE 语句）指令格式：

```
WHILE 条件表达式
```

```
   条件成立循环执行的语句
ENDW
```

条件循环指令用于指令条件成立时执行 WHILE 与 ENDW 之间的程序，然后返回到 WHILE 再次判断条件，直到条件不成立才跳到 ENDW 后面。WHILE 语句的执行流程如图 29-2 所示。

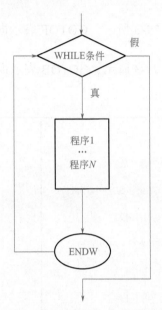

图 29-2　WHILE…ENDW 流程图

例如：

```
#2=30                （#2 赋初值）
WHILE #2GT0          （如果 #2 大于 0）
  G91 G01 X10        （条件成立就执行）
  #2=#2-3            （修改变量 #2 的值）
ENDW                 （返回）
G90 G00 Z50          （当条件不成立时跳到本程序段开始执行）
```

WHILE 语句中必须有修改条件变量值的语句，使得循环若干次后条件变为"不成立"而退出循环，否则就会成为死循环。

采用 WHILE 语句编制"从 1 到 10 的累加"的程序如下：

```
#1=0                 （存储和的变量赋初值 0）
#2=1                 （计数器赋初值 1，从 1 开始）
WHILE #2LE10         （如果计数器值小于或等于 10，执行循环）
  #1=#1+#2           （求和）
  #2=#2+1            （计数器加 1，即求下一个被加的数）
ENDW                 （结束循环）
```

（4）SIEMENS 数控系统实现"从 1 到 10 的累加"编程

机床在执行加工程序时，是按照程序段的输入顺序来运行的，与所写的程序段号的大小无关，有时零件的加工程序比较复杂，涉及一些逻辑关系，程序在运行时可以通过插入程序跳转指令改变执行顺序，来实现程序的分支运行。跳转目标只能是有标记符或程序段号的程序段，该程序段必须在此程序之内。

程序跳转指令有两种，一种为绝对跳转（又称为无条件跳转），另一种为有条件跳转。经常用到的是有条件跳转指令。绝对跳转指令必须占用一个独立的程序段。

① 绝对跳转。

a. GOTOF 跳转标记。如图 29-3 所示，GOTOF 表示向前跳转，即向程序结束的方向跳转。

b. GOTOB 跳转标记。如图 29-3 所示，GOTOB 表示向后跳转，即向程序开始的方向跳转。

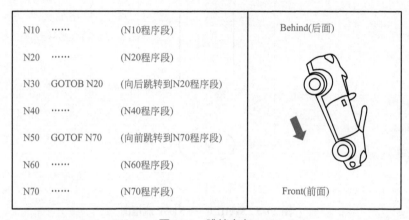

图 29-3　跳转方向

c. 绝对跳转指令功能。通过缺省、主程序、子程序、循环以及中断程序依次执行被编程的程序段，程序跳转可修改此顺序。

d. 操作顺序。带用户指定名的跳转目的可以在程序中编程，GOTOF 与 GOTOB 命令可用于在同一程序内从其它点分出跳转目的点，然后程序随着跳转目的而立即恢复执行。

e. 程序跳转目标。程序跳转功能可以实现程序运行分支，标记符或程序段号用于标记程序中所跳转的目标程序段，标记符可以自由选取，在一个程序中，标记符不能有其它意义。在使用中必须注意以下四点：

• 标记符或程序段号用于标记程序中所跳转的目标程序段，用跳转功能可以实现程序运行分支。

• 标记符可以自由选择，但必须由 2～8 个字母或数字组成，其中开始两个符号必须是字母或下划线。但要注意的是：标记符应避免与 SINUMERIK 802D 中已有固定功能（已经定义）的字或词相同，如 MIRROR、X 等。

• 跳转目标程序中标记符后面必须为冒号，且标记符应位于程序段段首。如果程序段有段号，则标记符紧跟着段号。

• SINUMERIK 802D 数控系统具有程序段号整理功能，所以不推荐使用程序段号作为程序跳转目标。

编程示例：

```
N10  LABEL1: G01 X20          （LABEL1 为标记符，跳转目标程序段有段号）
```

```
......
TR789: G00 X10 Z20                （TR789 为标记符，跳转目标程序段没有段号）
......
N100   ......                     （程序段号也可以是跳转目标）
```

f. 绝对跳转示例。跳转所选的字符串用于标记符（跳转标记）或程序段号。因为 SINUMERIK 802D 数控系统具有程序段号整理功能，所以不推荐使用程序段号跳转。

```
N10    G90 G54 G00 X20 Y30
......
N40    GOTOF AAA                  （向前跳转到标记符为 AAA 的程序段）
......
N90    AAA:R2=R2+1                （标记符为 AAA 的程序段）
N100   GOTOF BBB                  （向前跳转到标记符为 BBB 的程序段）
......
N160   CCC:IF R5==100 GOTOF BBB   （标记符为 CCC 的程序段，条件满足时跳转向标记符 BBB
                                     的程序段）
N170   M30
N180   BBB:R5=50                  （标记符为 BBB 的程序段）
......
N240   GOTOB N160                 （向后跳转到 N160 程序段）
```

② 有条件跳转。

用 IF 条件语句表示有条件跳转。如果满足跳转条件（条件表达式成立，条件在设定范围），则进行跳转。跳转目标只能是有标记符或程序段号的程序段。该程序段必须在此程序之内。使用了条件跳转后有时程序会得到明显的简化，程序语句执行的流向变得更清晰。

有条件跳转指令要求一个独立的程序段，在一个程序段中可以有许多个条件跳转指令。

a. 编程指令格式。

- IF 判断条件 GOTOF 跳转标记
- IF 判断条件 GOTOB 跳转标记

b. 指令说明。IF 为引入跳转条件导入符，后面的条件是计算参数变量，用于条件表述的计算表达式比较运算；GOTOF 为跳转方向，表示向前（向程序结束的方向）跳转；GOTOB 为跳转方向，表示向后（向程序开始的方向）跳转；跳转标记所选的字符串用于标记符或程序段号。

c. 比较运算。在 SINUMERIK 802D 数控系统中，比较运算经常出现在程序分支的程序语句判断中。常用的比较运算符见表 29-4。

表 29-4　常用的比较运算符号

运算符号	意义	运算符号	意义
<>	不等于	==	等于
>	大于	>=	大于或等于
<	小于	<=	小于或等于

用比较运算表示跳转条件，计算表达式也可用于比较运算。比较运算的结果有两种，一种为"满足"，另一种为"不满足"。当比较运算的结果为"不满足"时，该运算结果值为零。

跳转条件示例如下：

```
IF R1>R2 GOTOF MARKE1          （如果 R1 大于 R2，则跳转到 MARKE1）
IF R7<=(R8+R9)*743 GOTOB MARKE1  （复合表达式作为跳转判断条件，若条件满
                                 足则跳转到 MARKE1）
```

程序举例如下：

```
N10   G90 G54 G00 X20 Y30
……
N40   R1=10 R2=15              （R 参数赋初值）
N50   AAA:                     （跳转标记）
……
N90   R1=R1+R2                 （参数值变化）
N100  IF R1<=100 GOTOB AAA     （跳转条件判断）
……
N170  M30                      （程序结束）
```

下面是另外一个示例：

```
N10   R1=30 R2=60 R3=10 R4=11 R5=50 R6=20         （初始值的分配）
N20   MA1: G00 X=R2*COS(R1)+R5 Y=R2*SIN(R1)+R6   （计算并分配给轴地址）
N30   R1=R1+R3 R4=R4-1                            （变量确定）
N40   IF R4>0 GOTOB MA1                           （跳转语句）
N50   M30                                         （程序结束）
```

采用 SIEMENS 数控系统实现"从 1 到 10 的累加"，编程如下：

```
R1=0                          （存储和的变量赋初值 0）
R2=1                          （计数器赋初值 1，从 1 开始）
AAA:                          （跳转标记）
  R1=R1+R2                    （求和）
  R2=R2+1                     （计数器加 1，即求下一个被加的数）
IF R2<=10 GOTOB AAA           （如果计数器值小于或等于 10，执行循环）
```

29.3　选择结构

（1）二选一

当 #1=0 时，#2=50；而当 #1 ≠ 0 时，#2=100。试编程实现。

这是一个典型的选择执行（二选一）结构，条件成立时仅执行程序 A，条件不成立则仅执行程序 B，下面分别用三种数控系统尽可能多的方式来编程实现。

① FANUC 宏程序。

```
#2=50
IF [#1EQ0] GOTO1
#2=100
N1
```

或者：

```
IF [#1EQ0] THEN #2=50
IF [#1NE0] THEN #2=100
```

② 华中宏程序。

需要选择性地执行程序就要用条件分支指令（IF 语句），其指令格式有如下两种。

a. 指令格式 1（条件成立则执行）：

```
IF  条件表达式
    条件成立时执行的语句组
ENDIF
```

该指令格式的作用是条件成立时执行 IF 与 ENDIF 之间的程序，不成立就跳过。其中
"IF" 和 "ENDIF" 称为关键词，IF 为开始标识，ENDIF 为结束标识，不区分大小写。

例如：

```
IF #1EQ10              （如果 #1=10）
   M99                 （若条件成立，则执行本程序段，M99 表示子程序结束并返回主程序）
ENDIF                  （若条件不成立，则跳到此句后面）
```

又例如：

```
IF #1LT10 AND #1GT0    （如果 #1 小于 10 且 #1 大于 0）
   G01 X20             （若条件成立，则执行直线插补）
   Z15                 （继续执行）
ENDIF                  （若条件不成立，则跳到此句后面）
```

b. 指令格式 2（二选一，选择执行）：

```
IF  条件表达式
    条件成立时执行的语句组
ELSE
    条件不成立时执行的语句组
ENDIF
```

例如：

```
IF #51LT20             （条件判断，如果 #51 小于 20）
   G91 G01 X10 F250    （若条件成立，则执行本程序段）
ELSE                   （否则，即条件不成立）
   G91 G01 X35 F200    （若条件不成立，则执行本程序段）
ENDIF                  （条件结束）
```

该指令格式的作用是条件成立则执行 IF 与 ELSE 之间的程序，不成立就执行 ELSE 与
ENDIF 之间的程序。

IF 语句的执行流程如图 29-4（a）、（b）所示。

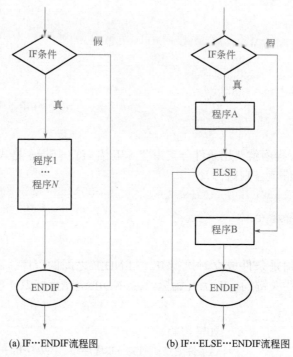

(a) IF…ENDIF流程图   (b) IF…ELSE…ENDIF流程图

图 29-4　程序流程控制

编制实现题目要求的程序如下：

```
IF #1EQ0              （如果 #1=0）
   #2=50             （若条件成立，则执行本程序段，#2=50）
ENDIF                （若条件不成立，则跳到此句后面）
IF #1NE0             （如果 #1≠0）
   #2=100            （若条件成立，则执行本程序段，#2=100）
ENDIF                （若条件不成立，则跳到此句后面）
```

或者：

```
IF #1EQ0             （条件判断，如果 #1 等于 0）
   #2=50             （若条件成立，则执行本程序段）
ELSE                 （否则，即条件不成立）
   #2=100            （若条件不成立，则执行本程序段）
ENDIF                （条件结束）
```

③ SIEMENS 参数程序。

```
IF R1==0 GOTOF AAA       （条件判断）
   R2=100                （若条件不成立，执行本程序段）
GOTOF BBB                （无条件跳转）
AAA:R2=50                （若条件成立，执行本程序段）
BBB:                     （跳转标记）
```

或者：

```
  R2=50                        （参数 R2 赋初值）
IF R1==0 GOTOF AAA             （条件判断）
  R2=100                       （若条件不成立，执行本程序段）
AAA：                          （跳转标记）
```

（2）多选一

图 29-5 为一分段函数示意图。当 X 大于 10 时，Y 的值为 25；当 X 小于或等于 −5 时，Y 的值为 10；X 大于 −5 且小于或等于 10 时，Y 的值为 15。试编制一个根据具体的 X 值得出该函数 Y 值的程序。

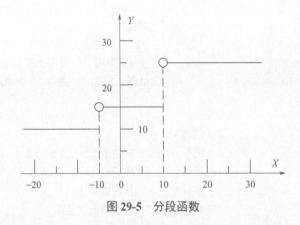

图 29-5　分段函数

从题意分析，给定任意一个 X 值，Y 值为 25、15、10 三者之一，也就是"三选一"。图 29-6 给出了三选一流程控制条件关系示意，首先根据条件拆分成 A、B 两块（二选一），然后在 B 范围内再次划分 2 份，进行第 2 次二选一，得到 C、D 两块，这样就在一个整体范围内实现了 A、C、D 三部分之间的选择，即三选一。更多部分的选一实现方法类似。

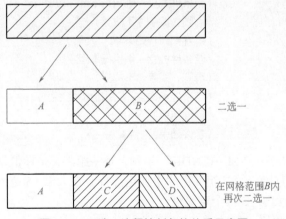

图 29-6　三选一流程控制条件关系示意图

① FANUC 宏程序：

```
#10=                              (X 赋值)
#11=15                            (X 大于 -5 且小于或等于 10 时 Y 的值 15 赋值给 #11)
IF [#10LE-5] GOTO1                (条件判断)
  IF [#10GT10] GOTO2              (条件判断)
  GOTO3                          (无条件跳转)
  N1 #11=10                       (赋值给 #11)
GOTO3                            (无条件跳转)
N2 #11=25                         (赋值给 #11)
N3                               (跳转标记符)
```

或者编程如下。

```
#10=                              (X 赋值)
#11=15                            (X 大于 -5 且小于或等于 10 时 Y 的值 15 赋值给 #11)
IF [#10LE-5] THEN #11=10          (X 小于或等于 -5 时将 Y 的值 10 赋值给 #11)
IF [#10GT10] THEN #11=25          (X 大于 10 时将 Y 的值 25 赋值给 #11)
```

② 华中宏程序：

```
#10=                              (X 赋值)
#11=15                            (X 大于 -5 且小于或等于 10 时 Y 的值 15 赋值给 #11)
IF #10LE-5                        (如果 #10 小于或等于 -5)
  #11=10                          (若条件成立，则执行本程序段)
ENDIF                            (若条件不成立，则跳到此句后面)
IF #10GT10                        (如果 #10 大于 10)
  #11=25                          (若条件成立，则执行本程序段)
ENDIF                            (若条件不成立，则跳到此句后面)
```

或者：

```
#10=                              (X 赋值)
IF #10LE-5                        (条件判断，如果 #10 小于或等于 -5)
  #11=10                          (若条件成立，则执行本程序段)
ELSE                             (否则，即条件不成立)
  IF #10GT10                      (条件判断，如果 #10 大于 10)
    #11=25                        (若条件成立，则执行本程序段)
  ELSE                           (否则，即条件不成立)
    #11=15                        (若条件不成立，则执行本程序段)
  ENDIF                          (条件结束)
ENDIF                            (条件结束)
```

本程序用了两组"IF…ELSE…ENDIF"语句，第一组将 X 坐标值划分成了小于或等于 -5 和大于 -5 两个定义域范围，第二组（程序中加粗部分）在大于 -5 范围内再次划分出了大于 10 和小于或等于 10 到大于 -5 两个定义域。

③ SIEMENS 参数程序：

```
R10=
```

```
IF R10>-5 GOTOF AAA            (若 R10 大于 -5)
R11=10                         (R11 赋值 10)
GOTOF CCC                      (无条件跳转)
AAA:                           (跳转标记符)
   IF R10>10 GOTOF BBB         (若 R10 大于 10)
   R11=15                      (R11 赋值 15)
   GOTOF CCC                   (无条件跳转)
   BBB:                        (跳转标记符)
   R11=25                      (R11 赋值 25)
CCC:                           (跳转标记)
```

上面程序段 "IF R10 > 10 GOTOF BBB" 的判断条件 "R10 > 10" 是在程序段 "IF R10 > -5 GOTOF AAA" 中 "R10 > -5" 范围内的再划分。将该程序进行如下修改也是正确的。

```
R10=
IF R10>-5 GOTOF AAA            (若 R10 大于 -5)
R11=10                         (R11 赋值 10)
GOTOF CCC                      (无条件跳转)
AAA:                           (跳转标记符)
   IF R10<=10 GOTOF BBB        (若 R10 小于或等于 10)
   R11=25                      (R11 赋值 25)
   GOTOF CCC                   (无条件跳转)
   BBB:                        (跳转标记符)
   R11=15                      (R11 赋值 15)
CCC:                           (跳转标记)
```

下面两个练习题，请读者自行用选择结构编程实现吧。

题 1：某商店卖西瓜，一个西瓜的重量若为 4kg 以下，则销售价格为 0.6 元 /kg；若为 4kg 或 4kg 以上，则售价为 0.8 元 /kg。试编制一个根据西瓜重量确定具体售价的程序。

题 2：要求若加工余量大于或等于 4mm，背吃刀量取 4mm；若加工余量介于 4mm 和 2mm（含）之间，背吃刀量取 2mm；若加工余量介于 2mm 和 1mm 之间，背吃刀量取 1mm；若加工余量小于或等于 1mm，则背吃刀量取等于加工余量。试编制根据加工余量确定背吃刀量的宏程序。

总结一下，不同数控系统编程实现循环结构或者选择结构的思路是一致的，主要在于程序与指令格式的区别，请读者仔细体会。

第 30 章

沟槽车削

30.1 矩形窄槽

外沟槽根据形状可分为矩形槽（直槽）、梯形槽、圆弧槽、V 形槽、燕尾槽、T 形槽等。矩形槽又可以根据槽宽分为窄槽和宽槽，一般车削宽度较窄的矩形外沟槽时，可用刀头宽度等于槽宽的切槽刀一次直进车出。试编制宏程序完成如图 30-1 所示窄槽的加工。

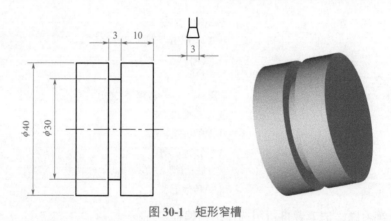

图 30-1　矩形窄槽

设工件原点在右端面与轴线的交点上，选用 3mm 宽切槽刀加工，刀位点选择在左边刀尖，加工仿真结果如图 30-2 所示。程序如下。

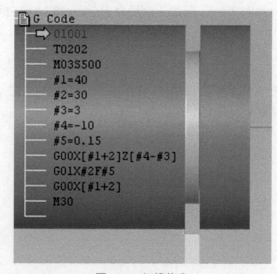

图 30-2　切槽仿真

```
#1=40                         （槽外径赋值）
#2=30                         （槽底径赋值）
#3=3                          （槽宽赋值）
#4=-10                        （槽右侧 z 坐标值赋值）
#5=0.15                       （进给速度赋值）
G00 X[#1+2] Z[#4-#3]          （进刀到切削起点）
G01 X#2 F#5                   （切削到槽底）
G00 X[#1+2]                   （退刀）
```

若槽比较深，可以将 X 向分多层切削，即先进刀切削一定深度，然后适量退刀，再进刀切削第二层。

```
#1=40                              （槽外径赋值）
#2=30                              （槽底径赋值）
#3=3                               （槽宽赋值）
#4=3                               （切槽刀宽）
#5=-10                             （槽右侧 z 坐标值赋值）
#6=0.15                            （进给速度赋值）
#7=3                               （X 向每一刀切削深度 3mm，无正负符号）
#8=2                               （X 向退刀量 2mm，无正负符号）
#9=1.0                             （槽底暂停时间，带小数点，单位为秒）
IF[#4NE#3] GOTO2                   （若刀宽不等于槽宽，直接跳出加工）
#10=#1                             （切削 x 值赋初值）
G00 X[#10+2] Z[#5-#3]              （刀具定位到切削起点）
WHILE[#10GT#2]DO1                  （循环条件判断）
  #10=#10-#7                       （切削 x 值递减）
  IF[#10LT#2] THEN #10=#2          （加工余量判断，若余量不足，直接加工到槽底）
  G01 X#10 F#6                     （切削）
  IF[#10NE#2] GOTO1                （若没加工到槽底）
  G04 X#9                          （槽底程序暂停）
  N1 G00 U#8                       （退刀）
END1                               （循环体 1 结束）
G00 X[#1+2]                        （退刀）
N2                                 （程序标记）
```

修改上述程序的赋值即可用于图 30-3 所示槽的加工：

```
#1=46                              （槽外径赋值）
#2=22                              （槽底径赋值）
#3=4                               （槽宽赋值）
#4=4                               （切槽刀宽）
#5=-24                             （槽右侧 z 坐标值赋值）
#6=0.15                            （进给速度赋值）
#7=3                               （X 向每一刀切削深度 3mm，无正负符号）
#8=2                               （X 向退刀量 2mm，无正负符号）
#9=1.0                             （槽底暂停时间，带小数点，单位为秒）
```

```
IF[#4NE#3] GOTO2        （若刀宽不等于槽宽，直接跳出加工）
#10=#1                  （切削 X 值赋初值）
G00 X[#10+2] Z[#5-#3]   （刀具定位到切削起点）
WHILE[#10GT#2]DO1       （循环条件判断）
  #10=#10-#7            （切削 X 值递减）
  IF[#10LT#2] THEN #10=#2 （加工余量判断，若余量不足，直接加工到槽底）
  G01 X#10 F#6          （切削）
  IF[#10NE#2] GOTO1     （若没加工到槽底）
  G04 X#9               （槽底程序暂停）
  N1 G00 U#8            （退刀）
END1                    （循环体 1 结束）
G00 X[#1+2]             （退刀）
N2                      （程序标记）
```

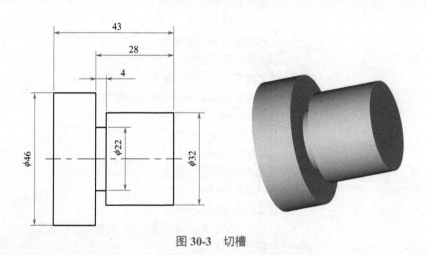

图 30-3 切槽

将上述程序适当赋值还可以用于图 30-3 零件的切断加工：

```
#1=46                   （槽外径赋值）
#2=0                    （槽底径赋值）
#3=4                    （槽宽赋值）
#4=4                    （切槽刀宽）
#5=-43                  （槽右侧 Z 坐标值赋值）
#6=0.15                 （进给速度赋值）
#7=3                    （X 向每一刀切削深度 3mm，无正负符号）
#8=2                    （X 向退刀量 2mm，无正负符号）
#9=1.0                  （槽底暂停时间，带小数点，单位为秒）
IF[#4NE#3] GOTO2        （若刀宽不等于槽宽，直接跳出加工）
#10=#1                  （切削 X 值赋初值）
G00 X[#10+2] Z[#5-#3]   （刀具定位到切削起点）
WHILE[#10GT#2]DO1       （循环条件判断）
  #10=#10-#7            （切削 X 值递减）
  IF[#10LT#2] THEN #10=#2 （加工余量判断，若余量不足，直接加工到槽底）
```

```
  G01 X#10 F#6          （切削）
  IF[#10NE#2] GOTO1     （若没加工到槽底）
  G04 X#9               （槽底程序暂停）
  N1 G00 U#8            （退刀）
END1                    （循环体 1 结束）
G00 X[#1+2]             （退刀）
N2                      （程序标记）
```

30.2　矩形宽槽

车削较宽的外沟槽时，可用较窄的切槽刀，分几次借刀切削，如图 30-4 所示依次下切→退刀→平移→再次下切，直到加工完成。

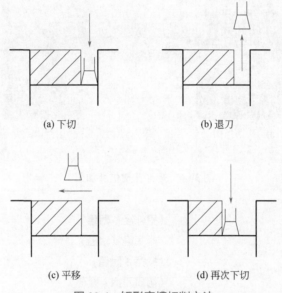

(a) 下切　　　　　(b) 退刀

(c) 平移　　　　　(d) 再次下切

图 30-4　矩形宽槽切削方法

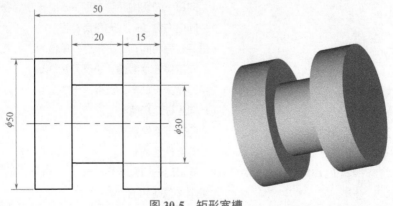

图 30-5　矩形宽槽

设工件原点在右端面和轴线的交点上，选择 3mm 宽切槽刀加工图 30-5 所示矩形槽，在前一节程序基础上进行适当修改，编程如下，仿真结果如图 30-6 所示。

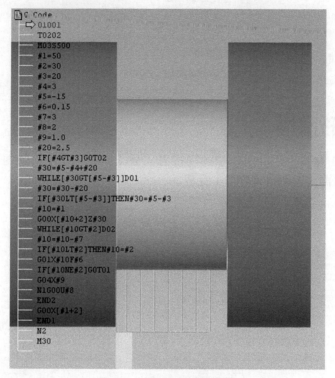

```
C Code
01001
T0202
M03S500
#1=50
#2=30
#3=20
#4=3
#5=-15
#6=0.15
#7=3
#8=2
#9=1.0
#20=2.5
IF[#4GT#3]GOTO2
#30=#5-#4+#20
WHILE[#30GT[#5-#3]]DO1
#30=#30-#20
IF[#30LT[#5-#3]]THEN#30=#5-#3
#10=#1
G00X[#10+2]Z#30
WHILE[#10GT#2]DO2
#10=#10-#7
IF[#10LT#2]THEN#10=#2
G01X#10F#6
IF[#10NE#2]GOTO1
G04X#9
N1G00U#8
END2
G00X[#1+2]
END1
N2
M30
```

图 30-6　矩形宽槽仿真加工

#1=50	（槽外径 D 赋值）
#2=30	（槽底径 d 赋值）
#3=20	（槽宽 B 赋值）
#4=3	（切槽刀宽 A 赋值）
#5=-15	（槽右侧 Z 坐标值赋值）
#6=0.15	（进给速度赋值）
#7=3	（X 向每一刀切削深度 P 取 3mm，无正负符号）
#8=2	（X 向退刀量 2mm，无正负符号）
#9=1.0	（槽底暂停时间，带小数点，单位为秒）
#20=2.5	（Z 向偏移量 Q 赋值，小于刀宽 3mm）
IF[#4GT#3] GOTO2	（若刀宽大于槽宽，直接跳出加工）
#30=#5-#4+#20	（Z 向坐标赋初值）
WHILE[#30GT[#5-#3]]DO1	（Z 向加工条件判断）
#30=#30-#20	（Z 向坐标递减）
IF[#30LT[#5-#3]] THEN #30=#5-#3	（Z 向最后一刀判断）
#10=#1	（切削 X 值赋初值）
G00 X[#10+2] Z#30	（刀具定位到切削起点）

```
    WHILE[#10GT#2]DO2              （循环条件判断）
      #10=#10-#7                   （切削 X 值递减）
      IF[#10LT#2] THEN #10=#2      （加工余量判断，若余量不足，直接加工到槽底）
      G01 X#10 F#6                 （切削）
      IF[#10NE#2] GOTO1            （若没加工到槽底）
      G04 X#9                      （槽底程序暂停）
      N1 G00 U#8                   （退刀）
    END2                          （循环体 2 结束）
    G00 X[#1+2]                    （退刀）
  END1                            （循环体 1 结束）
  N2                              （程序标记）
```

◆【华中宏程序】

```
#1=50                          （槽外径 D 赋值）
#2=30                          （槽底径 d 赋值）
#3=20                          （槽宽 B 赋值）
#4=3                           （切槽刀宽 A 赋值）
#5=-15                         （槽右侧 Z 坐标值赋值）
#6=40                          （进给速度赋值）
#7=3                           （X 向每一刀切削深度 P 取 3mm，无正负符号）
#8=2                           （X 向退刀量 2mm，无正负符号）
#9=1.0                         （槽底暂停时间，带小数点，单位为秒）
#20=2.5                        （Z 向偏移量 Q 赋值，小于刀宽 3mm）
IF #4GT#3                      （若刀宽大于槽宽）
  M30                          （程序结束）
ENDIF                          （若条件不成立，执行后面的程序）
#30=#5-#4+#20                  （Z 向坐标赋初值）
WHILE #30GT[#5-#3]             （Z 向加工条件判断）
#30=#30-#20                    （Z 向坐标递减）
IF #30LT[#5-#3]               （Z 向最后一刀判断）
  #30=#5-#3                    （Z 向最后一刀赋值）
ENDIF                          （条件结束）
  #10=#1                       （切削 X 值赋初值）
  G00 X[#10+2] Z[#30]          （刀具定位到切削起点）
  WHILE #10GT#2                （循环条件判断）
    #10=#10-#7                 （切削 X 值递减）
    IF #10LT#2                 （加工余量判断，若余量不足）
      #10=#2                   （直接加工到槽底）
    ENDIF                      （条件结束）
    G01 X[#10] F[#6]           （切削）
```

```
    IF #10EQ#2                    （若加工到槽底）
      G04  X[#9]                  （槽底程序暂停）
    ENDIF                         （条件结束）
    G00 U[#8]                     （退刀）
  ENDW                            （循环结束）
  G00 X[#1+2]                     （退刀）
ENDW                              （循环结束）
```

◇【SIEMENS 参数程序】

```
R1=50                             （槽外径 D 赋值）
R2=30                             （槽底径 d 赋值）
R3=20                             （槽宽 B 赋值）
R4=3                              （切槽刀宽 A 赋值）
R5=-15                            （槽右侧 Z 坐标值赋值）
R6=100                            （进给速度赋值）
R7=3                              （X 向每一刀切削深度 P 取 3mm，无正负符号）
R8=2                              （X 向退刀量 2mm，无正负符号）
R9=1.0                            （槽底暂停时间，单位为秒）
R20=2.5                           （Z 向偏移量 Q 赋值，小于刀宽 3mm）
IF R4>R3 GOTOF AAA1               （若刀宽大于槽宽，直接跳出加工）
R30=R5-R4+R20                     （Z 向坐标赋初值）
AAA2:                             （程序跳转标记）
R30=R30-R20                       （Z 向坐标递减）
IF R30>(R5-R3) GOTOF AAA3         （Z 向最后一刀判断）
  R30=R5-R3                       （Z 向最后一刀赋值）
AAA3:                             （程序跳转标记）
  R10=R1                          （切削 X 值赋初值）
  G00 X=R10+2 Z=R30               （刀具定位到切削起点）
    AAA4:                         （程序跳转标记）
    R10=R10-R7                    （切削 X 值递减）
    IF R10>R2  GOTOF AAA5         （加工余量判断）
      R10=R2                      （若余量不足，直接加工到槽底）
    AAA5:                         （程序跳转标记）
    G01 X=R10 F=R6                （切削）
    IF R10<>R2 GOTOF AAA6         （若没加工到槽底）
    G04 F=R9                      （槽底程序暂停）
    AAA6: G00 X=R10+R8            （退刀）
  IF R10>R2 GOTOB AAA4            （循环条件判断）
  G00 X=R1+2                      （退刀）
IF R30>(R5-R3) GOTOB AAA2         （循环条件判断）
AAA1:                             （程序跳转标记）
```

30.3　等距多槽

切削加工如图 30-7（a）所示 4 个宽 4mm 的矩形槽，试编制其加工程序。

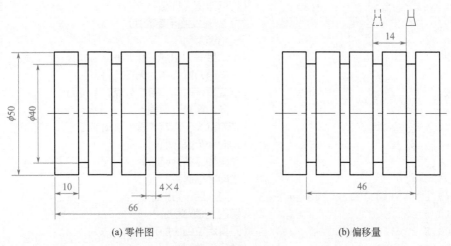

(a) 零件图　　　　　　　　　　　(b) 偏移量

图 30-7　等距多槽

设工件原点在右端面与轴线的交点上，选择 4mm 宽切槽刀加工，由于每一个槽宽也是 4mm，所以每一个槽都是"窄槽"加工。现在用前一节编制的宽槽宏程序赋值加工，注意槽宽 B 取值 46，Z 向偏移量 Q 取值 14，如图 30-7（b）所示。仿真加工结果如图 30-8 所示。

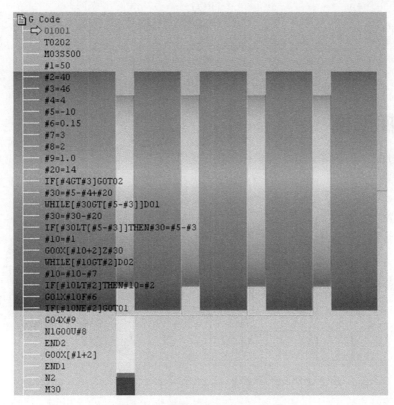

图 30-8　等距多槽仿真加工结果

```
#1=50                          （槽外径 D 赋值）
#2=40                          （槽底径 d 赋值）
#3=46                          （槽宽 B 赋值）
#4=4                           （切槽刀宽 A 赋值）
#5=-10                         （槽右侧 Z 坐标值赋值）
#6=0.15                        （进给速度赋值）
#7=3                           （X 向每一刀切削深度 P 取 3mm，无正负符号）
#8=2                           （X 向退刀量 2mm，无正负符号）
#9=1.0                         （槽底暂停时间，带小数点，单位为秒）
#20=14                         （Z 向偏移量 Q 赋值）
IF[#4GT#3] GOTO2               （若刀宽大于槽宽，直接跳出加工）
#30=#5-#4+#20                  （Z 向坐标赋初值）
WHILE[#30GT[#5-#3]]DO1         （Z 向加工条件判断）
#30=#30-#20                    （Z 向坐标递减）
IF[#30LT[#5-#3]] THEN #30=#5-#3 （Z 向最后一刀判断）
  #10=#1                       （切削 X 值赋初值）
  G00 X[#10+2] Z#30            （刀具定位到切削起点）
  WHILE[#10GT#2]DO2            （循环条件判断）
    #10=#10-#7                 （切削 X 值递减）
    IF[#10LT#2] THEN #10=#2    （加工余量判断，若余量不足，直接加工到槽底）
    G01 X#10 F#6               （切削）
    IF[#10NE#2] GOTO1          （若没加工到槽底）
    G04 X#9                    （槽底程序暂停）
    N1 G00 U#8                 （退刀）
  END2                         （循环体 2 结束）
  G00 X[#1+2]                  （退刀）
END1                           （循环体 1 结束）
N2                             （程序标记）
```

30.4　梯形槽

编制宏程序，完成如图 30-9 所示梯形槽的加工。

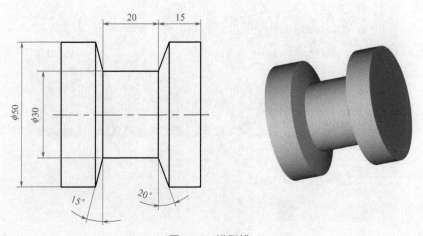

图 30-9　梯形槽

若采用切槽刀加工,如图 30-10(a)所示可先用前节切矩形宽槽宏程序加工图中阴影区域,接着沿着 *AB* 围成的梯形路线移动刀具加工图 30-10(b)所示左侧"斜坡"部分(图中网格区域),然后沿着 *AB'* 围成的梯形路线移动刀具加工图 30-10(c)所示右侧"斜坡"部分(图中网格区域),注意切槽刀刀位点对图中 *B* 点或 *B'* 点位置的影响。

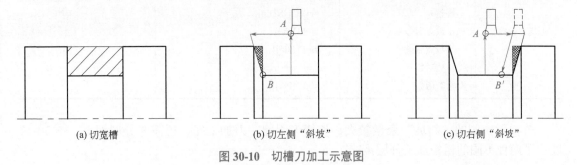

(a) 切宽槽   (b) 切左侧"斜坡"   (c) 切右侧"斜坡"

图 30-10 切槽刀加工示意图

梯形槽"斜坡"相关尺寸关系如图 30-11 所示,设槽深为 H,夹角为 α,则斜坡宽 L 的值为:

$$L = H \times \tan\alpha$$

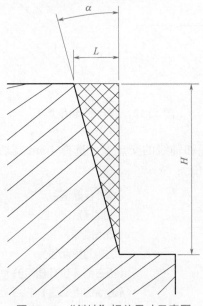

图 30-11 "斜坡"相关尺寸示意图

FANUC 宏程序中的函数运算格式如表 30-1 所示,将上式表示为宏程序格式:#1=#2*TAN[#3]。

表 30-1 函数运算

类型	功能	格式	备注
三角函数	正弦	#i=SIN[#j]	角度以度(°)为单位,如 90° 30′ 表示成 90.5°
	反正弦	#i=ASIN[#j]	
	余弦	#i=COS[#j]	
	反余弦	#i=ACOS[#j]	
	正切	#i=TAN[#j]	
	反正切	#i=ATAN[#j]/[#k]	

续表

类型	功能	格式	备注
其它函数	平方根	#i=SQRT[#j]	
	绝对值	#i=ABS[#j]	
	圆整	#i=ROUND[#j]	
	小数点后舍去	#i=FIX[#j]	
	小数点后进位	#i=FUP[#j]	
	自然对数	#i=LN[#j]	
	指数函数	#i=EXP[#j]	

　　若梯形槽侧的"斜坡"余量较大，切槽刀不能一刀加工完，还需要分层加工，图 30-12 展示了两种不同的粗精加工分层策略。

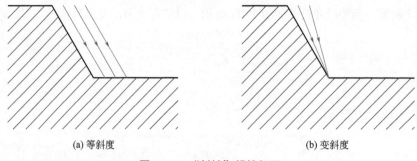

(a) 等斜度　　　　　　　　　(b) 变斜度

图 30-12　"斜坡"粗精加工

　　设工件原点在工件右端面和轴线的交点上，选择 4mm 宽切槽刀加工矩形槽部分程序如下（仅需修改前节的宏程序赋值）：

```
#1=50                          （槽外径赋值）
#2=30                          （槽底径赋值）
#3=20                          （槽宽赋值）
#4=4                           （切槽刀宽赋值）
#5=-15                         （槽右侧 Z 坐标值赋值）
#6=0.15                        （进给速度赋值）
#7=3                           （X 向每一刀切削深度 P 取 3mm，无正负符号）
#8=2                           （X 向退刀量 2mm，无正负符号）
#9=1.0                         （槽底暂停时间，带小数点，单位为秒）
#20=3                          （Z 向偏移量 Q 赋值，小于刀宽 4mm）
IF[#4GT#3] GOTO2               （若刀宽大于槽宽，直接跳出加工）
#30=#5-#4+#20                  （Z 向坐标赋初值）
WHILE[#30GT[#5-#3]]DO1         （Z 向加工条件判断）
#30=#30-#20                    （Z 向坐标递减）
IF[#30LT[#5-#3]] THEN #30=#5-#3（Z 向最后一刀判断）
  #10=#1                       （切削 X 值赋初值）
  G00 X[#10+2] Z#30            （刀具定位到切削起点）
```

```
    WHILE[#10GT#2]DO2              （循环条件判断）
      #10=#10-#7                   （切削 X 值递减）
      IF[#10LT#2] THEN #10=#2      （加工余量判断，若余量不足，直接加工到槽底）
      G01 X#10 F#6                 （切削）
      IF[#10NE#2] GOTO1            （若没加工到槽底）
      G04 X#9                      （槽底程序暂停）
      N1 G00 U#8                   （退刀）
    END2                           （循环体 2 结束）
    G00 X[#1+2]                    （退刀）
  END1                             （循环体 1 结束）
  N2                               （程序标记）
```

编制梯形槽左侧"斜坡"加工宏程序：

```
  #1=50                           （槽外径赋值）
  #2=30                           （槽底径赋值）
  #3=15                           （左侧夹角赋值）
  #4=20                           （右侧夹角赋值）
  #5=4                            （刀具宽度赋值）
  #6=20                           （槽底宽赋值）
  #7=-25                          （槽中心 Z 坐标值赋值，如图 30-10（b）中 A 点）
  #10=[#1-#2]/2                   （槽深计算）
  #11=[#10+2]*TAN[#3]             （"斜坡"宽 L 值计算，考虑了延伸量 2mm，半径值）
  #20=#7-#6/2                     （矩形宽槽左侧 Z 坐标值，图中 B 点）
  #30=#7-#6/2-#11                 （图 30-10（b）中梯形路线左侧点的 Z 坐标值）
  WHILE[#20GT#30] DO1             （循环条件判断）
    #20=#20-1.5                   （加工 Z 坐标值递减）
    IF [#20LT#30] THEN #20=#30    （精加工判定）
    G00 X[#1+4] Z#7               （到 A 点，在槽外径基础上增加 4mm，直径值）
    Z#20                          （进刀）
    G01 X#2 Z[#7-#6/2] F0.1       （切削到 B 点）
    Z#7                           （刀具平移）
    G00 X[#1+4]                   （返回 A 点）
  END1                            （循环体 1 结束）
```

编制梯形槽右侧"斜坡"加工宏程序：

```
  #1=50                           （槽外径赋值）
  #2=30                           （槽底径赋值）
  #3=15                           （左侧夹角赋值）
  #4=20                           （右侧夹角赋值）
  #5=4                            （刀具宽度赋值）
  #6=20                           （槽底宽赋值）
  #7=-25                          （槽中心 Z 坐标值赋值，如图 30-10（c）中 A 点）
  #10=[#1-#2]/2                   （槽深计算）
```

```
#11=[#10+2]*TAN[#4]              （"斜坡"宽 L 值计算，考虑了延伸量 2mm，半径值）
#20=#7+#6/2-#5                   （矩形宽槽右侧 Z 坐标值，图 30-10（c）中 B′点）
#30=#7+#6/2+#11-#5               （图 30-10（c）中梯形路线右上角点 Z 坐标值）
WHILE[#20LT#30] DO1              （循环条件判断）
  #20=#20+1.5                    （加工 Z 坐标值递增）
  IF [#20GT#30] THEN #20=#30     （精加工判定）
  G00 X[#1+4] Z#7                （到 A 点，在槽外径基础上增加 4mm，直径值）
  Z#20                           （进刀）
  G01 X#2 Z[#7+#6/2-#5] F0.1     （切削到 B′点）
  Z#7                            （刀具平移）
  G00 X[#1+4]                    （返回 A 点）
END1                             （循环体 1 结束）
```

仿真加工最终结果如图 30-13 所示。

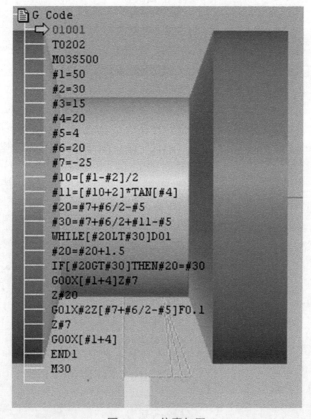

图 30-13　仿真加工

　　接下来，用成形刀加工如图 30-14 所示 30°梯形槽。采用成形刀加工该梯形槽时，可以选用如图 30-15 所示的加工方案，先如图 30-15（a）所示直进切槽（需要分层多次进刀），然后在所在层左右借刀切削，如图 30-15（b）所示在（a）图基础上向左边借刀切削图中网格状区域，如图 30-15（c）所示在（b）图基础上向右边借刀切削图中网格状区域，直至本层切削完毕后再直进切削下一层。

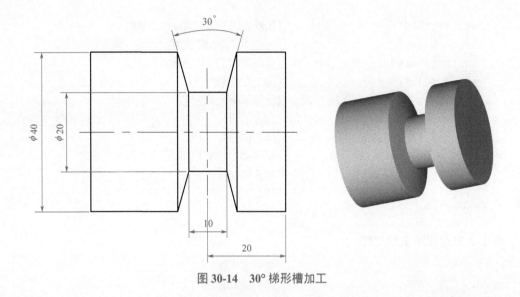

图 30-14 30° 梯形槽加工

图 30-15 成形刀加工示意图

设工件原点在工件右端面与轴线的交点上，则槽底中心的 Z 坐标值为 -20，为方便编程选择成形刀两刀尖连线的中点作为刀位点（对刀时请注意），编程如下：

```
#1=40                          （槽外径赋值）
#2=20                          （槽底径赋值）
#3=10                          （槽底宽赋值）
#4=30                          （夹角赋值）
#5=3                           （成形刀尖宽赋值）
#6=-20                         （槽中心 z 坐标值）
#7=0.15                        （进给速度）
#8=2                           （X 向每层切削深度）
#9=0.8                         （左右借刀量，刀宽的 80%）
#10=[#1-#2]/2                  （槽深计算）
IF [#5GT#3] GOTO1              （若刀宽大于槽底宽，跳出程序）
WHILE [#10GT0] DO1             （若 #10 大于 0，继续加工）
  #10=#10-#8                   （槽深递减）
  IF [#10LT0] THEN #10=0       （槽底精加工判定）
  G00 Z#6                      （返回槽中心线）
  G01 X[#2+2*#10] F#7          [直进切削，如图 30-15（a）所示]
```

```
        #20=#10*TAN[#4/2]+#3/2-#5/2      （当前层加工总宽度计算，单边）
        #21=0                           （当前层实际加工宽度赋初值，单边）
        WHILE [#21LT#20] DO2            （当前层加工循环判断）
        #21=#21+#9*#5                   （加工宽度递增）
        IF [#21GT#20] THEN #21=#20      （当前层精加工判定）
        G01 Z[#6-#21] F#7               （向左借刀）
        G01 Z[#6+#21] F#7               （向右借刀）
        END2                            （循环体 2 结束）
    END1                                （循环体 1 结束）
G00 X[#1+4]                             （退刀）
N1                                      （跳转标记）
```

◆【华中宏程序】******

```
#1=40                                   （槽外径赋值）
#2=20                                   （槽底径赋值）
#3=10                                   （槽底宽赋值）
#4=30                                   （夹角赋值）
#5=3                                    （成形刀尖宽赋值）
#6=-20                                  （槽中心 Z 坐标值）
#7=50                                   （进给速度）
#8=2                                    （X 向每层切削深度）
#9=0.8                                  （左右借刀量，刀宽的 80%）
#10=[#1-#2]/2                           （槽深计算）
IF #5GT#3                               （若刀宽大于槽底宽）
  M30                                   （程序结束）
ENDIF                                   （条件结束）
WHILE #10GT0                            （若 #10 大于 0，继续加工）
  #10=#10-#8                            （槽深递减）
  IF #10LT0                             （槽底精加工判定）
    #10=0                               （槽深赋值为 0，精加工）
  ENDIF                                 （条件结束）
  G00 Z[#6]                             （返回槽中心线）
  G01 X[#2+2*#10] F[#7]                 （直进切削，如图 30-15（a）所示）
    #20=#10*TAN[#4/2*PI/180]+#3/2-#5/2  （当前层加工总宽度计算，单边）
    #21=0                               （当前层实际加工宽度赋初值，单边）
    WHILE #21LT#20                      （当前层加工循环判断）
    #21=#21+#9*#5                       （加工宽度递增）
    IF #21GT#20                         （当前层精加工判定）
      #21=#20                           （最后一刀加工宽度赋值）
    ENDIF                               （条件结束）
    G01 Z[#6-#21] F[#7]                 （向左借刀）
    G01 Z[#6+#21] F[#7]                 （向右借刀）
    ENDW                                （循环结束）
  ENDW                                  （循环结束）
```

```
G00 X[#1+4]                          （退刀）
```

◇【SIEMENS 参数程序】******

```
R1=40                                （槽外径赋值）
R2=20                                （槽底径赋值）
R3=10                                （槽底宽赋值）
R4=30                                （夹角赋值）
R5=3                                 （成形刀尖宽赋值）
R6=-20                               （槽中心 z 坐标值）
R7=50                                （进给速度）
R8=2                                 （x 向每层切削深度）
R9=0.8                               （左右借刀量，刀宽的 80%）
R10=(R1-R2)/2                        （槽深计算）
IF R5>R3 GOTOF EEE                    （若刀宽大于槽底宽，跳出程序）
AAA:                                 （程序跳转标记）
  R10=R10-R8                         （槽深递减）
  IF R10>0 GOTOF BBB                 （槽底精加工判定）
    R10=0                            （槽深赋值为 0）
  BBB:                               （程序跳转标记）
  G00 Z=R6                           （返回槽中心线）
  G01 X=R2+2*R10 F=R7                （直进切削，如图 30-15（a）所示）
    R20=R10*TAN(R4/2)+R3/2-R5/2      （当前层加工总宽度计算，单边）
    R21=0                            （当前层实际加工宽度赋初值，单边）
    CCC:                             （程序跳转标记）
    R21=R21+R9*R5                    （加工宽度递增）
    IF R21<R20 GOTOF DDD             （当前层精加工判定）
      R21=R20                        （最后一刀加工宽度赋值）
    DDD:                             （程序跳转标记）
    G01 Z=R6-R21 F=R7                （向左借刀）
    G01 Z=R6+R21 F=R7                （向右借刀）
    IF R21<R20 GOTOB CCC             （当前层加工循环判断）
  IF R10>0 GOTOB AAA                 （若 R10 大于 0，继续加工）
G00 X=R1+4                           （退刀）
EEE:                                 （程序跳转标记）
```

第 31 章

螺纹车削

31.1　外圆柱螺纹

如图 31-1 所示，外圆柱螺纹尺寸为 M24×2，螺纹长度 30mm，编制其加工宏程序如下。

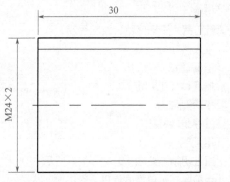

图 31-1　外圆柱螺纹

```
#1=24                     （螺纹公称直径 D 赋值）
#2=2                      （螺纹螺距 F 赋值）
#3=30                     （螺纹长度 L 赋值）
#4=4                      （螺纹切削起点 Z 坐标值赋值）
#5=-32                    （螺纹切削终点 Z 坐标值赋值）
#10=0.8                   （螺纹切削第一刀吃刀深度赋值）
#11=1                     （切削深度变量赋值）
#12=#1-2*0.6495*#2        （螺纹小径计算）
#13=#1-#10                （螺纹切削 X 坐标值赋值）
G00 X[#1+4] Z#4           （进刀到循环起点）
  WHILE [#13GT#12] DO1    （加工条件判断）
  G92 X#13 Z#5 F#2        （螺纹切削循环）
  #11=#11+1               （切削深度变量递增）
  #13=#1-#10*SQRT[#11]    （螺纹切削 X 坐标值递减）
  END1                    （循环结束）
G92 X#12 Z#5 F#2          （螺纹精车）
```

◆【华中宏程序】

```
#1=24                     （螺纹公称直径 D 赋值）
#2=2                      （螺纹螺距 F 赋值）
```

```
#3=30                    （螺纹长度 L 赋值）
#4=4                     （螺纹切削起点 Z 坐标值赋值）
#5=-32                   （螺纹切削终点 Z 坐标值赋值）
#10=0.8                  （螺纹切削第一刀吃刀深度赋值）
#11=1                    （切削深度变量赋值）
#12=#1-2*0.6495*#2       （螺纹小径计算）
#13=#1-#10               （螺纹切削 X 坐标值赋值）
G00 X[#1+4] Z[#4]        （进刀到循环起点）
  WHILE #13GT#12         （加工条件判断）
  G82 X[#13] Z[#5] F[#2] （螺纹切削循环）
  #11=#11+1             （切削深度变量递增）
  #13=#1-#10*SQRT[#11]   （螺纹切削 X 坐标值递减）
  ENDW                   （循环结束）
G82 X[#12] Z[#5] F[#2]   （螺纹精车）
```

◇【SIEMENS 参数程序】

```
R1=24                    （螺纹公称直径 D 赋值）
R2=2                     （螺纹螺距 F 赋值）
R3=30                    （螺纹长度 L 赋值）
R4=4                     （螺纹切削起点 Z 坐标值赋值）
R5=-32                   （螺纹切削终点 Z 坐标值赋值）
R10=0.8                  （螺纹切削第一刀吃刀深度赋值）
R11=1                    （切削深度变量赋值）
R12=R1-2*0.6495*R2       （螺纹小径计算）
R13=R1-R10               （螺纹切削 X 坐标值赋值）
G00 X=R1+4 Z=R4          （进刀到循环起点）
AAA:                     （程序跳转标记符）
  IF R13<=R12 GOTOF BBB  （加工条件判断）
  G00 X=R13              （进刀）
  G33 Z=R5 K=R2          （螺纹切削）
  G00 X=R1+4             （退刀）
  Z=R4                   （返回）
  R11=R11+1              （切削深度变量递增）
  R13=R1-R10*SQRT(R11)   （螺纹切削 X 坐标值递减）
  GOTOB AAA              （无条件跳转）
  BBB:                   （程序跳转标记符）
G00 X=R12                （进刀）
G33 Z=R5 K=R2            （螺纹切削）
G00 X=R1+4               （退刀）
```

31.2　梯形螺纹

数控车削加工如图 31-2 所示 Tr36×6 梯形螺纹，试编制其加工宏程序。

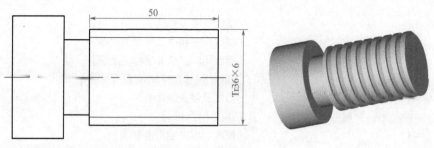

图 31-2   梯形螺纹

传统的低速切削螺纹的方法有直进法、斜进法、左右车削法和车阶梯槽法等，这些加工方法各有优缺点。这里选用图 30-15 所示加工梯形槽的分层法来加工梯形螺纹，它是直进法和左右切削法的综合应用，先将螺纹槽 X 向分成若干层，每一层的切削都采用先直进后左右车削。由于左右切削时槽深不变，刀具只需做向左或向右的纵向进给即可，从而降低了车削难度。这种方法中刀具一边受力，工作平稳，不易扎刀或产生振动，另外，它将梯形螺纹的切削进刀过程规律化，方便实现宏程序编程。

表 31-1   梯形螺纹各部分名称代号及计算公式

名称	代号	计算公式		
牙型角	α	$\alpha=30°$		
螺距	P	由螺纹标准规定		
牙顶间隙	a_c	P	$1.5 \sim 5$	$6 \sim 12$	$14 \sim 44$
		a_c	0.25	0.5	. 1
螺纹大径	D	公称直径		
螺纹小径	d	$d=D-2 \times h$		
螺纹牙高	h	$h=0.5P+a_c$		
牙顶宽	f	$f=0.366P$		
螺纹牙槽底宽	W	$W=0.366P-0.536a_c$		

梯形螺纹的牙型如图 31-3 所示，各部分名称代号及计算公式见表 31-1。设工件原点在工件右端面与轴线的交点上，在 30.4 节梯形槽分层法加工思路基础上，增加螺纹切削部分程序，编制加工程序如下。

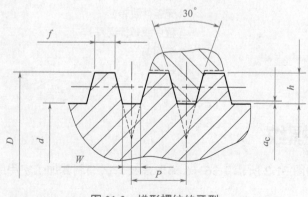

图 31-3   梯形螺纹的牙型

```
#1=36                                  (梯形螺纹大径 D 赋值)
#2=6                                   (螺距 P 赋值)
#3=50                                  (螺纹长度赋值)
#4=0                                   (牙顶间隙 aₒ 赋值)
IF [#2GE1.5] THEN #4=0.25              (判断牙顶间隙值)
IF [#2GE6] THEN #4=0.5                 (判断牙顶间隙值)
IF [#2GE14] THEN #4=1                  (判断牙顶间隙值)
#5=0.5*#2+#4                           (计算螺纹牙高 h)
#6=#1-2*#5                             (计算螺纹小径 d)
#7=0.366*#2-0.536*#4                   (计算螺纹牙槽底宽 W)
#8=1.6                                 (刀尖宽度赋值)
#9=0.1                                 (X 向背吃刀量赋值)
#10=0.3                                (Z 向借刀量赋值)
IF [#8GT#7] GOTO1                      (若刀宽大于槽底宽，跳出程序)
#20=#1                                 (加工 X 坐标赋初值)
WHILE [#20GT#6] DO1                    (X 向加工条件判断)
  #20=#20-#9                           (加工 X 坐标递减)
  IF [#20LT#6] THEN #20=#6             (精加工 X 坐标)
  G00 X[#1+10] Z[1.5*#2]               (刀具定位)
  G92 X#20 Z[-#3-0.6*#2] F#2           (螺纹加工循环)
    #21=[#20-#6]/2                     (当前层槽高度)
    #30=#21*TAN[15]+#7/2-#8/2          (当前层加工单边宽度计算)
    #31=0                              (当前层实际加工宽度计算, 单边)
    WHILE [#31LT#30] DO2               (当前层加工循环)
    #31=#31+#10                        (加工宽度递增)
    IF [#31GT#30] THEN #31=#30         (当前层精加工判断)
    G00 Z[1.5*#2-#31]                  (向左定位)
    G92 X#20 Z[-#3-0.6*#2] F#2         (左侧加工)
    G00 Z[1.5*#2+#31]                  (向右定位)
    G92 X#20 Z[-#3-0.6*#2] F#2         (右侧加工)
    END2                              (循环体 2 结束)
  END1                                (循环体 1 结束)
N1                                    (跳转标记)
```

◆【华中宏程序】

```
#1=36                                  (梯形螺纹大径 D 赋值)
#2=6                                   (螺距 P 赋值)
#3=50                                  (螺纹长度赋值)
#4=0                                   (牙顶间隙 aₒ 赋值)
IF #2GE1.5                             (判断牙顶间隙值)
  #4=0.25                              (牙顶间隙赋值)
```

```
ENDIF                                    （条件结束）
IF #2GE6                                 （判断牙顶间隙值）
  #4=0.5                                 （牙顶间隙赋值）
ENDIF                                    （条件结束）
IF #2GE14                                （判断牙顶间隙值）
  #4=1                                   （牙顶间隙赋值）
ENDIF                                    （条件结束）
#5=0.5*#2+#4                             （计算螺纹牙高 h）
#6=#1-2*#5                               （计算螺纹小径 d）
#7=0.366*#2-0.536*#4                     （计算螺纹牙槽底宽 W）
#8=1.6                                   （刀尖宽度赋值）
#9=0.1                                   （x 向背吃刀量赋值）
#10=0.3                                  （z 向借刀量赋值）
IF #8GT#7                                （若刀宽大于槽底宽）
  M30                                    （程序结束）
ENDIF                                    （条件结束）
#20=#1                                   （加工 x 坐标赋初值）
WHILE #20GT#6                            （x 向加工条件判断）
  #20=#20-#9                             （加工 x 坐标递减）
  IF #20LT#6                             （精加工判断）
    #20=#6                               （精加工 x 赋值）
  ENDIF                                  （条件结束）
  G00 X[#1+10] Z[1.5*#2]                 （刀具定位）
  G82 X[#20] Z[-#3-0.6*#2] F[#2]         （螺纹加工循环）
    #21=[#20-#6]/2                       （当前层槽高度）
    #30=#21*TAN[15*PI/180]+#7/2-#8/2     （当前层加工单边宽度计算）
    #31=0                                （当前层实际加工宽度计算，单边）
    WHILE #31LT#30                       （当前层加工循环）
    #31=#31+#10                          （加工宽度递增）
    IF #31GT#30                          （当前层精加工判断）
      #31=#30                            （当前层精加工赋值）
    ENDIF                                （条件结束）
    G00 Z[1.5*#2-#31]                    （向左定位）
    G82 X[#20] Z[-#3-0.6*#2] F[#2]       （左侧加工）
    G00 Z[1.5*#2+#31]                    （向右定位）
    G82 X[#20] Z[-#3-0.6*#2] F[#2]       （右侧加工）
    ENDW                                 （循环结束）
  ENDW                                   （循环结束）
```

◇【SIEMENS 参数程序】

```
R1=36                              （梯形螺纹大径 D 赋值）
R2=6                               （螺距 P 赋值）
R3=50                              （螺纹长度赋值）
R4=0                               （牙顶间隙 aᵣ 赋值）
IF R2<=14 GOTOF AAA                （判断牙顶间隙值）
   R4=1                            （牙顶间隙赋值）
   GOTOF CCC                       （无条件跳转）
AAA:                               （程序跳转标记）
IF R2<=6 GOTOF BBB                 （判断牙顶间隙值）
   R4=0.5                          （牙顶间隙赋值）
   GOTOF CCC                       （无条件跳转）
BBB:                               （程序跳转标记）
IF R2<=1.5 GOTOF CCC               （判断牙顶间隙值）
   R4=0.25                         （牙顶间隙赋值）
CCC:                               （程序跳转标记）
R5=0.5*R2+R4                        （计算螺纹牙高 h）
R6=R1-2*R5                          （计算螺纹小径 d）
R7=0.366*R2-0.536*R4                （计算螺纹牙槽底宽 W）
R8=1.6                             （刀尖宽度赋值）
R9=0.1                             （X 向背吃刀量赋值）
R10=0.3                            （Z 向借刀量赋值）
IF R8>R7 GOTOF MAR1                （若刀宽大于槽底宽，跳出程序）
R20=R1                             （加工 X 坐标赋初值）
DDD:                               （程序跳转标记）
   R20=R20-R9                      （加工 X 坐标递减）
   IF R20>=R6 GOTOF EEE            （精加工判断）
      R20=R6                       （精加工 X 坐标赋值）
   EEE:                            （程序跳转标记）
   G00 X=R1+10 Z=1.5*R2            （刀具定位）
   G00 X=R20                       （进刀）
   G33 Z=-R3-0.6*R2 K=R2           （螺纹加工）
   G00 X=R1+10                     （退刀）
   R21=(R20-R6)/2                  （当前层槽高度）
   R30=R21*TAN[15]+R7/2-R8/2       （当前层加工单边宽度计算）
   R31=0                           （当前层实际加工宽度计算，单边）
   FFF:                            （程序跳转标记）
      R31=R31+R10                  （加工宽度递增）
      IF R31<=R30 GOTOF GGG        （当前层精加工判断）
         R31=R30                   （当前层精加工赋值）
      GGG:                         （程序跳转标记）
      G00 Z=1.5*R2-R31             （向左定位）
      G00 X=R20                    （进刀）
```

```
        G33 Z=-R3-0.6*R2 K=R2          （左侧加工）
        G00 X=R1+10                    （退刀）
        G00 Z[1.5*R2+R31]              （向右定位）
        G00 X=R20                      （进刀）
        G33 Z=-R3-0.6*R2 K=R2          （右侧加工）
        G00 X=R1+10                    （退刀）
     IF R31<R30 GOTOB FFF              （当前层加工循环）
    IF R20>R6 GOTOB DDD                （x向加工条件判断）
 MAR1                                  （跳转标记）
```

第 32 章

系列零件车削

32.1 尺寸不同系列零件加工

宏程序可以较大地简化编程，扩展程序应用范围。宏程序编程适合图形类似、只是尺寸不同的系列零件的编程，适合刀具轨迹相同、只是位置参数不同的系列零件的编程。

【例1】 如图 32-1 所示含球头轴类零件，已知 D、R 和 L 尺寸，试编制其加工宏程序。

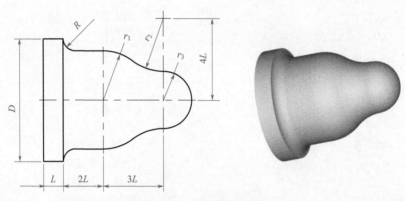

图 32-1　含球头轴类零件

如图所示，由 $r_1=D/2-R$、$r_2+r_3=4L$ 和 $r_1+r_2=5L$ 可得 $r_2=5L-r_1$、$r_3=4L-r_2$。编制其加工宏程序如下。

#1=50	（D 赋值）
#2=3	（R 赋值）
#3=10	（L 赋值）
#11=#1/2-#2	（计算 r_1 的值）
#12=5*#3-#11	（计算 r_2 的值）
#13=4*#3-#12	（计算 r_3 的值）
G00 G42 X0 Z2	（进刀到切削起点）
G01 Z0	（直线插补）
G03 X[2*#13] Z-#13 R#13	（圆弧插补）
G02 X[2*4*#11/5] Z[-3*#12/5-#13] R#12	（圆弧插补）
G03 X[2*#11] Z[-#13-3*#3] R#11	（圆弧插补）
G01 Z[-#13-5*#3+#2]	（直线插补）
G02 X#1 Z[-#13-5*#3] R#2	（圆弧插补）
G01 W-#3	（直线插补）
G00 G40 X100	（退刀）

◆【华中宏程序】

```
#1=50                                    （D 赋值）
#2=3                                     （R 赋值）
#3=10                                    （L 赋值）
#11=#1/2-#2                               （计算 r₁ 的值）
#12=5*#3-#11                              （计算 r₂ 的值）
#13=4*#3-#12                              （计算 r₃ 的值）
G00 G42 X0 Z2                            （进刀到切削起点）
G01 Z0                                   （直线插补）
G03 X[2*#13] Z[-#13] R[#13]              （圆弧插补）
G02 X[2*4*#11/5] Z[-3*#12/5-#13] R[#12]  （圆弧插补）
G03 X[2*#11] Z[-#13-3*#3] R[#11]         （圆弧插补）
G01 Z[-#13-5*#3+#2]                      （直线插补）
G02 X[#1] Z[-#13-5*#3] R[#2]             （圆弧插补）
G01 W[-#3]                               （直线插补）
G00 G40 X100                             （退刀）
```

◇【SIEMENS 参数程序】

```
R1=50                                    （D 赋值）
R2=3                                     （R 赋值）
R3=10                                    （L 赋值）
R11=R1/2-R2                              （计算 r₁ 的值）
R12=5*R3-R11                             （计算 r₂ 的值）
R13=4*R3-R12                             （计算 r₃ 的值）
G00 G42 X0 Z2                            （进刀到切削起点）
G01 Z0                                   （直线插补）
G03 X=2*R13 Z=-R13 CR=R13                （圆弧插补）
G02 X=2*4*R11/5 Z=-3*R12/5-R13 CR=R12    （圆弧插补）
G03 X=2*R11 Z=-R13-3*R3 CR=R11           （圆弧插补）
G01 Z=-R13-5*R3+R2                       （直线插补）
G02 X=R1 Z=-R13-5*R3 CR=R2               （圆弧插补）
G91 G01 Z=-R3                            （直线插补）
G90 G00 G40 X100                         （退刀）
```

【例2】　数控车削加工如图 32-2 所示零件外轮廓，该零件具有如表 32-1 所示的 4 种不同尺寸规格，试编制其加工宏程序。

表 32-1　4 种不同尺寸规格

尺寸规格	A	B	C	D	R
尺寸 1	30	50	40	60	3
尺寸 2	25	46	28	48	2
尺寸 3	19	45	21	47	4
尺寸 4	24	55	32	52	3

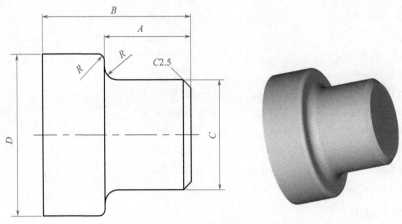

图 32-2　零件外圆面的加工

设工件坐标原点在右端面与工件轴线的交点上，下面是数控车削加工该系列零件的宏程序，仅需要对 #10 赋值"1""2""3"或"4"即可选择相应 4 种不同尺寸规格的零件进行加工。

```
#10=1                    （零件尺寸规格选择）
IF #10EQ1 GOTO1          （尺寸规格判断）
IF #10EQ2 GOTO2          （尺寸规格判断）
IF #10EQ3 GOTO3          （尺寸规格判断）
IF #10EQ4 GOTO4          （尺寸规格判断）
M30                      （若 #10 赋值错误，则程序直接结束）
  N1 #1=30               （尺寸参数 A 赋值）
  #2=50                  （尺寸参数 B 赋值）
  #3=40                  （尺寸参数 C 赋值）
  #4=60                  （尺寸参数 D 赋值）
  #18=3                  （尺寸参数 R 赋值）
GOTO100                  （无条件跳转）
  N2 #1=25               （尺寸参数 A 赋值）
  #2=46                  （尺寸参数 B 赋值）
  #3=28                  （尺寸参数 C 赋值）
  #4=48                  （尺寸参数 D 赋值）
  #18=2                  （尺寸参数 R 赋值）
GOTO100                  （无条件跳转）
  N3 #1=19               （尺寸参数 A 赋值）
  #2=45                  （尺寸参数 B 赋值）
  #3=21                  （尺寸参数 C 赋值）
  #4=47                  （尺寸参数 D 赋值）
  #18=4                  （尺寸参数 R 赋值）
GOTO100                  （无条件跳转）
  N4 #1=24               （尺寸参数 A 赋值）
  #2=55                  （尺寸参数 B 赋值）
  #3=32                  （尺寸参数 C 赋值）
```

```
   #4=52                            （尺寸参数 D 赋值）
   #18=3                           （尺寸参数 R 赋值）
N100 G00 G42 X[#3-9] Z2            （快进到切削起点）
G01 X[#3] Z 2.5                    （直线插补）
Z[-#1+#18]                        （直线插补）
G02 X[#3+2*#18] Z[-#1] R[#18]     （圆弧插补）
G01 X[#4-2*#18]                   （直线插补）
G03 X[#4] Z[-#1-#18] R[#18]       （圆弧插补）
G01 Z[-#2]                        （直线插补）
G00 G40 X[#4+10]                  （退刀）
```

◆【华中宏程序】

```
#10=1                             （零件尺寸规格选择）
IF#10EQ1                          （尺寸规格判断）
  #0=30                           （尺寸参数 A 赋值）
  #1=50                           （尺寸参数 B 赋值）
  #2=40                           （尺寸参数 C 赋值）
  #3=60                           （尺寸参数 D 赋值）
  #17=3                           （尺寸参数 R 赋值）
ENDIF                             （条件结束）
IF#10EQ2                          （尺寸规格判断）
  #0=25                           （尺寸参数 A 赋值）
  #1=46                           （尺寸参数 B 赋值）
  #2=28                           （尺寸参数 C 赋值）
  #3=48                           （尺寸参数 D 赋值）
  #17=2                           （尺寸参数 R 赋值）
ENDIF                             （条件结束）
IF#10EQ3                          （尺寸规格判断）
  #0=19                           （尺寸参数 A 赋值）
  #1=45                           （尺寸参数 B 赋值）
  #2=21                           （尺寸参数 C 赋值）
  #3=47                           （尺寸参数 D 赋值）
  #17=4                           （尺寸参数 R 赋值）
ENDIF                             （条件结束）
IF#10EQ4                          （尺寸规格判断）
  #0=24                           （尺寸参数 A 赋值）
  #1=55                           （尺寸参数 B 赋值）
  #2=32                           （尺寸参数 C 赋值）
  #3=52                           （尺寸参数 D 赋值）
  #17=3                           （尺寸参数 R 赋值）
ENDIF                             （条件结束）
M03 S1000 T0101 F120              （加工参数设定）
G00 X100 Z100                     （刀具快进到起刀点）
G00 G42 X[#2-9] Z2                （快进到切削起点）
```

```
G01 X[#2] Z-2.5                    （直线插补）
Z[-#0+#17]                         （直线插补）
G02 X[#2+2*#17] Z[-#0] R[#17]      （圆弧插补）
G01 X[#3-2*#17]                    （直线插补）
G03 X[#3] Z[-#0-#17] R[#17]        （圆弧插补）
G01 Z[-#1]                         （直线插补）
G00 G40 X[#3+10]                   （退刀）
```

◇【SIEMENS 参数程序】

```
R10=1                      （零件尺寸规格选择）
IF R10==1 GOTOF AAA        （尺寸规格判断）
IF R10==2 GOTOF BBB        （尺寸规格判断）
IF R10==3 GOTOF CCC        （尺寸规格判断）
IF R10==4 GOTOF DDD        （尺寸规格判断）
GOTOF LAB                  （若 R10 赋值错误，无条件跳转到程序结束）
AAA:                       （标记符 AAA）
  R0=30                    （尺寸参数 A 赋值）
  R1=50                    （尺寸参数 B 赋值）
  R2=40                    （尺寸参数 C 赋值）
  R3=60                    （尺寸参数 D 赋值）
  R17=3                    （尺寸参数 R 赋值）
GOTOF MAR                  （无条件跳转，不再执行后续赋值程序）
BBB:                       （标记符 BBB）
  R0=25                    （尺寸参数 A 赋值）
  R1=46                    （尺寸参数 B 赋值）
  R2=28                    （尺寸参数 C 赋值）
  R3=48                    （尺寸参数 D 赋值）
  R17=2                    （尺寸参数 R 赋值）
GOTOF MAR                  （无条件跳转）
CCC:                       （标记符 CCC）
  R0=19                    （尺寸参数 A 赋值）
  R1=45                    （尺寸参数 B 赋值）
  R2=21                    （尺寸参数 C 赋值）
  R3=47                    （尺寸参数 D 赋值）
  R17=4                    （尺寸参数 R 赋值）
GOTOF MAR                  （无条件跳转）
DDD:                       （标记符 DDD）
  R0=24                    （尺寸参数 A 赋值）
  R1=55                    （尺寸参数 B 赋值）
  R2=32                    （尺寸参数 C 赋值）
  R3=52                    （尺寸参数 D 赋值）
  R17=3                    （尺寸参数 R 赋值）
MAR:                       （标记符 MAR）
  M03 S1000 T1 F120        （加工参数设定）
```

```
G00 X100 Z100                       （刀具快进到起刀点）
G00 G42 X=R2-9 Z2                   （快进到切削起点）
G01 X=R2 Z-2.5                      （直线插补）
Z=-R0+R1/                           （直线插补）
G02 X=R2+2*R17 Z=-R0 CR=R17         （圆弧插补）
G01 X=R3-2*R17                      （直线插补）
G03 X=R3 Z=-R0-R17 CR=R17           （圆弧插补）
G01 Z=-R1                           （直线插补）
G00 G40 X=R3+10                     （退刀）
G00 X100 Z100                       （返回起刀点）
LAB:                                （标记符 LAB）
```

32.2　一次装夹多件加工

零件如图 32-3 所示，由于零件长度较短，每件零件加工时间也不长，如果每加工完一件都需要重新装夹保证伸出的长度才能进行下一件的加工，这样所花费的加工辅助时间会比较长，加工的效率不高。

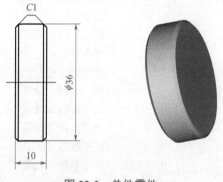

图 32-3　单件零件

对于此类较短长度的零件加工采用一次装夹多件加工的方法可以使零件装夹的辅助时间减少。可以利用宏程序实现一次装夹加工多个零件，编程过程中只要先编制单件加工的程序，然后将长度 Z 改成变量即可，程序编制方便、简洁，根据料头长短调整加工件数也很方便，生产效率可以得到很大提高，实用性强。

```
#1=10                               （单件长度赋值）
#2=3                                （切断刀宽度赋值）
#10=5                               （一次装夹加工件数）
#11=#1+#2+0.5                       （单件工件所需长度，工件长 + 切刀宽 +0.5）
#12=80                              （零件伸出卡盘长度赋值，实际测量值）
IF [#12LT[#11*#10+10]] GOTO100      （若伸出长度太短，直接跳转到程序末）
#20=1                               （加工件数计数器置1）
WHILE [#20LE#10] DO1                （加工件数判断）
  T0101                             （换 1 号外圆刀）
  M03 S800                          （主轴转）
```

```
      G00 X40 Z[0-[#20-1]*#11]              （进刀）
      G01 X0 F0.15                          （切削）
      G00 W2                                （退刀）
      X30                                   （快进）
      G01 X36 Z[-1-[#20-1]*#11] F0.15       （加工右倒角）
      W[-#1-#2]                             （加工外圆面）
      G00 X100                              （退刀）
      Z100                                  （返回）
      T0202                                 （换 2 号切断刀）
      G00 X40 Z[-#1-#2-[#20-1]*#11]         （刀具定位）
      G01 X34 F0.15                         （切槽）
      G00 X40                               （退刀）
      W3                                    （左倒角加工定位）
      G01 X34 W-3 F0.15                     （加工左倒角）
      X0                                    （切断）
      G00 X100                              （退刀）
      Z100                                  （返回）
      T0101                                 （换回 1 号刀具）
      #20=#20+1                             （加工件数递增）
  END1                                      （循环结束）
  N100                                      （程序跳转标记）
```

　　一次装夹多件加工属于位置参数不同的系列零件加工，采用宏程序编程实现该类零件的加工在实际生产中有很多的应用。虽然子程序也可以实现此类加工，但是宏程序由于更方便调整与修改零件尺寸、加工件数等参数的数值，无疑更具有优势。

第 33 章

椭圆曲线车削

33.1 正椭圆曲线（工件原点在椭圆中心）

（1）椭圆方程

在数控车床坐标系（XOZ 坐标平面）中，设 a 为椭圆在 Z 轴上的截距（椭圆长半轴长），b 为椭圆在 X 轴上的截距（短半轴长），椭圆轨迹上的点 P 坐标为（x，z），则椭圆方程、图形与椭圆中心坐标关系如表 33-1 所示。

表 33-1 椭圆方程、图形与椭圆中心坐标关系

椭圆方程	椭圆图形	椭圆中心坐标
（标准方程） $\dfrac{x^2}{b^2}+\dfrac{z^2}{a^2}=1$		G（0，0）
（参数方程） $\begin{cases} x = b\sin t \\ z = a\cos t \end{cases}$		G（0，0）

注意：① 椭圆标准方程为：

$$\frac{x^2}{a^2}+\frac{y^2}{b^2}=1$$

但由于数控车床使用 XZ 坐标系，用 Z、X 分别代替 X、Y 得到数控车床坐标系下的椭圆标准方程为：

$$\frac{x^2}{b^2}+\frac{z^2}{a^2}=1$$

若不作特殊说明，本书相关章节均作相应处理。

② 椭圆参数方程中 t 为离心角，是与 P 点对应的同心圆（半径分别为 a 和 b）半径与 Z 轴正方向的夹角。

（2）编程方法

椭圆的数控车削加工编程方法可根据方程类型分为两种：按标准方程编程和按参数方程编程。采用标准方程编程时，如图 33-1（a）、（b）所示，可分别以 Z 或 X 为自变量分别计算出 P_0、P_1、P_2 等各点的坐标值，然后逐点插补完成椭圆曲线的加工。采用参数方程编程时，如图 33-1（c）所示，以 t 为自变量分别计算 P_0、P_1、P_2 等各点的坐标值，然后逐点插补完成椭圆曲线的加工。

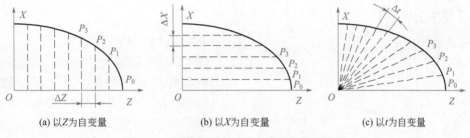

(a) 以 Z 为自变量　　　　(b) 以 X 为自变量　　　　(c) 以 t 为自变量

图 33-1　不同加工方法的自变量选择示意图

【例 1】　零件如图 33-2 所示，由图可得椭圆曲线长半轴 $a=50\text{mm}$，短半轴 $b=24\text{mm}$，则该椭圆曲线用标准方程表示为 $\frac{x^2}{24^2}+\frac{z^2}{50^2}=1$，若选择 z 作为自变量则函数变换后的表达式为：

$$x=24\times\sqrt{1-\frac{z^2}{50^2}}$$

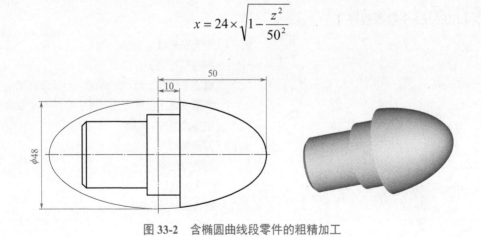

图 33-2　含椭圆曲线段零件的粗精加工

设工件坐标系原点在椭圆中心，曲线加工起点距椭圆中心 50mm，加工终点距椭圆中心 10mm，即自变量 z 的定义域为 [10，50]，采用标准方程编制数控车削精加工该零件椭圆曲线部分的宏程序如下。

```
#1=50                              （椭圆长半轴 a 赋值）
#2=24                              （椭圆短半轴 b 赋值）
#3=50                              （椭圆曲线加工起点距椭圆中心距离 M 赋值）
#4=10                              （椭圆曲线加工终点距椭圆中心距离 N 赋值）
#5=0.2                             （坐标增量赋值，可通过修改该变量头实现加工精度
                                     的控制）
G00 X0 Z52                         （刀具定位）
WHILE [#3GE#4] DO1                 （加工条件判断）
  #10=#2*SQRT[1-[#3*#3]/[#1*#1]]   （计算 x 值）
  G01 X[2*#10] Z#3                 （直线插补逼近曲线）
  #3=#3-#5                         （z 坐标值递减）
END1                               （循环结束）
```

◆【华中宏程序】

```
#1=50                              （椭圆长半轴 a 赋值）
#2=24                              （椭圆短半轴 b 赋值）
#3=50                              （椭圆曲线加工起点距椭圆中心距离 M 赋值）
#4=10                              （椭圆曲线加工终点距椭圆中心距离 N 赋值）
#5=0.2                             （坐标增量 #5 赋值）
G00 X0 Z52                         （刀具定位）
WHILE #3GE#4                       （加工条件判断）
  #10=#2*SQRT[1-[#3*#3]/[#1*#1]]   （计算 x 值）
  G01 X[2*#10] Z[#3]               （直线插补逼近曲线）
  #3=#3-#5                         （z 坐标值递减）
ENDW                               （循环结束）
```

◇【SIEMENS 参数程序】

```
R1=50                              （椭圆长半轴 a 赋值）
R2=24                              （椭圆短半轴 b 赋值）
R3=50                              （椭圆曲线加工起点距椭圆中心距离 M 赋值）
R4=10                              （椭圆曲线加工终点距椭圆中心距离 N 赋值）
R5=0.2                             （坐标增量 R5 赋值）
G00 X0 Z52                         （刀具定位）
AAA:                               （跳转标记符）
  R10=R2*SQRT(1-R3*R3/(R1*R1))     （计算 x 值）
  G01 X=2*R10 Z=R3                 （直线插补逼近曲线）
  R3=R3-R5                         （z 坐标值递减）
IF R3>=R4 GOTOB AAA                （加工条件判断）
```

【例2】　数控车削加工如图 33-3 所示含椭圆曲线零件，采用参数方程编制加工该零件椭圆曲线部分的宏程序。由图可得椭圆长半轴 a=44mm，短半轴 b=20mm，因此用参数方程表示为：

$$\begin{cases} x = 20\sin t \\ z = 44\cos t \end{cases}$$

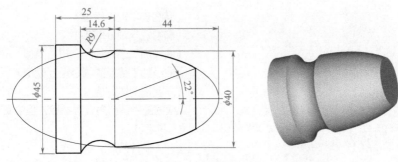

图 33-3　含椭圆曲线零件

如图 33-4 所示，椭圆上 P 点的圆心角为 θ，离心角为 t。椭圆上任一点 P 与椭圆中心的连线与水平向右轴线（Z 向正半轴）的夹角称为圆心角。过 P 点作 Z 轴的垂线延长后交以椭圆中心 G 为圆心、椭圆长半轴 a 为半径绘制的大辅助圆于点 A，作 X 轴的垂线交以椭圆中心 G 为圆心、椭圆短半轴 b 为半径绘制的小辅助圆于点 B，A、B、G 在一条直线上，该直线与 Z 轴正方向的夹角称为离心角。

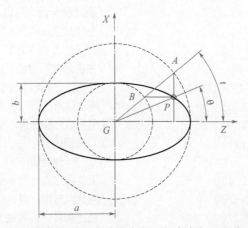

图 33-4　椭圆曲线上 P 点的圆心角 θ 与离心角 t 关系示意图

离心角 t 的值应按照椭圆的参数方程来确定，因为它并不总是等于椭圆圆心角 θ 的值，仅当 $\theta = \dfrac{K\pi}{2}$ 时，才有 $t=\theta$。设 P 点坐标值（x，z），由：

$$\tan\theta = \frac{x}{z} = \frac{b\sin t}{a\cos t} = \frac{b}{a}\tan t$$

可得：

$$t = \arctan\left(\frac{a}{b}\tan\theta\right)$$

另外需要注意，通过直接计算出来的离心角数值与实际离心角度有 $0°$、$180°$ 或 $360°$

的差值。

该曲线段起始点的圆心角为20°，终止点的圆心角为90°。设工件坐标系原点在椭圆中心，采用参数方程编程，以离心角 t 为自变量，编制加工宏程序如下。

```
#1=44                                    （椭圆长半轴 a 赋值）
#2=20                                    （椭圆短半轴 b 赋值）
#3=20                                    （曲线加工起点的圆心角 P 赋值）
#4=90                                    （曲线加工终点的圆心角 Q 赋值）
#5=0.5                                   （角度递变量赋值）
#10=ATAN[#1*TAN[#3]/#2]                  （根据图中心角计算参数方程中离心角的值）
G00 X[2*#2*SIN[#10]] Z[#1*COS[#10]+2]    （刀具定位）
WHILE [#10LE#4] DO1                       （加工条件判断）
  #20=#2*SIN[#10]                        （用参数方程计算 x 值）
  #21=#1*COS[#10]                        （用参数方程计算 z 值）
  G01 X[2*#20] Z#21                      （直线插补逼近曲线）
  #10=#10+#5                             （离心角递增）
END1                                      （循环结束）
```

◆【华中宏程序】

```
#1=44                                    （椭圆长半轴 a 赋值）
#2=20                                    （椭圆短半轴 b 赋值）
#3=20                                    （曲线加工起点的圆心角 P 赋值）
#4=90                                    （曲线加工终点的圆心角 Q 赋值）
#5=0.5                                   （角度递变量赋值）
#10=ATAN[TAN[#3*PI/180]*#1/#2]           （根据图中圆心角计算参数方程中离心角的值）
#20=#2*SIN[#10*PI/180]                    （用参数方程计算 x 值）
#21=#1*COS[#10*PI/180]                    （用参数方程计算 z 值）
G00 X[2*#20] Z[#21+2]                     （刀具定位）
WHILE #10LE#4                             （加工条件判断）
  #20=#2*SIN[#10*PI/180]                  （用参数方程计算 x 值）
  #21=#1*COS[#10*PI/180]                  （用参数方程计算 z 值）
  G01 X[2*#20] Z[#21]                     （直线插补逼近曲线）
  #10=#10+#5                             （离心角递增）
ENDW                                      （循环结束）
```

◇【SIEMENS 参数程序】

```
R1=44                                    （椭圆长半轴 a 赋值）
R2=20                                    （椭圆短半轴 b 赋值）
R3=20                                    （曲线加工起点的圆心角 P 赋值）
R4=90                                    （曲线加工终点的圆心角 Q 赋值）
R5=0.5                                   （角度递变量赋值）
R10=ATAN2(R1*TAN(R3)/R2)                 （根据图中圆心角计算参数方程中离心角的值）
G00 X=2*R2*SIN(R10) Z=R1*COS(R10)+2      （刀具定位）
AAA:                                      （程序跳转标记符）
  R20=R2*SIN(R10)                        （用参数方程计算 x 值）
```

```
    R21=R1*COS(R10)                （用参数方程计算 z 值）
    G01 X=2*R20 Z=R21               （直线插补逼近曲线）
    R10=R10+R5                      （离心角递增）
IF R10<=R4 GOTOB AAA                （加工条件判断）
```

33.2　正椭圆曲线（工件原点不在椭圆中心）

坐标轴的平移如图 33-5 所示，P 点在原坐标系 XOZ 中的坐标值为 (x, z)，在新坐标系 $X'O'Z'$ 中的坐标值为 (x', z')，原坐标系原点 O 在新坐标系中的坐标值为 (g, h)，则它们的关系为：

$$\begin{cases} x' = x + g \\ z' = z + h \end{cases}$$

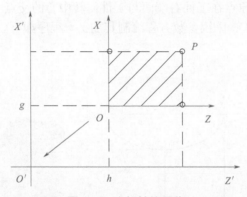

图 33-5　坐标轴的平移

在数控车床坐标系（XOZ 坐标平面）中，设 a 为椭圆在 Z 轴上的截距（椭圆长半轴长），b 为椭圆在 X 轴上的截距（短半轴长），椭圆轨迹上的点 P 坐标为 (x, z)，椭圆中心在工件坐标系中的坐标值为 (g, h)，则椭圆方程、图形与椭圆中心坐标关系如表 33-2 所示。

表 33-2　椭圆方程、图形与椭圆中心坐标关系

椭圆方程	椭圆图形	椭圆中心坐标
$\dfrac{(x-g)^2}{b^2} + \dfrac{(z-h)^2}{a^2} = 1$		$G(g, h)$

续表

椭圆方程	椭圆图形	椭圆中心坐标
$\begin{cases} x = b\sin t + g \\ z = a\cos t + h \end{cases}$	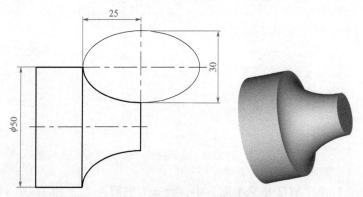	$G(g, h)$

【例1】　如图33-6所示轴类零件，零件外轮廓含一段椭圆曲线，椭圆长半轴长25mm，短半轴长15mm，设工件原点在工件右端面与工件回转中心的交点上，则椭圆中心在工件坐标系下的坐标值为（50，0），采用参数方程编制其加工宏程序如下。

图33-6　含椭圆曲线的轴类零件

```
#1=25                    （椭圆长半轴 a 赋值）
#2=15                    （椭圆短半轴 b 赋值）
#3=50                    （椭圆中心在工件坐标系中的 x 坐标值赋值）
#4=0                     （椭圆中心在工件坐标系中的 z 坐标值赋值）
#5=270                   （曲线加工起点的圆心角赋值）
#6=180                   （曲线加工终点的圆心角赋值）
#7=0.5                   （角度递增量赋值）
G00 X0 Z2                （刀具定位）
WHILE [#5GE#6] DO1       （加工循环条件判断）
  #10=#2*SIN[#5]         （参数方程计算 x 值）
  #11=#1*COS[#5]         （参数方程计算 z 值）
  G01 X[2*#10+#3] Z[#11+#4]  （直线插补逼近椭圆曲线）
                         （注意 x、z 坐标分别叠加了椭圆中心在工件坐标系下的 x、
                         z 坐标值）
```

```
    #5=#5-#7                              （角度递减）
END1                                      （循环结束）
```

以 z 为自变量，采用标准方程编制其加工宏程序如下。

```
#1=25                                     （椭圆长半轴 a 赋值）
#2=15                                     （椭圆短半轴 b 赋值）
#3=50                                     （椭圆中心在工件坐标系中的 x 坐标值赋值）
#4=0                                      （椭圆中心在工件坐标系中的 z 坐标值赋值）
#5=0                                      （曲线加工起点在椭圆自身坐标系中 z 坐标值赋值）
#6=-25                                    （曲线加工终点在椭圆自身坐标系中 z 坐标值赋值）
#7=0.2                                    （z 坐标递减量赋值）
G00 X0 Z2                                 （刀具定位）
WHILE [#5GE#6] DO1                        （加工条件判断）
    #10=-#2*SQRT[1-[#5*#5]/[#1*#1]]       （计算 x 值，注意此处为负值）
    G01 X[2*#10+#3] Z[#5+#4]              （直线插补逼近椭圆曲线）
    #5=#5-#7                              （z 坐标值递减）
END1                                      （循环结束）
```

◆【华中宏程序】

```
#1=25                                     （椭圆长半轴 a 赋值）
#2=15                                     （椭圆短半轴 b 赋值）
#3=50                                     （椭圆中心在工件坐标系中的 x 坐标值赋值）
#4=0                                      （椭圆中心在工件坐标系中的 z 坐标值赋值）
#5=270                                    （曲线加工起点的圆心角赋值）
#6=180                                    （曲线加工终点的圆心角赋值）
#7=0.5                                    （角度递增量赋值）
G00 X0 Z2                                 （刀具定位）
WHILE #5GE#6                              （加工循环条件判断）
  #10=#2*SIN[#5*PI/180]                   （参数方程计算 x 值）
  #11=#1*COS[#5*PI/180]                   （参数方程计算 z 值）
  G01 X[2*#10+#3] Z[#11+#4]              （直线插补逼近椭圆曲线）
                                          （注意 x、z 坐标分别叠加了椭圆中心在工件坐标系下的 x、
                                          z 坐标值）
  #5=#5-#7                                （角度递减）
ENDW                                      （循环结束）
```

◇【SIEMENS 参数程序】

```
R1=25                                     （椭圆长半轴 a 赋值）
R2=15                                     （椭圆短半轴 b 赋值）
R3=50                                     （椭圆中心在工件坐标系中的 x 坐标值赋值）
R4=0                                      （椭圆中心在工件坐标系中的 z 坐标值赋值）
R5=270                                    （曲线加工起点的圆心角赋值）
R6=180                                    （曲线加工终点的圆心角赋值）
R7=0.5                                    （角度递增量赋值）
```

```
   G00 X0 Z2                           （刀具定位）
   AAA:                                （程序跳转标记）
     R10=R2*SIN(R5)                    （参数方程计算 x 值）
     R11=R1*COS(R5)                    （参数方程计算 z 值）
     G01 X=2*R10+R3 Z=R11+R4           （直线插补逼近椭圆曲线）
                                       （注意 X、Z 坐标分别叠加了椭圆中心在工件坐标系下的 X、
                                        Z 坐标值）
     R5=R5-R7                          （角度递减）
   IF R5>=R6 GOTOB AAA                 （加工条件判断）
```

【例2】 如图 33-7 所示外轮廓含二分之一椭圆曲线的轴类零件，试采用参数方程编制其外圆面加工宏程序。

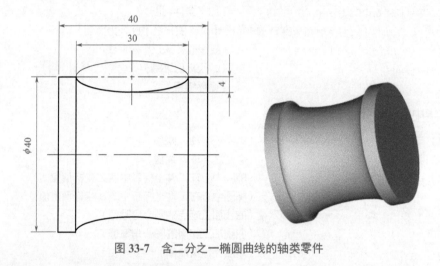

图 33-7 含二分之一椭圆曲线的轴类零件

由图可得椭圆长半轴 15mm，短半轴 4mm，设工件原点在工件右端面与轴线的交点上，则椭圆中心在工件坐标系中的坐标值为 (40，-20)，编制加工程序如下。

```
   #1=15                               （椭圆长半轴 a 赋值）
   #2=4                                （椭圆短半轴 b 赋值）
   #3=40                               （椭圆中心在工件坐标系中的 X 坐标值赋值）
   #4=-20                              （椭圆中心在工件坐标系中的 Z 坐标值赋值）
   #5=360                              （曲线加工起点的圆心角赋值）
   #6=180                              （曲线加工终点的圆心角赋值）
   #7=0.5                              （角度递增量赋值）
   G00 X40 Z2                          （刀具定位）
   G01 Z-5                             （直线插补到曲线加工起点）
   WHILE [#5GE#6] DO1                  （加工循环条件判断）
     #10=#2*SIN[#5]                    （参数方程计算 x 值）
     #11=#1*COS[#5]                    （参数方程计算 z 值）
     G01 X[2*#10+#3] Z[#11+#4]         （直线插补逼近椭圆曲线）
     #5=#5-#7                          （角度递减）
   END1                                （循环结束）
```

◆【华中宏程序】

```
#1=15                        （椭圆长半轴 a 赋值）
#2=4                         （椭圆短半轴 b 赋值）
#3=40                        （椭圆中心在工件坐标系中的 x 坐标值赋值）
#4=-20                       （椭圆中心在工件坐标系中的 z 坐标值赋值）
#5=360                       （曲线加工起点的圆心角赋值）
#6=180                       （曲线加工终点的圆心角赋值）
#7=0.5                       （角度递增量赋值）
G00 X40 Z2                   （刀具定位）
G01 Z-5                      （直线插补到曲线加工起点）
WHILE #5GE#6                 （加工循环条件判断）
    #10=#2*SIN[#5*PI/180]    （参数方程计算 x 值）
    #11=#1*COS[#5*PI/180]    （参数方程计算 z 值）
    G01 X[2*#10+#3] Z[#11+#4]  （直线插补逼近椭圆曲线）
    #5=#5-#7                 （角度递减）
ENDW                         （循环结束）
```

◇【SIEMENS 参数程序】

```
R1=15                        （椭圆长半轴 a 赋值）
R2=4                         （椭圆短半轴 b 赋值）
R3=40                        （椭圆中心在工件坐标系中的 x 坐标值赋值）
R4=-20                       （椭圆中心在工件坐标系中的 z 坐标值赋值）
R5=360                       （曲线加工起点的圆心角赋值）
R6=180                       （曲线加工终点的圆心角赋值）
R7=0.5                       （角度递增量赋值）
G00 X40 Z2                   （刀具定位）
G01 Z-5                      （直线插补到曲线加工起点）
AAA:                         （程序跳转标记符）
    R10=R2*SIN(R5)           （参数方程计算 x 值）
    R11=R1*COS(R5)           （参数方程计算 z 值）
    G01 X=2*R10+R3 Z=R11+R4  （直线插补逼近椭圆曲线）
    R5=R5-R7                 （角度递减）
IF R5>=R6 GOTOB AAA          （加工条件判断）
```

33.3　倾斜椭圆曲线

　　倾斜椭圆类零件的数控车削加工有两种解决思路：一是利用高等数学中的坐标变换公式进行坐标变换，这种方式理解难度大，公式复杂，但编程简单，程序长度比较短；二是把椭圆分段，利用图形中复杂的三角几何关系进行坐标变换，程序理解的难度相对低，但应用的指令比较全面，程序长度会比较长。本书仅简单介绍第一种方式编程。

　　利用旋转转换矩阵：

$$\begin{bmatrix} \cos\beta & -\sin\beta \\ \sin\beta & \cos\beta \end{bmatrix}$$

对曲线方程变换，可得如下方程（旋转后的椭圆在原坐标系下的方程）：

$$\begin{cases} z'=z\cos\beta - x\sin\beta \\ x'=z\sin\beta + x\cos\beta \end{cases} \tag{33-1}$$

式中，X、Z 为旋转前的坐标值；X'、Z' 为旋转后的坐标值；β 为将正椭圆绕椭圆中心旋转的角度。

关于旋转转换矩阵可以用图 33-8 帮助理解，图 33-8（a）中还没有旋转的 P 点坐标值为 (x, z)，该坐标值正好对应矩形的宽和长，将矩形绕着左下角旋转一个角度 β 后的 P 点坐标值为 (x', z')，在图 33-8（b）中可用几何知识计算出：

$$\begin{cases} z'=z\cos\beta - x\sin\beta \\ x'=z\sin\beta + x\cos\beta \end{cases}$$

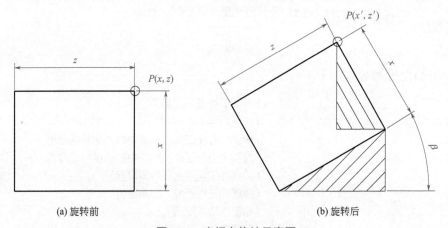

(a) 旋转前　　　　　　　　　　　　　　　　(b) 旋转后

图 33-8　坐标点旋转示意图

（1）采用椭圆参数方程编程

以离心角为自变量，将椭圆参数方程：

$$\begin{cases} x = b\sin t \\ z = a\cos t \end{cases}$$

代入上式，得：

$$\begin{cases} z' = a\cos t\cos\beta - b\sin t\sin\beta \\ x' = a\cos t\sin\beta + b\sin t\cos\beta \end{cases}$$

（2）采用椭圆标准方程编程

若选择 z 为自变量，则可将标准方程转换为：

$$x = b\sqrt{1 - \frac{z^2}{a^2}}$$

带入式（33-1），可得：

$$\begin{cases} z' = z\cos\beta - b\sqrt{1-\dfrac{z^2}{a^2}}\sin\beta \\[4mm] x' = z\sin\beta + b\sqrt{1-\dfrac{z^2}{a^2}}\cos\beta \end{cases}$$

【例 1】　数控车削加工如图 33-9 所示含倾斜椭圆曲线段的零件外圆面，设工件坐标系原点在椭圆中心，该倾斜椭圆曲线段的加工示意如图 33-10 所示，编制加工程序如下。

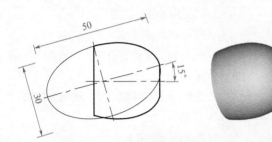

图 33-9　含倾斜椭圆曲线段的零件

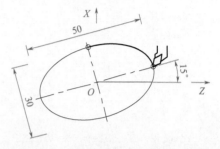

图 33-10　倾斜椭圆曲线段加工示意图

```
#1=25                              （椭圆长半轴 a 赋值）
#2=15                              （椭圆短半轴 b 赋值）
#3=15                              （旋转角度 β 赋值）
#4=25                              （曲线加工起点 z 坐标值，该值为旋转前的值）
#5=0                               （曲线加工终点 z 坐标值，该值为旋转前的值）
#6=0.2                             （坐标增量赋值）
WHILE [#4GE#5] DO1                 （加工条件判断）
  #10=#2*SQRT[1-[#4*#4]/[#1*#1]]   （计算旋转前的 x 值）
  #11=#4*SIN[#3]+#10*COS[#3]       （计算旋转后的 x 值）
  #12=#4*COS[#3]-#10*SIN[#3]       （计算旋转后的 z 值）
  G01 X[2*#11] Z#12                （直线插补逼近椭圆曲线）
  #4=#4-#6                         （z 值递减）
END1                               （循环结束）
```

上述程序是采用椭圆标准方程编制的，下面采用椭圆参数方程编程。

```
#1=25                              （椭圆长半轴 a 赋值）
#2=15                              （椭圆短半轴 b 赋值）
#3=15                              （旋转角度 β 赋值）
#4=0                               （曲线加工起点圆心角，该值为旋转前的值）
#5=90                              （曲线加工终点圆心角，该值为旋转前的值）
#6=0.5                             （角度增量赋值）
WHILE [#4LE#5] DO1                 （加工条件判断）
  #10=#2*SIN[#4]                   （计算旋转前的 x 值）
  #11=#1*COS[#4]                   （计算旋转前的 z 值）
  #12=#11*SIN[#3]+#10*COS[#3]      （计算旋转后的 x 值）
```

```
    #13=#11*COS[#3]-#10*SIN[#3]                （计算旋转后的 z 值）
    G01 X[2*#12] Z13                           （直线插补逼近椭圆曲线）
    #4=#4+#6                                    （角度值递增）
END1                                           （循环结束）
```

◆【华中宏程序】

```
#1=25                                          （椭圆长半轴 a 赋值）
#2=15                                          （椭圆短半轴 b 赋值）
#3=15                                          （旋转角度 β 赋值）
#4=0                                           （曲线加工起点圆心角，该值为旋转前
                                                 的值）
#5=90                                          （曲线加工终点圆心角，该值为旋转前
                                                 的值）
#6=0.5                                         （角度增量赋值）
WHILE #4LE#5                                    （加工条件判断）
  #10=#2*SIN[#4*PI/180]                         （计算旋转前的 x 值）
  #11=#1*COS[#4*PI/180]                         （计算旋转前的 z 值）
  #12=#11*SIN[#3*PI/180]+#10*COS[#3*PI/180]     （计算旋转后的 x 值）
  #13=#11*COS[#3*PI/180]-#10*SIN[#3*PI/180]     （计算旋转后的 z 值）
  G01 X[2*#12] Z[#13]                           （直线插补逼近椭圆曲线）
  #4=#4+#6                                       （角度值递增）
ENDW                                           （循环结束）
```

◇【SIEMENS 参数程序】

```
R1=25                                          （椭圆长半轴 a 赋值）
R2=15                                          （椭圆短半轴 b 赋值）
R3=15                                          （旋转角度 β 赋值）
R4=0                                           （曲线加工起点圆心角，该值为旋转前的值）
R5=90                                          （曲线加工终点圆心角，该值为旋转前的值）
R6=0.5                                         （角度增量赋值）
AAA:                                           （程序跳转标记符）
  R10=R2*SIN(R4)                                （计算旋转前的 x 值）
  R11=R1*COS(R4)                                （计算旋转前的 z 值）
  R12=R11*SIN(R3)+R10*COS(R3)                   （计算旋转后的 x 值）
  R13=R11*COS(R3)-R10*SIN(R3)                   （计算旋转后的 z 值）
  G01 X=2*R12 Z=R13                             （直线插补逼近椭圆曲线）
  R4=R4+R6                                       （角度值递增）
IF R4<=R5 GOTOB AAA                             （加工条件判断）
```

【例 2】　如图 33-11 所示轴类零件，零件外轮廓含两段倾斜椭圆曲线，试编制其外圆面加工宏程序。

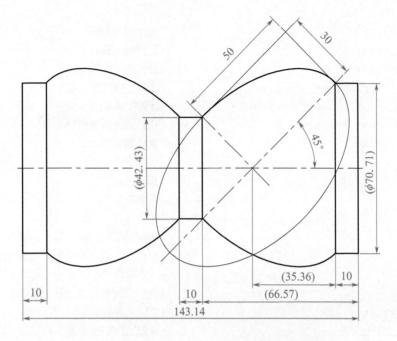

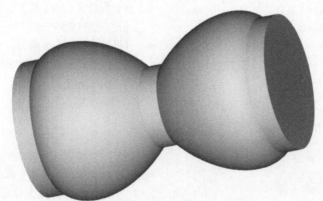

图 33-11　含两段倾斜椭圆曲线的轴类零件

　　设工件坐标系原点在工件右端面与轴线的交点上，由图可得右侧椭圆曲线的椭圆中心在工件坐标系中的坐标值为（0，-45.36），左侧椭圆曲线的椭圆中心坐标值为（0，-97.78），采用椭圆参数方程编程如下。

#1=50	（椭圆长半轴 a 赋值）
#2=30	（椭圆短半轴 b 赋值）
#3=45	（旋转角度 β 赋值）
#4=0	（曲线加工起点圆心角，该值为旋转前的值）
#5=90	（曲线加工终点圆心角，该值为旋转前的值）
#6=0	（右侧椭圆中心 X 坐标值赋值）
#7=-45.36	（右侧椭圆中心 Z 坐标值赋值）
#8=0.5	（角度增量赋值）
G00 X70.71 Z2	（刀具定位）
G01 Z-10	（直线插补）

```
WHILE [#4LE#5] DO1                              (加工条件判断)
  #10=#2*SIN[#4]                                (计算旋转前的 x 值)
  #11=#1*COS[#4]                                (计算旋转前的 z 值)
  #12=#11*SIN[#3]+#10*COS[#3]                   (计算旋转后的 x 值)
  #13=#11*COS[#3]-#10*SIN[#3]                   (计算旋转后的 z 值)
  G01 X[2*#12+#6] Z[#13+#7]                     (直线插补逼近椭圆曲线)
  #4=#4+#8                                      (角度值递增)
END1                                            (循环结束)
G01 X42.43 Z-66.57                              (直线插补)
Z-76.57                                         (直线插补)
#3=-45                                          (旋转角度 β 赋值)
#4=90                                           (曲线加工起点圆心角, 该值为旋转前的值)
#5=180                                          (曲线加工终点圆心角, 该值为旋转前的值)
#6=0                                            (左侧椭圆中心 X 坐标值赋值)
#7=-97.78                                       (左侧椭圆中心 Z 坐标值赋值)
WHILE [#4LE#5] DO2                              (加工条件判断)
  #10=#2*SIN[#4]                                (计算旋转前的 x 值)
  #11=#1*COS[#4]                                (计算旋转前的 z 值)
  #12=#11*SIN[#3]+#10*COS[#3]                   (计算旋转后的 x 值)
  #13=#11*COS[#3]-#10*SIN[#3]                   (计算旋转后的 z 值)
  G01 X[2*#12+#6] Z[#13+#7]                     (直线插补逼近椭圆曲线)
  #4=#4+#8                                      (角度值递增)
END2                                            (循环结束)
```

◆ 【华中宏程序】

```
#1=50                                           (椭圆长半轴 a 赋值)
#2=30                                           (椭圆短半轴 b 赋值)
#3=45                                           (旋转角度 β 赋值)
#4=0                                            (曲线加工起点圆心角, 该值为旋转前
                                                 的值)
#5=90                                           (曲线加工终点圆心角, 该值为旋转前
                                                 的值)
#6=0                                            (右侧椭圆中心 X 坐标值赋值)
#7=-45.36                                       (右侧椭圆中心 Z 坐标值赋值)
#8=0.5                                          (角度增量赋值)
G00 X70.71 Z2                                   (刀具定位)
G01 Z-10                                        (直线插补)
WHILE #4LE#5                                    (加工条件判断)
  #10=#2*SIN[#4*PI/180]                         (计算旋转前的 x 值)
  #11=#1*COS[#4*PI/180]                         (计算旋转前的 z 值)
  #12=#11*SIN[#3*PI/180]+#10*COS[#3*PI/180]     (计算旋转后的 x 值)
  #13=#11*COS[#3*PI/180]-#10*SIN[#3*PI/180]     (计算旋转后的 z 值)
  G01 X[2*#12+#6] Z[#13+#7]                     (直线插补逼近椭圆曲线)
  #4=#4+#8                                      (角度值递增)
```

```
ENDW                                        (循环结束)
G01 X42.43 Z-66.57                          (直线插补)
Z-76.57                                     (直线插补)
#3=-45                                      (旋转角度 β 赋值)
#4=90                                       (曲线加工起点圆心角,该值为旋转前
                                             的值)
#5=180                                      (曲线加工终点圆心角,该值为旋转前
                                             的值)
#6=0                                        (左侧椭圆中心 x 坐标值赋值)
#7=-97.78                                   (左侧椭圆中心 z 坐标值赋值)
WHILE #4LE#5                                 (加工条件判断)
  #10=#2*SIN[#4*PI/180]                     (计算旋转前的 x 值)
  #11=#1*COS[#4*PI/180]                     (计算旋转前的 z 值)
  #12=#11*SIN[#3*PI/180]+#10*COS[#3*PI/180] (计算旋转后的 x 值)
  #13=#11*COS[#3*PI/180]-#10*SIN[#3*PI/180] (计算旋转后的 z 值)
  G01 X[2*#12+#6] Z[#13+#7]                 (直线插补逼近椭圆曲线)
  #4=#4+#8                                  (角度值递增)
ENDW                                        (循环结束)
```

◇【SIEMENS 参数程序】

```
R1=50                                       (椭圆长半轴 a 赋值)
R2=30                                       (椭圆短半轴 b 赋值)
R3=45                                       (旋转角度 β 赋值)
R4=0                                        (曲线加工起点圆心角,该值为旋转前的值)
R5=90                                       (曲线加工终点圆心角,该值为旋转前的值)
R6=0                                        (右侧椭圆中心 x 坐标值赋值)
R7=-45.36                                   (右侧椭圆中心 Z 坐标值赋值)
R8=0.5                                      (角度增量赋值)
G00 X70.71 Z2                               (刀具定位)
G01 Z-10                                    (直线插补)
AAA:                                        (程序跳转标记符)
  R10=R2*SIN(R4)                            (计算旋转前的 x 值)
  R11=R1*COS(R4)                            (计算旋转前的 z 值)
  R12=R11*SIN(R3)+R10*COS(R3)               (计算旋转后的 x 值)
  R13=R11*COS(R3)-R10*SIN(R3)               (计算旋转后的 z 值)
  G01 X=2*R12+R6 Z=R13+R7                   (直线插补逼近椭圆曲线)
  R4=R4+R8                                  (角度值递增)
IF R4<=R5 GOTOB AAA                          (加工条件判断)
G01 X42.43 Z-66.57                          (直线插补)
Z-76.57                                     (直线插补)
R3=-45                                      (旋转角度 β 赋值)
R4=90                                       (曲线加工起点圆心角,该值为旋转前的值)
R5=180                                      (曲线加工终点圆心角,该值为旋转前的值)
R6=0                                        (左侧椭圆中心 x 坐标值赋值)
```

```
    R7=-97.78                              （左侧椭圆中心 z 坐标值赋值）
    BBB:                                   （程序跳转标记符）
      R10=R2*SIN(R4)                       （计算旋转前的 x 值）
      R11=R1*COS(R4)                       （计算旋转前的 z 值）
      R12=R11*SIN(R3)+R10*COS(R3)          （计算旋转后的 x 值）
      R13=R11*COS(R3)-R10*SIN(R3)          （计算旋转后的 z 值）
      G01 X=2*R12+R6 Z=R13+R7              （直线插补逼近椭圆曲线）
      R4=R4+R8                             （角度值递增）
    IF R4<=R5 GOTOB BBB                    （加工条件判断）
```

旋转转换矩阵中的旋转角度值有正也有负，但通常所说的"逆时针为正，顺时针为负"［图 33-12（a）］是不严谨的，正确的判定方法是先利用右手定则判断出旋转所在平面之外的另一坐标轴，然后用右手螺旋法则判断旋转角度的正负。如图 33-12（b）所示，右手大拇指指向该坐标轴的正方向，四指弯曲的方向为旋转的正方向，即该旋转方向的角度为正，反之为负。

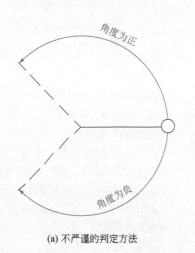

(a) 不严谨的判定方法　　　　　　　(b) 右手螺旋法则判定

图 33-12　旋转角度

第 34 章

抛物曲线车削

　　主轴与 Z 坐标轴平行的抛物线的方程、图形和顶点坐标如表 34-1 所示，方程中 p 为抛物线焦点参数。

表 34-1　主轴与 Z 坐标轴平行的抛物线方程、图形和顶点坐标

方程	图形	顶点
$X^2 = 2pZ$（标准方程）		$A(0, 0)$
$X^2 = -2pZ$		$A(0, 0)$
$(X-g)^2 = 2p(Z-h)$		$A(g, h)$
$(X-g)^2 = -2p(Z-h)$		$A(g, h)$

为了方便在宏程序中表示，可将方程 $X^2=\pm 2pZ$ 转换为以 X 坐标为自变量、Z 坐标为因变量的方程式：

$$Z = \pm \frac{X^2}{2p}$$

当抛物线开口朝向 Z 轴正半轴时，$Z = \dfrac{X^2}{2p}$，反之 $Z = -\dfrac{X^2}{2p}$。

主轴与 X 坐标轴平行的抛物线方程、图形和顶点坐标如表 34-2 所示。

表 34-2　主轴与 X 坐标轴平行的抛物线方程、图形和顶点坐标

方程	图形	顶点
$Z^2=2pX$（标准方程）	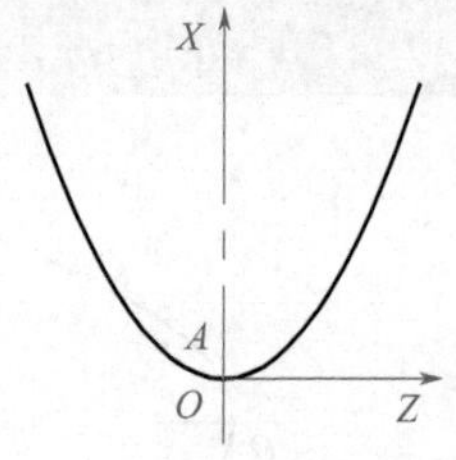	$A(0,0)$
$Z^2=-2pX$	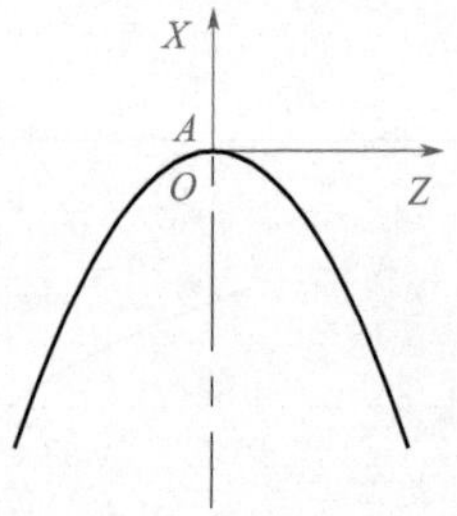	$A(0,0)$
$(Z-h)^2=2p(X-g)$	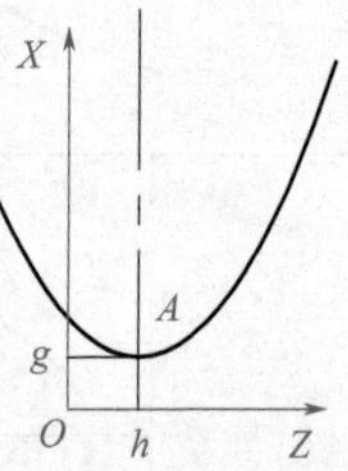	$A(g,h)$
$(Z-h)^2=-2p(X-g)$	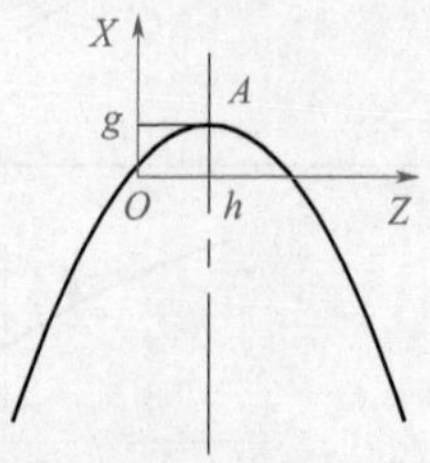	$A(g,h)$

【例】　编制如图 34-1 所示含抛物曲线段零件的数控车削加工宏程序，抛物曲线方程为 $Z=-X^2/8$。

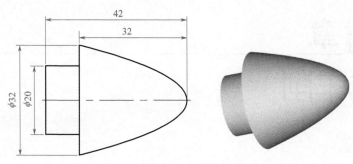

图 34-1　数控车削加工抛物线零件

　　若选择 Z 为自变量编程加工该零件中抛物线段，则将该抛物线方程转换为 $X=\sqrt{-8Z}$，其定义域区间为 [-32，0]，设工件坐标系原点在抛物线顶点，编制该零件加工宏程序如下。

```
#1=0                        （抛物曲线加工起点在抛物线自身坐标系下的 z 坐标值）
#2=-32                      （抛物曲线加工终点在抛物线自身坐标系下的 z 坐标值）
#3=0.2                      （坐标递变量赋值，调整该值实现不同加工精度的需求）
G00 X0 Z2                   （刀具定位）
WHILE [#1GE#2] DO1          （加工条件判断）
  G01 X[2*SQRT[-8*#1]] Z#1  （直线插补逼近曲线）
  #1=#1-#3                  （z 坐标递减）
END1                        （循环结束）
```

◆【华中宏程序】

```
#1=0                        （抛物曲线加工起点在抛物线自身坐标系下的 z 坐标值）
#2=-32                      （抛物曲线加工终点在抛物线自身坐标系下的 z 坐标值）
#3=0.2                      （坐标递变量赋值）
G00 X0 Z2                   （刀具定位）
WHILE #1GE#2                （加工条件判断）
  G01 X[2*SQRT[-8*#1]] Z[#1]（直线插补逼近曲线）
  #1=#1-#3                  （z 坐标递减）
ENDW                        （循环结束）
```

◇【SIEMENS 参数程序】

```
R1=0                        （抛物曲线加工起点在抛物线自身坐标系下的 Z 坐标值）
R2=-32                      （抛物曲线加工终点在抛物线自身坐标系下的 Z 坐标值）
R3=0.2                      （坐标递变量赋值）
G00 X0 Z2                   （刀具定位）
AAA:                        （程序跳转标记符）
  G01 X=2*SQRT(-8*R1) Z=R1  （直线插补逼近曲线）
  R1=R1-R3                  （Z 坐标递减）
IF R1>=R2 GOTOB AAA         （加工条件判断）
```

第 35 章

双曲线车削

双曲线方程、图形与中心坐标见表 35-1，方程中的 a 为双曲线实半轴长，b 为虚半轴长。

表 35-1　双曲线方程、图形与中心坐标

方程	图形	中心
$\dfrac{Z^2}{a^2}-\dfrac{X^2}{b^2}=1$（标准方程）		$G(0,0)$
$-\dfrac{Z^2}{a^2}+\dfrac{X^2}{b^2}=1$		$G(0,0)$
$\dfrac{(Z-h)^2}{a^2}-\dfrac{(X-g)^2}{b^2}=1$		$G(g,h)$

【例】　数控车削加工如图 35-1 所示含双曲线段的轴类零件外圆面，双曲线段的实半轴长 13mm，虚半轴长 10mm，选择 Z 坐标作为自变量，X 作为 Z 的函数，将双曲线方程：

$$-\frac{Z^2}{13^2}+\frac{X^2}{10^2}=1$$

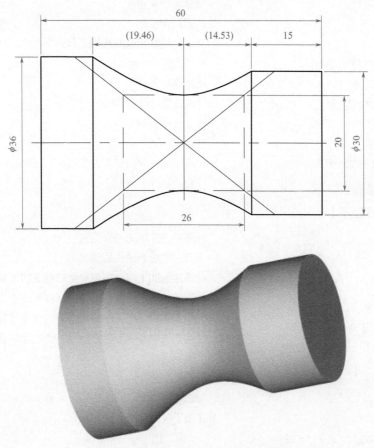

图 35-1　数控车削加工含双曲线段零件

改写为：

$$X=\pm 10\times\sqrt{1+\frac{Z^2}{13^2}}$$

由于加工线段开口朝向 X 轴正半轴，所以该段双曲线的 X 值为：

$$X=10\times\sqrt{1+\frac{Z^2}{13^2}}$$

设工件原点在工件右端面与轴线的交点上，编制加工部分宏程序如下。

```
#1=13                       （双曲线实半轴长赋值）
#2=10                       （双曲线虚半轴长赋值）
#3=14.53                    （双曲线加工起点在自身坐标系下的 z 坐标值）
/#3=#1*SQRT[15*15/[#2*#2]-1]  （可用曲线公式计算出 z 坐标值）
```

```
#4=-19.46                          （双曲线加工终点在自身坐标系下的 z 坐标值）
/#4=-#1*SQRT[18*18/[#2*#2]-1]      （可用曲线公式计算出 z 坐标值）
#5=0                               （双曲线中心在工件坐标系下的 x 坐标值）
#6=-29.53                          （双曲线中心在工件坐标系下的 z 坐标值）
#7=0.2                             （坐标递变量）
G00 X30 Z2                         （刀具定位）
G01 Z-15                           （直线插补至双曲线加工起点）
WHILE [#3GE#4] DO1                 （加工条件判断）
  #10=#2*SQRT[1+#3*#3/[#1*#1]]     （计算 x 值）
  G01 X[2*#10+#5] Z[#3+#6]         （直线插补逼近曲线）
  #3=#3-#7                         （z 坐标递减）
END1                               （循环结束）
G01 X36 Z-48.99                    （直线插补至双曲线加工终点）
Z-60                               （直线插补）
```

◆【华中宏程序】

```
#1=13                              （双曲线实半轴长赋值）
#2=10                              （双曲线虚半轴长赋值）
#3=14.53                           （双曲线加工起点在自身坐标系下的 z 坐标值）
#4=-19.46                          （双曲线加工终点在自身坐标系下的 z 坐标值）
#5=0                               （双曲线中心在工件坐标系下的 x 坐标值）
#6=-29.53                          （双曲线中心在工件坐标系下的 z 坐标值）
#7=0.2                             （坐标递变量）
G00 X30 Z2                         （刀具定位）
G01 Z-15                           （直线插补至双曲线加工起点）
WHILE #3GE#4                       （加工条件判断）
  #10=#2*SQRT[1+#3*#3/[#1*#1]]     （计算 x 值）
  G01 X[2*#10+#5] Z[#3+#6]         （直线插补逼近曲线）
  #3=#3-#7                         （z 坐标递减）
ENDW                               （循环结束）
G01 X36 Z-48.99                    （直线插补至双曲线加工终点）
Z-60                               （直线插补）
```

◇【SIEMENS 参数程序】

```
R1=13                              （双曲线实半轴长赋值）
R2=10                              （双曲线虚半轴长赋值）
R3=14.53                           （双曲线加工起点在自身坐标系下的 z 坐标值）
R4=-19.46                          （双曲线加工终点在自身坐标系下的 z 坐标值）
R5=0                               （双曲线中心在工件坐标系下的 x 坐标值）
R6=-29.53                          （双曲线中心在工件坐标系下的 z 坐标值）
R7=0.2                             （坐标递变量）
```

```
G00 X30 Z2                          （刀具定位）
G01 Z-15                            （直线插补至双曲线加工起点）
AAA:                                （程序跳转标记符）
   R10=R2*SQRT(1+R3*R3/(R1*R1))     （计算 X 值）
   G01 X=2*R10+R5 Z=R3+R6           （直线插补逼近曲线）
   R3=R3-R7                         （Z 坐标递减）
IF R3>=R4 GOTOB AAA                 （加工条件判断）
G01 X36 Z-48.99                     （直线插补至双曲线加工终点）
Z-60                                （直线插补）
```

第 36 章

正弦曲线车削

如图 36-1 所示正弦曲线，振幅（极值）为 A，包含一个周期，则该曲线方程为：

$$X = A\sin\theta$$

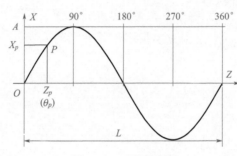

图 36-1　正弦曲线图

式中，X 为半径值。设曲线上任一点 P 的 Z 坐标值为 Z_p，对应的角度为 θ_p，由于曲线一个周期（360°）对应在 Z 坐标轴上的长度为 L，则有：

$$\frac{Z_p}{L} = \frac{\theta_p}{360°}$$

那么 P 点在曲线方程中对应的角度：

$$\theta_p = \frac{Z_p \times 360°}{L}$$

如图 36-1 所示，正弦曲线上任一点 P 以 Z 坐标为自变量表示其 X 坐标值（半径值）的方程为：

$$\begin{cases} \theta_p = \dfrac{Z_p \times 360°}{L} \\ X_p = A\sin\theta_p \end{cases}$$

若以角度 θ 为自变量，则正弦曲线上任一点 P 的 X 和 Z 坐标值（X 坐标值为半径值）方程为：

$$\begin{cases} X_p = A\sin\theta \\ Z_p = \dfrac{L\theta}{360°} \end{cases}$$

【例1】　含正弦曲线段的轴类零件如图 36-2 所示，正弦曲线极值为 3mm，一个周期对应的 Z 轴长度为 30mm，设工件坐标原点在工件右端面与轴线的交点上，则正弦曲线自身坐标原点在工件坐标系中的坐标值为（20，−30）。以 Z 为自变量编制该零件中正弦曲线段加工宏程序如下。

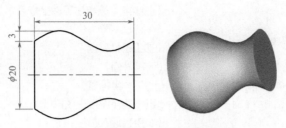

图 36-2　含正弦曲线段的轴类零件

```
#1=3                        （正弦曲线振幅赋值）
#2=30                       （正弦曲线一个周期对应的 z 轴长度赋值）
#3=30                       （曲线加工起点在自身坐标系下的 z 坐标值）
#4=0                        （曲线加工终点在自身坐标系下的 z 坐标值）
#5=20                       （曲线自身原点在工件坐标系中的 x 坐标值）
#6=-30                      （曲线自身原点在工件坐标系中的 z 坐标值）
#7=0.1                      （坐标递变量）
WHILE [#3GE#4] DO1          （加工条件判断）
   #10=#3*360/#2            （计算 θ 值）
   #11=#1*SIN[#10]          （计算 x 坐标值）
   G01 X[2*#11+#5] Z[#3+#6] （直线插补逼近正弦曲线）
   #3=#3-#7                 （z 坐标递减）
END1                        （循环结束）
```

以角度 θ 为自变量编制该零件中正弦曲线段加工宏程序如下。

```
#1=3                        （正弦曲线极值赋值）
#2=30                       （正弦曲线一个周期对应的 z 轴长度赋值）
#3=360                      （曲线加工起点的角度 θ 值）
#4=0                        （曲线加工终点的角度 θ 值）
#5=20                       （曲线自身原点在工件坐标系中的 x 坐标值）
#6=-30                      （曲线自身原点在工件坐标系中的 z 坐标值）
#7=0.5                      （角度递变量）
WHILE [#3GE#4] DO1          （加工条件判断）
   #10=#1*SIN[#3]           （计算 x 坐标值）
   #11=#2*#3/360            （计算 z 坐标值）
   G01 X[2*#10+#5] Z[#11+#6] （直线插补逼近正弦曲线）
   #3=#3-#7                 （角度递减）
END1                        （循环结束）
```

◆【华中宏程序】

```
#1=3                        （正弦曲线振幅赋值）
#2=30                       （正弦曲线一个周期对应的 z 轴长度赋值）
#3=30                       （曲线加工起点在自身坐标系下的 z 坐标值）
```

```
#4=0                         （曲线加工终点在自身坐标系下的 z 坐标值）
#5=20                        （曲线自身原点在工件坐标系中的 x 坐标值）
#6=-30                       （曲线自身原点在工件坐标系中的 z 坐标值）
#7=0.1                       （坐标递变量）
WHILE #3GE#4                 （加工条件判断）
  #10=#3*360/#2              （计算 θ 值）
  #11=#1*SIN[#10*PI/180]     （计算 x 坐标值）
  G01 X[2*#11+#5] Z[#3+#6]   （直线插补逼近正弦曲线）
  #3=#3-#7                   （z 坐标递减）
ENDW                         （循环结束）
```

◇【SIEMENS 参数程序】

```
R1=3                         （正弦曲线振幅赋值）
R2=30                        （正弦曲线一个周期对应的 z 轴长度赋值）
R3=30                        （曲线加工起点在自身坐标系下的 z 坐标值）
R4=0                         （曲线加工终点在自身坐标系下的 z 坐标值）
R5=20                        （曲线自身原点在工件坐标系中的 x 坐标值）
R6=-30                       （曲线自身原点在工件坐标系中的 z 坐标值）
R7=0.1                       （坐标递变量）
AAA:                         （程序跳转标记符）
  R10=R3*360/R2              （计算 θ 值）
  R11=R1*SIN(R10)            （计算 x 坐标值）
  G01 X=2*R11+R5 Z=R3+R6     （直线插补逼近正弦曲线）
  R3=R3-R7                   （z 坐标递减）
IF R3>=R4 GOTOB AAA          （加工条件判断）
```

【例2】　含一个周期的正弦曲线零件如图 36-3 所示，曲线方程为 $X=3\sin(20Z)$，旋转角度为 $-5°$，试编程加工。

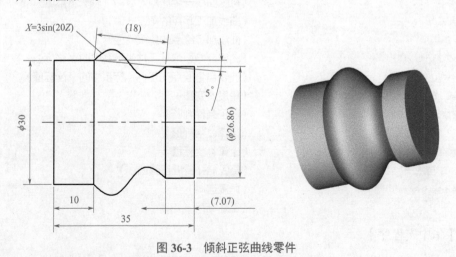

图 36-3　倾斜正弦曲线零件

若将前述方程 $Z=\dfrac{L\theta}{360°}$ 转换为 $\theta=\dfrac{360°}{L}\times Z$，则有 $X=A\sin\left(\dfrac{360°}{L}\times Z\right)$，所以振幅 A 的

值为 3，由 $\dfrac{360°}{L}=20°$ 解得 L 的值为 18，用角度参数 θ 表示该曲线方程如下，再结合前面所介绍的旋转公式即可实现该曲线的编程加工。设工件右端面为编程原点，则曲线原点在工件坐标系中的坐标值为（30，-25）。

$$\begin{cases} X = 3\sin\theta \\ Z = \dfrac{18\theta}{360°} \end{cases}$$

```
#1=3                                    （振幅 A 赋值）
#2=18                                   （长度 L 赋值）
#3=360                                  （曲线起点角度 θ 赋值）
#4=-5                                   （旋转角度 β 赋值）
#5=30                                   （曲线原点在坐标系中的 X 坐标值）
#6=-25                                  （曲线原点在坐标系中的 Y 坐标值）
#7=0.5                                  （角度递变量）
#10=#1*SIN[#3]                          （计算曲线起点 X 值）
#11=#2*#3/360                           （计算曲线起点 z 值）
#12=#11*SIN[#4]+#10*COS[#4]             （计算旋转后的曲线起点 X 值）
#13=#11*COS[#4]-#10*SIN[#4]             （计算旋转后的曲线起点 z 值）
G00 X[#12*2+#5] Z2                      （刀具定位）
G01 Z[#13+#6]                           （直线插补到曲线加工起点）
#20=360                                 （曲线加工角度参数 θ 赋初值）
WHILE [#20GE0] DO1                      （加工条件判断）
  #21=#1*SIN[#20]                       （计算曲线 X 值）
  #22=#2*#20/360                        （计算曲线 z 值）
  #23=#22*SIN[#4]+#21*COS[#4]           （计算旋转后的曲线 X 值）
  #24=#22*COS[#4]-#21*SIN[#4]           （计算旋转后的曲线 z 值）
  G01 X[2*#23+#5] Z[#24+#6]             （直线插补拟合曲线）
  #20=#20-#7                            （角度递减）
END1                                    （循环结束）
G01 X30 Z-25                            （直线插补）
Z-35                                    （直线插补）
G00 X100                                （退刀）
```

◆【华中宏程序】

```
#1=3                                    （振幅 A 赋值）
#2=18                                   （长度 L 赋值）
#3=360                                  （曲线起点角度 θ 赋值）
#4=-5                                   （旋转角度 β 赋值）
#5=30                                   （曲线原点在坐标系中的 X 坐标值）
#6=-25                                  （曲线原点在坐标系中的 Y 坐标值）
#7=0.5                                  （角度递变量）
#10=#1*SIN[#3*PI/180]                   （计算曲线起点 X 值）
#11=#2*#3/360                           （计算曲线起点 z 值）
```

```
#12=#11*SIN[#4*PI/180]+#10*COS[#4*PI/180]      （计算旋转后的曲线起点 X 值）
#13=#11*COS[#4*PI/180]-#10*SIN[#4*PI/180]      （计算旋转后的曲线起点 Z 值）
G00 X[#12*2+#5] Z2                             （刀具定位）
G01 Z[#13+#6]                                  （直线插补到曲线加工起点）
#20=360                                        （曲线加工角度参数 θ 赋初值）
WHILE #20GE0                                    （加工条件判断）
  #21=#1*SIN[#20*PI/180]                       （计算曲线 X 值）
  #22=#2*#20/360                               （计算曲线 Z 值）
  #23=#22*SIN[#4*PI/180]+#21*COS[#4*PI/180]    （计算旋转后的曲线 X 值）
  #24=#22*COS[#4*PI/180]-#21*SIN[#4*PI/180]    （计算旋转后的曲线 Z 值）
  G01 X[2*#23+#5] Z[#24+#6]                    （直线插补拟合曲线）
  #20=#20-#7                                   （角度递减）
ENDW                                           （循环结束）
G01 X30 Z-25                                   （直线插补）
Z-35                                           （直线插补）
G00 X100                                       （退刀）
```

◇【SIEMENS 参数程序】

```
R1=3                                           （振幅 A 赋值）
R2=18                                          （长度 L 赋值）
R3=360                                         （曲线起点角度 θ 赋值）
R4=-5                                          （旋转角度 β 赋值）
R5=30                                          （曲线原点在坐标系中的 X 坐标值）
R6=-25                                         （曲线原点在坐标系中的 Y 坐标值）
R7=0.5                                         （角度递变量）
R10=R1*SIN(R3)                                 （计算曲线起点 X 值）
R11=R2*R3/360                                  （计算曲线起点 Z 值）
R12=R11*SIN(R4)+R10*COS(R4)                    （计算旋转后的曲线起点 X 值）
R13=R11*COS(R4)-R10*SIN(R4)                    （计算旋转后的曲线起点 Z 值）
G00 X=R12*2+R5 Z2                              （刀具定位）
G01 Z=R13+R6                                   （直线插补到曲线加工起点）
R20=360                                        （曲线加工角度参数 θ 赋初值）
AAA:                                           （程序跳转标记符）
  R21=R1*SIN(R20)                              （计算曲线 X 值）
  R22=R2*R20/360                               （计算曲线 Z 值）
  R23=R22*SIN(R4)+R21*COS(R4)                  （计算旋转后的曲线 X 值）
  R24=R22*COS(R4)-R21*SIN(R4)                  （计算旋转后的曲线 Z 值）
  G01 X=2*R23+R5 Z=R24+R6                      （直线插补拟合曲线）
  R20=R20-R7                                   （角度递减）
IF R20>=0 GOTOB AAA                            （加工条件判断）
G01 X30 Z-25                                   （直线插补）
Z-35                                           （直线插补）
G00 X100                                       （退刀）
```

第 **37** 章

公式曲线加工的其它情况

37.1 其它公式曲线车削

【例1】含三次方曲线段的轴类零件如图37-1所示，若选定三次曲线的 X 坐标为自变量，曲线加工起点 S 的 X 坐标值为 $-28.171+12=-16.171$，终点 T 的 X 坐标值为 $-\sqrt[3]{2/0.005}=-7.368$。设工件坐标原点在工件右端面与轴线的交点上，则曲线自身坐标原点在工件坐标系中的坐标值为（56.342，−26.144），编制该曲线段加工宏程序如下。

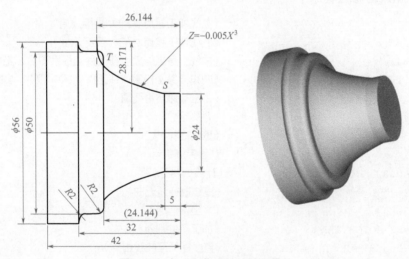

图 37-1　含三次曲线段的轴类零件

```
#1=-16.171              （曲线加工起点 S 的 X 坐标赋值）
#2=-7.368               （曲线加工终点 T 的 X 坐标赋值）
#3=56.342               （曲线自身坐标原点在工件坐标系下的 X 坐标值）
#4=-26.144              （曲线自身坐标原点在工件坐标系下的 Z 坐标值）
#5=0.1                  （X 坐标递增量赋值）
G00 X24 Z2              （刀具定位）
G01 Z-5                 （直线插补）
WHILE [#1LE#2] DO1      （加工条件判断）
  #10=-0.005*#1*#1*#1   （计算 Z 坐标值）
  G01 X[2*#1+#3] Z[#10+#4]  （直线插补逼近曲线）
  #1=#1+#5              （X 坐标递增）
END1                    （循环结束）
G01 X[-7.368*2+#3] Z-24.144  （直线插补至曲线终点）
```

◆【华中宏程序】

```
#1=-16.171                        （曲线加工起点 S 的 X 坐标赋值）
#2=-7.368                         （曲线加工终点 T 的 X 坐标赋值）
#3=56.342                         （曲线自身坐标原点在工件坐标系下的 X 坐标值）
#4=-26.144                        （曲线自身坐标原点在工件坐标系下的 Z 坐标值）
#5=0.1                            （X 坐标递增量赋值）
G00 X24 Z2                        （刀具定位）
G01 Z-5                           （直线插补）
WHILE #1LE#2                      （加工条件判断）
  #10=-0.005*#1*#1*#1             （计算 Z 坐标值）
  G01 X[2*#1+#3] Z[#10+#4]        （直线插补逼近曲线）
  #1=#1+#5                        （X 坐标递增）
ENDW                              （循环结束）
G01 X[-7.368*2+#3] Z-24.144       （直线插补至曲线终点）
```

◇【SIEMENS 参数程序】

```
R1=-16.171                        （曲线加工起点 S 的 X 坐标赋值）
R2=-7.368                         （曲线加工终点 T 的 X 坐标赋值）
R3=56.342                         （曲线自身坐标原点在工件坐标系下的 X 坐标值）
R4=-26.144                        （曲线自身坐标原点在工件坐标系下的 Z 坐标值）
R5=0.1                            （X 坐标递增量赋值）
G00 X24 Z2                        （刀具定位）
G01 Z-5                           （直线插补）
AAA:                              （程序跳转标记符）
  R10=-0.005*R1*R1*R1             （计算 Z 坐标值）
  G01 X=2*R1+R3 Z=R10+R4          （直线插补逼近曲线）
  R1=R1+R5                        （X 坐标递增）
IF R1<=R2 GOTOB AAA               （加工条件判断）
G01 X=-7.368*2+R3 Z-24.144        （直线插补至曲线终点）
```

【例 2】 如图 37-2 所示，零件外圆面为一正切曲线段，曲线方程为：

$$\begin{cases} X = -3t \\ Z = 2\tan(57.2957t) \end{cases}$$

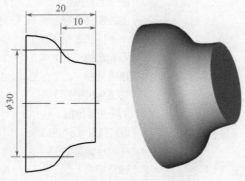

图 37-2 含正切曲线段零件

试编制该曲线段的加工宏程序。

设工件坐标系原点在工件右端面与轴线的交点上，则正切曲线的原点在工件坐标系中的坐标值为（30，-10）。曲线右端起点在正切曲线本身坐标系中的 Z 坐标值为 10，则由：

$$Z=2\tan(57.2957t)=10$$

解得该起点的参数 t=1.3734，相应的终点的参数 t=-1.3734。

```
#1=ATAN[10/2]/57.2957              （曲线加工起点参数 t 值）
#2=-#1                             （曲线加工终点参数 t 值）
#3=30                             （曲线自身坐标原点在工件坐标系中的 x 坐标值）
#4=-10                            （曲线自身坐标原点在工件坐标系中的 z 坐标值）
#5=0.01                            （参数 t 递变量）
WHILE [#1GE#2] DO1                 （加工条件判断）
   #10=-3*#1                       （计算 x 值）
   #11=2*TAN[57.2957*#1]           （计算 z 值）
   G01 X[2*#10+#3] Z[#11+#4]       （直线插补逼近曲线）
   #1=#1-#5                        （参数 t 递减）
END1                              （循环结束）
```

◆【华中宏程序】

```
#1=ATAN[10/2]/57.2957              （曲线加工起点参数 t 值）
#2=-#1                             （曲线加工终点参数 t 值）
#3=30                             （曲线自身坐标原点在工件坐标系中的 x 坐标值）
#4=-10                            （曲线自身坐标原点在工件坐标系中的 z 坐标值）
#5=0.01                            （参数 t 递变量）
WHILE #1GE#2                       （加工条件判断）
   #10=-3*#1                       （计算 x 值）
   #11=2*TAN[57.2957*#1*PI/180]    （计算 z 值）
   G01 X[2*#10+#3] Z[#11+#4]       （直线插补逼近曲线）
   #1=#1-#5                        （参数 t 递减）
ENDW                              （循环结束）
```

◇【SIEMENS 参数程序】

```
R1=ATAN2(10/2)/57.2957             （曲线加工起点参数 t 值）
R2=-R1                             （曲线加工终点参数 t 值）
R3=30                             （曲线自身坐标原点在工件坐标系中的 x 坐标值）
R4=-10                            （曲线自身坐标原点在工件坐标系中的 z 坐标值）
R5=0.01                            （参数 t 递变量）
AAA:                              （程序跳转标记符）
   R10=-3*R1                       （计算 x 值）
   R11=2*TAN(57.2957*R1)           （计算 z 值）
   G01 X=2*R10+R3 Z=R11+R4         （直线插补逼近曲线）
   R1=R1-R5                        （参数 t 递减）
IF R1>=R2 GOTOB AAA                （加工条件判断）
```

【例3】　数控车削加工如图 37-3 所示的玩具喇叭凸模，该零件含一段曲线，曲线方程为：

$$X=36/Z+3$$

曲线方程中 X 值为半径值，曲线方程原点在图中 O 点位置。

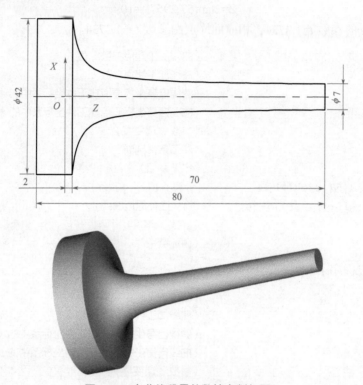

图 37-3　含曲线段零件数控车削加工

曲线加工起点 Z 坐标值为 72，终点 Z 坐标值为 2，设工件原点在工件右端面与轴线的交点上，则曲线自身坐标原点在工件坐标系下的坐标值为（0，-72），编制宏程序如下。

```
#1=72                        （曲线加工起点 z 坐标赋值）
#2=2                         （曲线加工终点 z 坐标赋值）
#3=0                         （曲线自身坐标原点在工件坐标系下的 X 坐标值）
#4=-72                       （曲线自身坐标原点在工件坐标系下的 z 坐标值）
#5=0.2                       （z 坐标递变量赋值）
G00 X7 Z2                    （刀具定位）
G01 Z0                       （直线插补到曲线加工起点）
WHILE [#1GE#2] DO1           （加工条件判断）
  #10=36/#1+3                （计算 x 值）
  G01 X[2*#10+#3] Z[#1+#4]   （直线插补逼近曲线）
  #1=#1-#5                   （z 坐标递减）
END1                         （循环结束）
```

◆【华中宏程序】

```
#1=72                        （曲线加工起点 z 坐标赋值）
#2=2                         （曲线加工终点 z 坐标赋值）
```

```
#3=0                          （曲线自身坐标原点在工件坐标系下的 X 坐标值）
#4=-72                        （曲线自身坐标原点在工件坐标系下的 Z 坐标值）
#5=0.2                        （Z 坐标递变量赋值）
G00 X7 Z2                     （刀具定位）
G01 Z0                        （直线插补到曲线加工起点）
WHILE #1GE#2                  （加工条件判断）
  #10=36/#1+3                 （计算 X 值）
  G01 X[2*#10+#3] Z[#1+#4]    （直线插补逼近曲线）
  #1=#1-#5                    （Z 坐标递减）
ENDW                          （循环结束）
```

◇【SIEMENS 参数程序】

```
R1=72                         （曲线加工起点 Z 坐标赋值）
R2=2                          （曲线加工终点 Z 坐标赋值）
R3=0                          （曲线自身坐标原点在工件坐标系下的 X 坐标值）
R4=-72                        （曲线自身坐标原点在工件坐标系下的 Z 坐标值）
R5=0.2                        （Z 坐标递变量赋值）
G00 X7 Z2                     （刀具定位）
G01 Z0                        （直线插补到曲线加工起点）
AAA:                          （程序跳转标记符）
  R10=36/R1+3                 （计算 X 值）
  G01 X=2*R10+R3 Z=R1+R4      （直线插补逼近曲线）
  R1=R1-R5                    （Z 坐标递减）
IF R1>=R2 GOTOB AAA           （加工条件判断）
```

37.2　粗精加工含公式曲线零件

数控车削加工如图 37-4 所示含抛物曲线的回转体零件，已知曲线方程为 $Z=-X^2/20$，毛坯直径 $\phi82\text{mm}$，材料为 Q235 棒料，要求编制该外轮廓面加工程序。

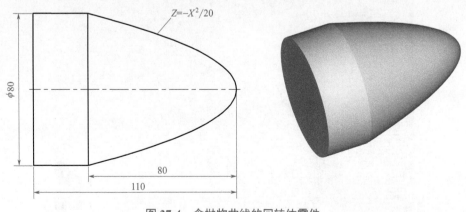

$Z=-X^2/20$

$\phi80$

80

110

图 37-4　含抛物曲线的回转体零件

（1）利用 G73 指令与宏程序相结合实现粗、精加工

如图 37-4 所示，由于切削余量太大，不可能一次走刀完成加工，可利用复合循环指令 G73 与宏程序相结合的方法，即把抛物线轮廓加工的宏程序作为精车程序直接编写在粗车循环的循环体内的方法，实现对此零件的粗精加工。

如图所示，已知抛物线方程 $Z=-X^2/20$，为方便编程，直接选择 X 坐标为自变量，Z 坐标为因变量，用任一点 X 的值来表示 Z 的值，X 每次增加一个步距 ΔX。选用变量 #1、#2、#3 来编程，设 #1 为抛物线上任一点的 X 坐标值，其初始值为 0，#2 为抛物线终点的 X 坐标，值为 40。#3 为 Z 坐标，#3=-#1*#1/20。利用 IF…GOTO 条件跳转语句和直线插补指令 G01，每走一步将 X 值（#1）增加 ΔX，直到 X 等于 40，抛物线加工结束。

```
G00 X86 Z2                              （进刀到循环起点）
G73 U41 R20                             （粗加工参数设定）
G73 P10 Q30 U1 W0.5 F0.15               （粗加工参数设定）
  N10 G00 X0                            （精加工部分程序开始程序段）
  G01 Z0
  #1=0
  #2=40
  N20 #3=-#1*#1/20
  G01 X[2*#1] Z#3
  #1=#1+0.1
  IF [#1LE#2] GOTO20
  G01 X80 Z-80
  Z-110
  N30 G00 U10                           （精加工部分程序终止程序段）
G70 P10 Q30 F0.08                       （精加工参数设定）
G00 X100                                （退刀）
Z50                                     （返回）
```

仿真加工结果如图 37-5 所示。显然用 G73 指令与宏程序结合的方法能完成含非圆曲线轮廓的粗精加工，而且编程简单，只需要将精加工路线用宏程序编程，然后和 G73 指令结合即可，但空刀路径太多，加工效率不高。

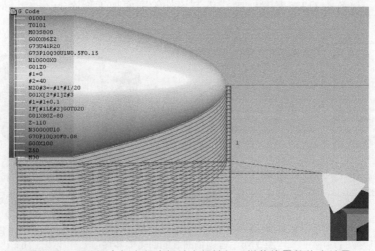

图 37-5　G73 指令与宏程序相结合粗精加工抛物线零件仿真结果

（2）单独使用宏程序进行粗、精加工

下面利用循环指令（WHILE…DO 语句）和条件转移指令（IF…THEN 语句）来编写图 37-4 零件外轮廓的粗、精加工程序。走刀加工路线如图 37-6 所示，相当于用 G71 指令循环加工的效果，此方法避免了 G73 指令产生的空切现象，提高了生产效率。

在粗加工程序中，#1 为 X 坐标自变量，置初始值为 40，其终点坐标为 0；ΔX 为 X 方向步距值，设为 1.5；#2 为计算的 Z 变量，按照抛物线公式，#2=#1*#1/20。利用循环语句和 G01 直线插补指令，每走一刀将 X 减小 1.5mm，并使 Z 方向留有 0.5mm 的精加工余量，直到 X 加工到抛物线的顶点 X=0，完成抛物线粗加工，这整个过程相当于 G71 粗车循环。

在精加工程序中，#5 为 X 坐标自变量，置初始值为 0，它的终点坐标为抛物线最大开口处，值为 40；#6 为计算的 Z 变量，同上 #2。同样利用循环语句和 G01 直线插补指令，令 X（#5）每次增加一个步距 ΔX（为保证加工精度，一般取 0.1mm），直到抛物线 X 终点坐标 40，完成抛物线精加工，这个过程相当于 G70 精车循环。

```
G00 X86 Z2                （到循环起点）
G90 X80.5 Z-110 F0.2      （外圆面加工）
#1=40                     （粗加工层 X 坐标赋初值，半径值）
WHILE [#1GT0] DO1         （粗加工循环条件判断）
  #1=#1-1.5               （递减切削厚度 1.5mm）
  IF [#1LT0] THEN #1=0    （最后一刀判断）
  #2=#1*#1/20             （计算对应 Z 坐标值）
  G00 X[2*#1] Z2          （刀具定位到加工层）
  G01 Z[-#2+0.5] F0.1     （当前层切削，Z 向留有 0.5mm 精车余量）
  G00 U10                 （退刀）
  Z2                      （返回）
END1                      （循环体 1 结束）
G00 X0 Z2                 （到精车起点）
#5=0                      （精车 X 坐标赋初值）
WHILE [#5LE40] DO2        （精车循环条件）
  #6=#5*#5/20             （计算 Z 坐标值）
  G01 X[2*#5] Z-#6 F0.1   （直线插补拟合抛物线）
  #5=#5+0.1               （递增一个步距 0.1mm）
END2                      （循环体 2 结束）
G01 X80 Z-80             （直线插补）
Z-110                     （直线插补）
G00 X100                  （退刀）
Z50                       （返回）
```

仿真加工结果如图 37-6 所示。

通过以上两种编程方法的对比，可以看出第一种方法用 G73 指令编程方便、程序段少，但由于 G73 是仿形车削，加工时空刀路径多，费时，生产效率不高。第二种方法相当于 G71 粗车循环，避免了 G73 指令产生的空切现象，提高了生产效率，但编程复杂，程序段稍多。

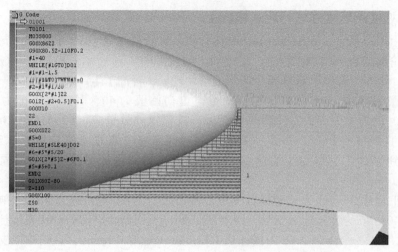

图 37-6 单独使用宏程序粗精加工抛物线零件仿真结果

第 38 章

系列零件铣削

38.1 不同尺寸规格系列零件

加工生产中经常遇到形状相同，但尺寸数值不尽相同的系列零件加工的情况，加工程序基本相似又有区别，通常需要重新编程或通过修改原程序中的相应数值来满足加工要求，效率不高且容易出错。针对这种系列零件的加工，我们可以事先编制出加工宏程序，加工时根据具体情况给变化的量赋值即可，无须修改程序或重新编程。

【例 1】 如图 38-1 所示，数控铣削加工矩形外轮廓，矩形长 55mm，宽 30mm，设工件原点在矩形左前角，编制加工宏程序如下（为简化程序，方便理解，本程序未编制工件坐标系设定、主轴控制及刀具半径补偿等部分内容，亦没有给出进给速度，请读者自行根据实际情况添加相关指令，下同）。

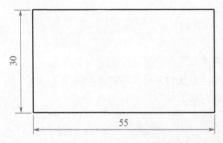

图 38-1　矩形外轮廓铣削加工

```
#1=30                     （矩形宽度 B 赋值）
#2=55                     （矩形长度 L 赋值）
#3=0                      （矩形左前角点在工件坐标系中的 X 坐标值）
#4=0                      （矩形左前角点在工件坐标系中的 Y 坐标值）
G00 X[#2+#3] Y[#1+#4+5]   （快进到切削起点）
G01 Y#4                   （直线插补）
X#3                       （直线插补）
Y[#1+#4]                  （直线插补）
X[#2+#3]                  （直线插补）
```

若考虑加工刀具，则可把矩形长、宽分别增加一个刀具直径值（程序坐标中叠加一个刀具半径）编程即可：

```
#1=30                     （矩形宽度 B 赋值）
#2=55                     （矩形长度 L 赋值）
#3=0                      （矩形左前角点在工件坐标系中的 X 坐标值）
```

#4=0	（矩形左前角点在工件坐标系中的 Y 坐标值）
#5=6	（刀具半径赋值）
G00 X[#2+#5+#3] Y[#1+#5+#4+5]	（快进到切削起点）
G01 Y[#4-#5]	（直线插补）
X[#3-#5]	（直线插补）
Y[#1+#5+#4]	（直线插补）
X[#2+#5+#3]	（直线插补）

◆【华中宏程序】

#1=30	（矩形宽度 B 赋值）
#2=55	（矩形长度 L 赋值）
#3=0	（矩形左前角点在工件坐标系中的 X 坐标值）
#4=0	（矩形左前角点在工件坐标系中的 Y 坐标值）
G00 X[#2+#3] Y[#1+#4+5]	（快进到切削起点）
G01 Y[#4]	（直线插补）
X[#3]	（直线插补）
Y[#1+#4]	（直线插补）
X[#2+#3]	（直线插补）

◇【SIEMENS 参数程序】

R1=30	（矩形宽度 B 赋值）
R2=55	（矩形长度 L 赋值）
R3=0	（矩形左前角点在工件坐标系中的 X 坐标值）
R4=0	（矩形左前角点在工件坐标系中的 Y 坐标值）
G00 X=R2+R3 Y=R1+R4+5	（快进到切削起点）
G01 Y=R4	（直线插补）
X=R3	（直线插补）
Y=R1+R4	（直线插补）
X=R2+R3	（直线插补）

【例 2】　如图 38-2 所示正六边形，其外接圆半径为 R20mm，数控铣削加工该零件外轮廓。

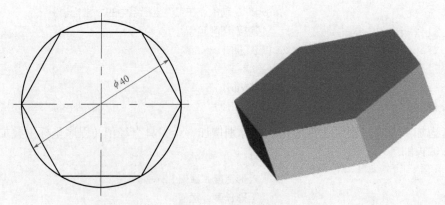

图 38-2　正六边形

由于圆曲线本质上就是边数等于 n 的正多边形，所以圆的曲线方程实际上就是正多边形节点的坐标方程：

$$\begin{cases} X = R\cos t \\ Y = R\sin t \end{cases}$$

式中，R 为正多边形外接圆半径；t 为正多边形节点与外接圆圆心的连线与 X 正半轴的夹角。设工件原点在正多边形的对称中心，编程如下。

```
#1=40                          （正多边形外接圆直径 D 赋值）
#2=6                           （正多边形边数 n 赋值）
#3=0                           （正多边形对称中心在工件坐标系中的 X 坐标值赋值）
#4=0                           （正多边形对称中心在工件坐标系中的 Y 坐标值赋值）
#10=360/#2                     （计算每边对应的角度）
#11=0                          （边数计数器置 0）
WHILE [#11LE#2] DO1            （加工条件判断）
   #20=#1*0.5*COS[#11*#10]     （计算加工节点的 X 坐标值）
   #21=#1*0.5*SIN[#11*#10]     （计算加工节点的 Y 坐标值）
   G01 X[#20+#3] Y[#21+#4]     （直线插补）
   #11=#11+1                   （边数计数器递增）
END1                           （循环结束）
```

◆【华中宏程序】

```
#1=40                               （正多边形外接圆直径 D 赋值）
#2=6                                （正多边形边数 n 赋值）
#3=0                                （正多边形对称中心在工件坐标系中的 X 坐标值赋值）
#4=0                                （正多边形对称中心在工件坐标系中的 Y 坐标值赋值）
#10=360/#2                          （计算每边对应的角度）
#11=0                               （边数计数器置 0）
WHILE #11LE#2                       （加工条件判断）
   #20=#1*0.5*COS[#11*#10*PI/180]   （计算加工节点的 X 坐标值）
   #21=#1*0.5*SIN[#11*#10*PI/180]   （计算加工节点的 Y 坐标值）
   G01 X[#20+#3] Y[#21+#4]          （直线插补）
   #11=#11+1                        （边数计数器递增）
ENDW                                （循环结束）
```

◇【SIEMENS 参数程序】

```
R1=40                          （正多边形外接圆直径 D 赋值）
R2=6                           （正多边形边数 n 赋值）
R3=0                           （正多边形对称中心在工件坐标系中的 X 坐标值赋值）
R4=0                           （正多边形对称中心在工件坐标系中的 Y 坐标值赋值）
R10=360/R2                     （计算每边对应的角度）
R11=0                          （边数计数器置 0）
AAA:                           （程序跳转标记符）
   R20=R1*0.5*COS(R11*R10)     （计算加工节点的 X 坐标值）
   R21=R1*0.5*SIN(R11*R10)     （计算加工节点的 Y 坐标值）
```

```
    G01 X=R20+R3 Y=R21+R4          （直线插补）
    R11=R11+1                       （边数计数器递增）
 IF R11<=R2 GOTOB AAA              （加工条件判断）
```

38.2　刻线加工

【例1】　沿直线分布标线如图38-3所示，长短标线均深0.2mm，各标线间隔3mm，设工件坐标原点在矩形坯料上表面左前角点，编制加工程序如下。

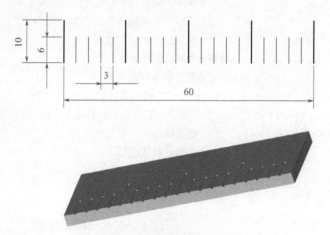

图 38-3　沿直线分布标线

```
    #1=6                         （短标线长度赋值）
    #2=10                        （长标线长度赋值）
    #3=3                         （标线间间隔赋值）
    #4=60                        （刻线总宽度赋值）
    #5=-0.2                      （加工深度赋值）
    #10=0                        （加工 X 向坐标赋初值）
    #11=5                        （线槽计数器赋初值）
 WHILE [#10LE#4] DO1             （加工条件判断）
    #20=#1                       （加工长度赋值）
    IF [#11NE5] GOTO100          （条件跳转）
    #20=#2                       （加工长度重新赋值）
    #11=0                        （线槽计数器重新赋值）
    N100                         （程序跳转标记符）
    G00 X#10 Y0                  （刀具定位）
    G01 Z#5                      （Z 向下刀）
    Y#20                         （标线加工）
    G00 Z5                       （抬刀）
    #10=#10+#3                   （加工 X 向坐标递增）
    #11=#11+1                    （线槽计数器递增）
 END1                            （循环结束）
```

◆【华中宏程序】

```
#1=6                        （短标线长度赋值）
#2=10                       （长标线长度赋值）
#3=3                        （标线间间隔赋值）
#4=60                       （刻线总宽度赋值）
#5=-0.2                     （加工深度赋值）
#10=0                       （加工 x 向坐标赋初值）
#11=5                       （线槽计数器赋初值）
WHILE #10LE#4               （加工条件判断）
  #20=#1                    （加工长度赋值）
  IF #11EQ5                 （条件判断）
  #20=#2                    （加工长度重新赋值）
  #11=0                     （线槽计数器重新赋值）
  ENDIF                     （条件终止）
  G00 X[#10] Y0             （刀具定位）
  G01 Z[#5]                 （z 向下刀）
  Y[#20]                    （标线加工）
  G00 Z5                    （抬刀）
  #10=#10+#3                （加工 x 向坐标递增）
  #11=#11+1                 （线槽计数器递增）
ENDW                        （循环结束）
```

◇【SIEMENS 参数程序】

```
R1=6                        （短标线长度赋值）
R2=10                       （长标线长度赋值）
R3=3                        （标线间间隔赋值）
R4=60                       （刻线总宽度赋值）
R5=-0.2                     （加工深度赋值）
R10=0                       （加工 x 向坐标赋初值）
R11=5                       （线槽计数器赋初值）
AAA:                        （程序跳转标记符）
  R20=R1                    （加工长度赋值）
  IF R11<>5 GOTOF BBB       （条件跳转）
  R20=R2                    （加工长度重新赋值）
  R11=0                     （线槽计数器重新赋值）
  BBB:                      （程序跳转标记符）
  G00 X=R10 Y0              （刀具定位）
  G01 Z=R5                  （z 向下刀）
  Y=R20                     （标线加工）
  G00 Z5                    （抬刀）
  R10=R10+R3                （加工 x 向坐标递增）
  R11=R11+1                 （线槽计数器递增）
IF R10<=R4 GOTOB AAA        （加工条件判断）
```

【例 2】　沿圆弧分布的标线如图 38-4 所示，长短标线均深 0.2mm，各标线间隔 6°，设工件坐标系原点在圆心，编制加工宏程序如下。

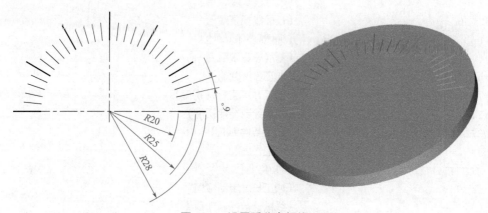

图 38-4　沿圆弧分布标线

```
#1=20                                  （标线的起始半径赋值）
#2=25                                  （短标线的终止半径赋值）
#3=28                                  （长标线的终止半径赋值）
#4=6                                   （标线间隔角度赋值）
#5=180                                 （终止角度赋值）
#6=-0.2                                （加工深度赋值）
#10=0                                  （加工标线角度赋初值）
#11=5                                  （计数器赋初值）
WHILE [#10LE#5] DO1                    （加工条件判断）
  #20=#2                               （加工标线终止半径赋值）
  IF [#11NE5] GOTO100                  （条件跳转）
  #20=#3                               （加工标线终止半径重新赋值）
  #11=0                                （计数器重新赋初值）
  N100                                 （程序跳转标记符）
  G00 X[#1*COS[#10]] Y[#1*SIN[#10]]    （刀具定位）
  G01 Z#6                              （z 向下刀）
  X[#20*COS[#10]] Y[#20*SIN[#10]]      （标线加工）
  G00 Z5                               （抬刀）
  #10=#10+#4                           （标线角度递增）
  #11=#11+1                            （计数器递增）
END1                                   （循环结束）
```

◆【华中宏程序】

```
#1=20                                  （标线的起始半径赋值）
#2=25                                  （短标线的终止半径赋值）
#3=28                                  （长标线的终止半径赋值）
#4=6                                   （标线间隔角度赋值）
#5=180                                 （终止角度赋值）
```

```
#6=-0.2                                    (加工深度赋值)
#10=0                                      (加工标线角度赋初值)
#11=5                                      (计数器赋初值)
WHILE #10LE#5                              (加工条件判断)
  #20=#2                                   (加工标线终止半径赋值)
  IF #11NE5                                (条件判断)
  #20=#3                                   (加工标线终止半径重新赋值)
  #11=0                                    (计数器重新赋初值)
  ENDIF                                    (条件终止)
  G00 X[#1*COS[#10*PI/180]] Y[#1*SIN[#10*PI/180]]
                                           (刀具定位)
  G01 Z[#6]                                (Z 向下刀)
  X[#20*COS[#10*PI/180]] Y[#20*SIN[#10*PI/180]]
                                           (标线加工)
  G00 Z5                                   (抬刀)
  #10=#10+#4                               (标线角度递增)
  #11=#11+1                                (计数器递增)
ENDW                                       (循环结束)
```

◇【SIEMENS 参数程序】

```
R1=20                                      (标线的起始半径赋值)
R2=25                                      (短标线的终止半径赋值)
R3=28                                      (长标线的终止半径赋值)
R4=6                                       (标线间隔角度赋值)
R5=180                                     (终止角度赋值)
R6=-0.2                                    (加工深度赋值)
R10=0                                      (加工标线角度赋初值)
R11=5                                      (计数器赋初值)
AAA:                                       (跳转标记符)
  R20=R2                                   (加工标线终止半径赋值)
  IF R11<>5 GOTOF BBB                      (条件跳转)
  R20=R3                                   (加工标线终止半径重新赋值)
  R11=0                                    (计数器重新赋初值)
  BBB:                                     (程序跳转标记符)
  G00 X=R1*COS(R10) Y=R1*SIN(R10)          (刀具定位)
  G01 Z=R6                                 (Z 向下刀)
  X=R20*COS(R10) Y=R20*SIN(R10)            (标线加工)
  G00 Z5                                   (抬刀)
  R10=R10+R4                               (标线角度递增)
  R11=R11+1                                (计数器递增)
IF R10<=R5 GOTOB AAA                       (加工条件判断)
```

【例3】 图 38-5 所示为一五环槽，各槽深 0.3mm，设工件原点在工件上表面左边第一个圆的圆心，编制加工程序如下。

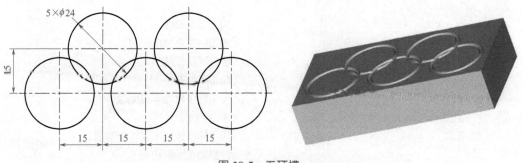

图 38-5   五环槽

```
#1=24                                （槽直径赋值）
#2=5                                 （槽个数赋值）
#3=15                                （行间距赋值）
#4=15                                （列间距赋值）
#5=-0.3                              （槽深度赋值）
#10=1                                （槽加工个数赋初值）
#11=0                                （角度赋初值）
WHILE [#10LE#2] DO1                  （加工条件判断）
  #20=ABS[SIN[#11]]                  （0 与 1 周期性变化）
  G00 X[[#10-1]*#4-#1*0.5] Y[#20**#3]  （刀具定位）
  G01 Z#5                            （z 向下刀）
  G02 I[#1*0.5] J0                   （槽加工）
  G00 Z5                             （抬刀）
  #10=#10+1                          （槽加工个数递增）
  #11=#11+90                         （角度递增）
END1                                 （循环结束）
```

◆【华中宏程序】

```
#1=24                                （槽直径赋值）
#2=5                                 （槽个数赋值）
#3=15                                （行间距赋值）
#4=15                                （列间距赋值）
#5=-0.3                              （槽深度赋值）
#10=1                                （槽加工个数赋初值）
#11=0                                （角度赋初值）
WHILE #10LE#2                        （加工条件判断）
  #20=ABS[SIN[#11*PI/180]]           （0 与 1 周期性变化）
  G00 X[[#10-1]*#4-#1*0.5] Y[#20**#3]  （刀具定位）
  G01 Z[#5]                          （z 向下刀）
  G02 I[#1*0.5] J0                   （槽加工）
  G00 Z5                             （抬刀）
  #10=#10+1                          （槽加工个数递增）
  #11=#11+90                         （角度递增）
ENDW                                 （循环结束）
```

◇【SIEMENS 参数程序】

```
R1=24                          （槽直径赋值）
R2=5                           （槽个数赋值）
R3=15                          （行间距赋值）
R4=15                          （列间距赋值）
R5=-0.3                        （槽深度赋值）
R10=1                          （槽加工个数赋初值）
R11=0                          （角度赋初值）
AAA:                           （程序跳转标记符）
  R20=ABS(SIN(R11))            （0 与 1 周期性变化）
  G00 X=(R10-1)*R4-R1*0.5 Y=R20*R3   （刀具定位）
  G01 Z=R5                     （z 向下刀）
  G02 I=R1*0.5 J0              （槽加工）
  G00 Z5                       （抬刀）
  R10=R10+1                    （槽加工个数递增）
  R11=R11+90                   （角度递增）
IF R10<=R2 GOTOB AAA           （加工条件判断）
```

【例 4】　数字刻线如图 38-6 所示，根据控制变量赋值选择加工显示出 "0 ～ 9" 各数字，即类似于电子显示数字，若控制变量赋值 0 则加工 "0"，赋值 1 则加工出 "1"，依此类推。设工件坐标系原点在对称中心，编制加工宏程序如下。

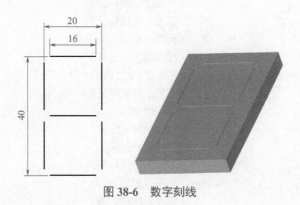

图 38-6　数字刻线

```
#100=6                         （控制变量 #100 赋值，加工数字 "6"）
#1=20                          （长度赋值）
#2=40                          （宽度赋值）
#3=16                          （线段长度赋值）
#4=-0.2                        （槽深赋值）
#10=1                          （中间刻线控制变量赋初值）
#11=1                          （右上刻线控制变量赋初值）
#12=1                          （上方刻线控制变量赋初值）
#13=1                          （左上刻线控制变量赋初值）
#14=1                          （左下刻线控制变量赋初值）
#15=1                          （下方刻线控制变量赋初值）
```

```
#16=1                          （右下刻线控制变量赋初值）
IF [#100LT0] GOTO207           （若 #100 赋值错误，跳转）
IF [#100GT9] GOTO207           （若 #100 赋值错误，跳转）
#21=[#2*0.6-#3]*0.5            （坐标值计算）
IF [#100EQ0] GOTO100           （根据赋值 0 选择跳转）
IF [#100EQ1] GOTO101           （根据赋值 1 选择跳转）
IF [#100EQ2] GOTO102           （根据赋值 2 选择跳转）
IF [#100EQ3] GOTO103           （根据赋值 3 选择跳转）
IF [#100EQ4] GOTO104           （根据赋值 4 选择跳转）
IF [#100EQ5] GOTO105           （根据赋值 5 选择跳转）
IF [#100EQ6] GOTO106           （根据赋值 6 选择跳转）
IF [#100EQ7] GOTO107           （根据赋值 7 选择跳转）
IF [#100EQ8] GOTO108           （根据赋值 8 选择跳转）
IF [#100EQ9] GOTO109           （根据赋值 9 选择跳转）
N100                           （程序跳转标记符）
#10=0                          （不加工标线标记为 0）
GOTO200                        （无条件跳转）
N101                           （程序跳转标记符）
#10=0                          （不加工标线标记为 0）
#12=0                          （不加工标线标记为 0）
#13=0                          （不加工标线标记为 0）
#14=0                          （不加工标线标记为 0）
#15=0                          （不加工标线标记为 0）
GOTO200                        （无条件跳转）
N102                           （程序跳转标记符）
#13=0                          （不加工标线标记为 0）
#16=0                          （不加工标线标记为 0）
GOTO200                        （无条件跳转）
N103                           （程序跳转标记符）
#13=0                          （不加工标线标记为 0）
#14=0                          （不加工标线标记为 0）
GOTO200                        （无条件跳转）
N104                           （程序跳转标记符）
#12=0                          （不加工标线标记为 0）
#14=0                          （不加工标线标记为 0）
#15=0                          （不加工标线标记为 0）
GOTO200                        （无条件跳转）
N105                           （程序跳转标记符）
#11=0                          （不加工标线标记为 0）
#14=0                          （不加工标线标记为 0）
GOTO200                        （无条件跳转）
N106                           （程序跳转标记符）
#11=0                          （不加工标线标记为 0）
GOTO200                        （无条件跳转）
N107                           （程序跳转标记符）
```

```
#10=0                                      （不加工标线标记为 0）
#13=0                                      （不加工标线标记为 0）
#14=0                                      （不加工标线标记为 0）
#15=0                                      （不加工标线标记为 0）
GOTO200                                    （无条件跳转）
N108                                       （程序跳转标记符）
GOTO200                                    （无条件跳转）
N109                                       （程序跳转标记符）
#14=0                                      （不加工标线标记为 0）
N200 IF [#10EQ0] GOTO201                   （若标线标记为 0，即不要求加工，则直接跳转）
  G00 X[-#3*0.5] Y0                        （定位）
  G01 Z#4                                  （下刀）
  X[#3*0.5]                                （加工）
  G00 Z5                                   （抬刀）
N201 IF [#11EQ0] GOTO202                   （若标线标记为 0，即不要求加工，则直接跳转）
  G00 X[#1*0.5] Y#21                       （定位）
  G01 Z#4                                  （下刀）
  Y[#2*0.5-#21]                            （加工）
  G00 Z5                                   （抬刀）
N202 IF [#12EQ0] GOTO203                   （若标线标记为 0，即不要求加工，则直接跳转）
  G00 X[#3*0.5] Y[#2*0.5]                  （定位）
  G01 Z#4                                  （下刀）
  X[-#3*0.5]                               （加工）
  G00 Z5                                   （抬刀）
N203 IF [#13EQ0] GOTO204                   （若标线标记为 0，即不要求加工，则直接跳转）
  G00 X[-#1*0.5] Y[#2*0.5-#21]            （定位）
  G01 Z#4                                  （下刀）
  Y#21                                     （加工）
  G00 Z5                                   （抬刀）
N204 IF [#14EQ0] GOTO205                   （若标线标记为 0，即不要求加工，则直接跳转）
  G00 X[-#1*0.5] Y[-#21]                   （定位）
  G01 Z#4                                  （下刀）
  Y[#21-#2*0.5]                            （加工）
  G00 Z5                                   （抬刀）
N205 IF[#15EQ0] GOTO206                    （若标线标记为 0，即不要求加工，则直接跳转）
  G00 X[-#3*0.5] Y[-#2*0.5]               （定位）
  G01 Z#4                                  （下刀）
  X[#3*0.5]                                （加工）
  G00 Z5                                   （抬刀）
N206 IF[#16EQ0] GOTO207                    （若标线标记为 0，即不要求加工，则直接跳转）
  G00 X[#1*0.5] Y[#21-#2*0.5]             （定位）
  G01 Z#4                                  （下刀）
  Y-#21                                    （加工）
  G00 Z5                                   （抬刀）
N207                                       （程序跳转标记符）
```

第 **39** 章

平面铣削

39.1　矩形平面

矩形平面铣削加工策略如图 39-1（a）、（b）、（c）所示，分别对应为单向平行铣削、双向平行铣削和环绕铣削三种，从编程难易程度及加工效率等方面综合考虑，以双向平行铣削加工为佳。

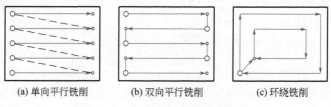

(a) 单向平行铣削　　　　(b) 双向平行铣削　　　　(c) 环绕铣削

图 39-1　矩形平面铣削加工策略

【例 1】　如图 39-2 所示，长方体零件上表面为一长 80mm，宽 50mm 的矩形平面。数控铣削加工该平面，铣削深度为 2mm，设工件坐标系原点在工件上表面的左前角，采用双向平行铣削加工，编制加工宏程序如下。

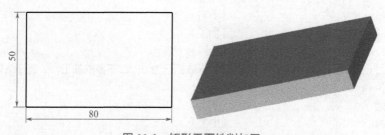

图 39-2　矩形平面铣削加工

```
#1=80                              （矩形平面长度赋值）
#2=50                              （矩形平面宽度赋值）
#3=0                               （左前角在工件坐标系中的 X 坐标值）
#4=0                               （左前角在工件坐标系中的 Y 坐标值）
#5=2                               （加工深度赋值）
#6=12                              （刀具直径值赋值）
#7=0.7*#6                          （计算行距值，行距取 0.7 倍刀具直径）
#10=0                              （加工 Y 坐标赋初值）
G00 Z-#5                           （下刀到加工平面）
WHILE [#10LE[#2-0.5*#6+#7]] DO1    （加工条件判断）
```

```
  G00 X[#1+#6+#3] Y[#10+#4]        （刀具定位）
  G01 X[-#6+#3]                    （直线插补）
  G00 Y[#10+#7+#4]                 （刀具定位）
  G01 X[#1+#6+#3]                  （直线插补）
  #10=#10+2*#7                     （加工 Y 坐标递增）
END1                               （循环结束）
```

◆【华中宏程序】

```
#1=80                              （矩形平面长度 L 赋值）
#2=50                              （矩形平面宽度 B 赋值）
#3=0                               （左前角在工件坐标系中的 X 坐标值）
#4=0                               （左前角在工件坐标系中的 Y 坐标值）
#5=2                               （加工深度赋值）
#6=12                              （刀具直径值赋值）
#7=0.7*#6                          （计算行距值，行距取 0.7 倍刀具直径）
#10=0                              （加工 Y 坐标赋初值）
G00 Z[-#5]                         （下刀到加工平面）
WHILE #10LE[#2-0.5*#6+#7]          （加工条件判断）
  G00 X[#1+#6+#3] Y[#10+#4]        （刀具定位）
  G01 X[-#6+#3]                    （直线插补）
  G00 Y[#10+#7+#4]                 （刀具定位）
  G01 X[#1+#6+#3]                  （直线插补）
  #10=#10+2*#7                     （加工 Y 坐标递增）
ENDW                               （循环结束）
```

◇【SIEMENS 参数程序】

```
R1=80                              （矩形平面长度 L 赋值）
R2=50                              （矩形平面宽度 B 赋值）
R3=0                               （左前角在工件坐标系中的 X 坐标值）
R4=0                               （左前角在工件坐标系中的 Y 坐标值）
R5=2                               （加工深度赋值）
R6=12                              （刀具直径值赋值）
R7=0.7*R6                          （计算行距值，行距取 0.7 倍刀具直径）
R10=0                              （加工 Y 坐标赋初值）
G00 Z-R5                           （下刀到加工平面）
AAA:                               （程序跳转标记符）
  G00 X=R1+R6+R3 Y=R10+R4          （刀具定位）
  G01 X=-R6+R3                     （直线插补）
  G00 Y=R10+R7+R4                  （刀具定位）
  G01 X=R1+R6+R3                   （直线插补）
  R10=R10+2*R7                     （加工 Y 坐标递增）
IF R10<=R2-0.5*R6+R7 GOTOB AAA     （加工条件判断）
```

【例 2】 如图 39-3 所示，在长方体毛坯上铣削一个长 70mm，宽 30mm，深 5mm 的台阶。由于加工零件时有台阶侧面，即最后一刀的刀具中心轨迹必须保证距离台阶侧面正好为 0.5

倍刀具直径，上面的程序无法保证这一点，所以不能直接修改程序中的长、宽等值用于该台阶面的加工，而应重新编制适用于该类零件加工的宏程序。

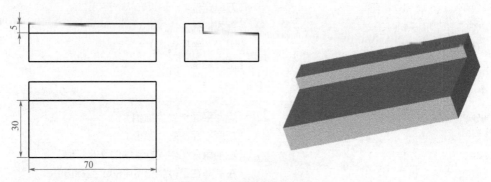

图 39-3　台阶面铣削加工

设工件坐标系原点在工件上表面左前角，选用刀具直径为 ϕ12mm 的立铣刀铣削加工该台阶面，编制加工宏程序如下。

```
#1=70                                  （台阶平面长度赋值）
#2=30                                  （台阶平面宽度赋值）
#3=0                                   （左前角在工件坐标系中的 X 坐标值）
#4=0                                   （左前角在工件坐标系中的 Y 坐标值）
#5=5                                   （加工深度赋值）
#6=12                                  （刀具直径值赋值）
#7=0.7*#6                              （计算行距值，行距取 0.7 倍刀具直径）
#10=-#7                                （加工 Y 坐标赋初值）
#11=#1+#6                              （计算 X 轴方向刀具运行距离值）
G00 X[#1+0.5*#6+#3] Y#4                （刀具定位）
Z-#5                                   （下刀到加工平面）
WHILE [#10LT[#2-0.5*#6]] DO1           （加工条件判断）
  #10=#10+#7                           （Y 坐标递增）
  #11=-1*#11                           （反向）
  IF [#10GE[#2-0.5*#6]] THEN #10=#2-0.5*#6  （最后一刀条件判断）
  G90 G00 Y[#10+#4]                    （Y 轴定位）
  G91 G01 X#11                         （行切加工）
END1                                   （循环结束）
G90                                    （恢复绝对坐标值编程）
```

◆【华中宏程序】

```
#1=70                                  （台阶平面长度 L 赋值）
#2=30                                  （台阶平面宽度 B 赋值）
#3=0                                   （左前角在工件坐标系中的 X 坐标值）
#4=0                                   （左前角在工件坐标系中的 Y 坐标值）
#5=5                                   （加工深度赋值）
#6=12                                  （刀具直径值赋值）
#7=0.7*#6                              （计算行距值，行距取 0.7 倍刀具直径）
```

```
#10=-#7                              （加工 Y 坐标赋初值）
#11=#1+#6                            （计算 X 轴方向刀具运行距离值）
G00 X[#1+0.5*#6+#3] Y[#4]            （刀具定位）
Z[-#5]                               （下刀到加工平面）
WHILE #10LT[#2-0.5*#6]               （加工条件判断）
   #10=#10+#7                        （Y 坐标递增）
   #11=-1*#11                        （反向）
   IF #10GE[#2-0.5*#6]               （最后一刀条件判断）
   #10=#2-0.5*#6                     （Y 坐标赋值）
   ENDIF                             （条件结束）
   G90 G00 Y[#10+#4]                 （Y 轴定位）
   G91 G01 X#11                      （行切加工）
ENDW                                 （循环结束）
G90                                  （恢复绝对坐标值编程）
```

◇【SIEMENS 参数程序】

```
R1=70                                （台阶平面长度 L 赋值）
R2=30                                （台阶平面宽度 B 赋值）
R3=0                                 （左前角在工件坐标系中的 X 坐标值）
R4=0                                 （左前角在工件坐标系中的 Y 坐标值）
R5=5                                 （加工深度赋值）
R6=12                                （刀具直径值赋值）
R7=0.7*R6                            （计算行距值，行距取 0.7 倍刀具直径）
R10=-R7                              （加工 Y 坐标赋初值）
R11=R1+R6                            （计算 X 轴方向刀具运行距离值）
G00 X=R1+0.5*R6+R3 Y=R4              （刀具定位）
Z=-R5                                （下刀到加工平面）
AAA:                                 （程序跳转标记符）
   R10=R10+R7                        （Y 坐标递增）
   R11=-1*R11                        （反向）
   IF R10<R2-0.5*R6 GOTOF BBB        （最后一刀条件判断）
   R10=R2-0.5*R6                     （Y 坐标赋值）
   BBB:                              （程序跳转标记符）
   G90 G00 Y=R10+R4                  （Y 轴定位）
   G91 G01 X=R11                     （行切加工）
IF R10<R2-0.5*R6 GOTOB AAA           （加工循环条件判断）
G90                                  （恢复绝对坐标值编程）
```

39.2 圆形平面

数控铣削加工圆形平面的策略（方法）主要有如图 39-4（a）所示双向平行铣削和如图 39-4（b）所示环绕铣削两种。比较而言，环绕铣削加工方法比平行铣削加工方法更容易编程实现。

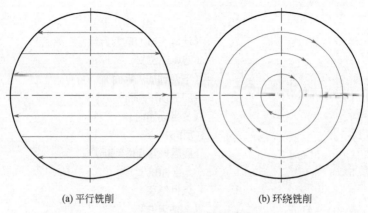

(a) 平行铣削　　　　　　　　　(b) 环绕铣削

图 39-4　圆形平面铣削策略

【例1】 如图 39-5 所示，在圆柱体零件毛坯上铣削加工一个圆环形平面，圆环外圆周直径为 $\phi70mm$，内圆周直径为 $\phi20mm$，高度 5mm。设工件坐标系原点在工件上表面圆心，选用刀具直径 $\phi12mm$ 的立铣刀铣削加工该平面，编制加工宏程序如下。

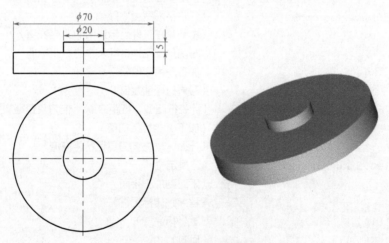

图 39-5　圆环形平面铣削

```
#1=70                                （大圆直径赋值）
#2=20                                （小圆直径赋值）
#3=5                                 （深度赋值）
#4=0                                 （圆心在工件坐标系中的 X 坐标值）
#5=0                                 （圆心在工件坐标系中的 Y 坐标值）
#6=12                                （刀具直径赋值）
#7=0.7*#6                            （行距赋值为 0.7 倍刀具直径）
#10=0.5*#1                           （加工半径计算）
G00 Z-#3                             （下刀到加工平面）
WHILE [#10GT0.5*#2+0.5*#6] DO1       （加工条件判断）
  G01 X[#10+#4] Y#5                  （直线插补定位）
```

```
  G02 I-#10                    （圆弧插补）
  #10=#10-#7                   （加工半径递减）
END1                           （循环结束）
G01 X[0.5*#2+0.5*#6+#4]        （直线插补定位）
G02 I[-0.5*#2-0.5*#6]          （圆弧插补）
```

◆【华中宏程序】

```
#1=70                          （大圆直径赋值）
#2=20                          （小圆直径赋值）
#3=5                           （深度赋值）
#4=0                           （圆心在工件坐标系中的 X 坐标值）
#5=0                           （圆心在工件坐标系中的 Y 坐标值）
#6=12                          （刀具直径赋值）
#7=0.7*#6                      （行距赋值为 0.7 倍刀具直径）
#10=0.5*#1                     （加工半径计算）
G00 Z[-#3]                     （下刀到加工平面）
WHILE #10GT0.5*#2+0.5*#6       （加工条件判断）
  G01 X[#10+#4] Y[#5]          （直线插补定位）
  G02 I[-#10]                  （圆弧插补）
  #10=#10-#7                   （加工半径递减）
ENDW                           （循环结束）
G01 X[0.5*#2+0.5*#6+#4]        （直线插补定位）
G02 I[-0.5*#2-0.5*#6]          （圆弧插补）
```

◇【SIEMENS 参数程序】

```
R1=70                          （大圆直径赋值）
R2=20                          （小圆直径赋值）
R3=5                           （深度赋值）
R4=0                           （圆心在工件坐标系中的 X 坐标值）
R5=0                           （圆心在工件坐标系中的 Y 坐标值）
R6=12                          （刀具直径赋值）
R7=0.7*R6                      （行距赋值为 0.7 倍刀具直径）
R10=0.5*R1                     （加工半径计算）
G00 Z=-R3                      （下刀到加工平面）
AAA:                           （加工条件判断）
  G01 X=R10+R4 Y=R5            （直线插补定位）
  G02 I=-R10                   （圆弧插补）
  R10=R10-R7                   （加工半径递减）
IF R10>0.5*R2+0.5*R6 GOTOB AAA （循环结束）
G01 X=0.5*R2+0.5*R6+R4         （直线插补定位）
G02 I=-0.5*R2-0.5*R6           （圆弧插补）
```

【例 2】　如图 39-6 所示圆形平面，直径 ϕ80mm，若要求采用阿基米德螺线进刀方式螺旋铣削该平面，试编程。

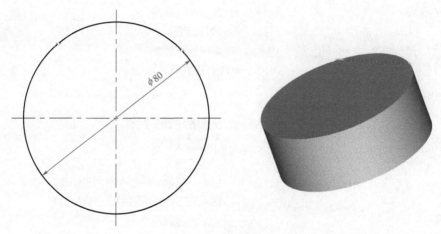

图 39-6　圆形平面

采用阿基米德螺线螺旋铣削圆形平面的走刀轨迹类似图 39-7 中燃烧的蚊香，从外圈开始逐渐缩小半径，直至加工到平面中心。

图 39-7　燃烧的蚊香

阿基米德螺线的标准极坐标方程为：

$$\rho = \rho_0 + kt$$

式中，ρ 为极半径，单位为 mm；t 为极角，单位为度（°），表示转过的角度；ρ_0 为 $t=0$ 时的极半径，单位为 mm；k 为阿基米德螺线系数，单位为 mm/（°），表示每转 1 度时极半径的增加或减小量。

如图 39-8 所示，若从 $A \rightarrow B$ 点，在图 39-8（a）中，起点 A 的极角 $t=30°$，极半径 $\rho_0=10$mm，终点 B 的极角为 120°，极半径 $\rho=25$mm，则阿基米德螺线系数 $k = \dfrac{25-10}{120-30} \approx 0.167$。

在图 39-8（b）中，起点 A 的极角 $t=0°$，极半径 $\rho_0=10$mm，终点 B 的极角为 360°，极半径 $\rho=24$mm，则阿基米德螺线系数 $k = \dfrac{24-0}{360-0} \approx 0.067$。

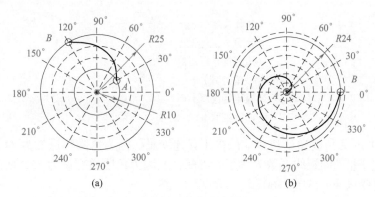

图 39-8　阿基米德螺线

将阿基米德螺线极坐标方程转换为直角坐标方程，用参数方程表示为：

$$\begin{cases} x = \rho\cos t \\ y = \rho\sin t \end{cases}$$

设工件坐标系原点在圆形平面中心，选用 ϕ10 立铣刀，编制加工程序如下，仿真加工结果如图 39-9 所示。

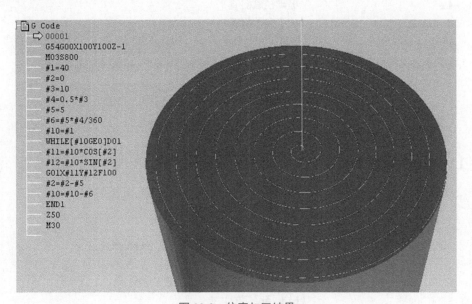

图 39-9　仿真加工结果

```
#1=40            （圆平面半径赋值，如图 39-6 所示，直径 80mm，半径 40mm）
#2=0             （起点极角赋值）
#3=10            （刀具直径 10mm）
#4=0.5*#3        （每圈缩进量，此次取 0.5 倍刀具直径值）
#5=5             （角度递变量）
#6=#5*#4/360     （角度递变量对应的极半径递变量计算）
#10=#1           （极半径赋初值）
WHILE [#10GE0] DO1   （加工条件判断）
```

```
    #11=#10*COS[#2]        （计算 X 坐标值）
    #12=#10*SIN[#2]        （计算 Y 坐标值）
    G01 X#11 Y#12 F100     （直线插补逼近螺线）
    #2=#2-#5               （极角递减）
    #10=#10-#6             （极半径递减）
  END1                    （循环结束）
```

注意程序中 #6 为角度递变量对应的极半径递变量。因为每圈缩进量为 #4，所以每 1 度对应的极半径递变量（即螺线系数）等于 #4/360，又因为角度递变量为 #5，所以角度递变量对应的极半径递变量 #6=#5*#4/360。

◆【华中宏程序】

```
    #1=40                 （圆平面半径赋值）
    #2=0                  （起点极角赋值）
    #3=10                 （刀具直径赋值）
    #4=0.5*#3             （每圈缩进量，此次取 0.5 倍刀具直径值）
    #5=5                  （角度递变量）
    #6=#5*#4/360          （角度递变量对应的极半径递变量计算）
    #10=#1                （极半径赋初值）
    WHILE #10GE0          （加工条件判断）
      #11=#10*COS[#2*PI/180]  （计算 X 坐标值）
      #12=#10*SIN[#2*PI/180]  （计算 Y 坐标值）
      G01 X[#11] Y[#12] F100  （直线插补逼近螺线）
      #2=#2-#5           （极角递减）
      #10=#10-#6         （极半径递减）
    ENDW                 （循环结束）
```

◇【SIEMENS 参数程序】

```
    R1=40                 （圆平面半径赋值）
    R2=0                  （起点极角赋值）
    R3=10                 （刀具直径赋值）
    R4=0.5*R3            （每圈缩进量，此次取 0.5 倍刀具直径值）
    R5=5                  （角度递变量）
    R6=R5*R4/360          （角度递变量对应的极半径递变量计算）
    R10=R1                （极半径赋初值）
    AAA:                  （程序跳转标记）
      R11=R10*COS(R2)     （计算 X 坐标值）
      R12=R10*SIN(R2)     （计算 Y 坐标值）
      G01 X=R11 Y=R12 F100  （直线插补逼近螺线）
      R2=R2-R5           （极角递减）
      R10=R10-R6         （极半径递减）
    IF R10>=0 GOTOB AAA   （加工条件判断）
```

第 40 章

椭圆曲线铣削

40.1 完整正椭圆曲线

如图 40-1 所示椭圆，长轴长 60mm，短轴长 32mm，试编制数控铣削加工该椭圆外轮廓的宏程序。

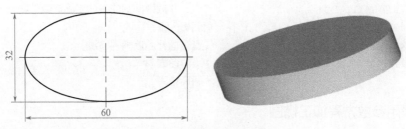

图 40-1 椭圆外轮廓加工

（1）采用标准方程加工椭圆

椭圆标准方程为：

$$\frac{x^2}{a^2} + \frac{y^2}{b^2} = 1$$

如图 40-2 所示，a 为椭圆长半轴长，b 为椭圆短半轴长。采用标准方程编程时，以 x 或 y 为自变量进行分段逐步插补加工椭圆曲线均可。若以 x 为自变量，则 y 为因变量，那么可将标准方程转换成用 x 表示 y 的方程为：

$$y = \pm b \times \sqrt{1 - \frac{x^2}{a^2}}$$

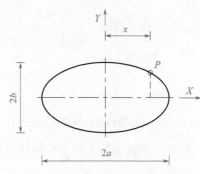

图 40-2 椭圆标准方程参数模型

当加工椭圆曲线上任一点 P 在以椭圆中心为原点建立的自身坐标系中第 Ⅰ 或第 Ⅱ 象限时：

$$y = b \times \sqrt{1 - \frac{x^2}{a^2}}$$

而在第 Ⅲ 或第 Ⅳ 象限时：

$$y = -b \times \sqrt{1 - \frac{x^2}{a^2}}$$

因此在数控铣床上采用标准方程加工椭圆时一个循环内只能加工椭圆曲线的局部，最多一半，第 Ⅰ 和第 Ⅱ 象限或第 Ⅲ 和第 Ⅳ 象限内可以在一次循环中加工完毕；若是要加工完整椭圆，必须至少分两次循环编程。

设工件坐标系原点在椭圆中心，编制加工程序如下。

```
#1=30                                （椭圆长半轴 a 赋值）
#2=16                                （椭圆短半轴 b 赋值）
#3=0                                 （椭圆中心在工件坐标系中的 x 坐标赋值）
#4=0                                 （椭圆中心在工件坐标系中的 Y 坐标赋值）
#5=0.2                               （坐标增量赋值，改变该值实现加工精度的控制）
#10=#1                               （加工 x 值赋初值）
WHILE [#10GT-#1] DO1                 （Ⅲ、Ⅳ象限椭圆曲线加工循环条件判断）
  #11=-#2*SQRT[1-#10*#10/[#1*#1]]    （计算 y 值）
  G01 X[#10+#3] Y[#11+#4]            （直线插补逼近椭圆曲线）
  #10=#10-#5                         （x 值递减）
END1                                 （循环结束）
WHILE [#10LE#1] DO2                  （Ⅰ、Ⅱ象限椭圆曲线加工循环条件判断）
  #11=#2*SQRT[1-#10*#10/[#1*#1]]     （计算 y 值）
  G01 X[#10+#3] Y[#11+#4]            （直线插补逼近椭圆曲线）
  #10=#10+#5                         （x 值递增）
END2                                 （循环结束）
```

（2）采用参数方程加工椭圆

椭圆参数方程为：

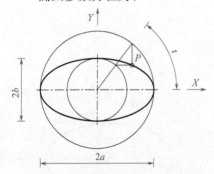

$$\begin{cases} x = a\cos t \\ y = b\sin t \end{cases}$$

如图 40-3 所示，参数方程中 a、b 分别为椭圆长、短半轴长；t 为离心角，是以椭圆的长半轴（短半轴）为半径、以椭圆中心为圆心作辅助圆，任取椭圆上一点 P，作平行于 $Y(X)$ 轴的平行线与大（小）辅助圆的交点，该交点与椭圆中心的连线和 X 正半轴之间的夹角。

在数控铣床上通过参数方程编制宏程序加工椭圆可以加工任意角度，即使是完整椭圆也不需要分两次循

图 40-3　椭圆参数方程参数模型

环编程，直接通过参数方程编制宏程序加工即可。

```
#1=30                          （椭圆长半轴 a 赋值）
#2=16                          （椭圆短半轴 b 赋值）
#3=0                           （椭圆中心在工件坐标系中的 X 坐标赋值）
#4=0                           （椭圆中心在工件坐标系中的 Y 坐标赋值）
#5=0.5                         （离心角增量赋值）
#10=0                          （离心角 t 赋初值）
WHILE [#10LE360] DO1           （加工条件判断）
  #11=#1*COS[#10]              （计算 x 值）
  #12=#2*SIN[#10]              （计算 y 值）
  G01 X[#11+#3] Y[#12+#4]      （直线插补逼近椭圆曲线）
  #10=#10+#5                   （离心角递增）
END1                           （循环结束）
```

◆【华中宏程序】

```
#1=30                          （椭圆长半轴 a 赋值）
#2=16                          （椭圆短半轴 b 赋值）
#3=0                           （椭圆中心在工件坐标系中的 X 坐标赋值）
#4=0                           （椭圆中心在工件坐标系中的 Y 坐标赋值）
#5=0.5                         （离心角增量赋值）
#10=0                          （离心角 t 赋初值）
WHILE #10LE360                 （加工条件判断）
  #11=#1*COS[#10*PI/180]       （计算 x 值）
  #12=#2*SIN[#10*PI/180]       （计算 y 值）
  G01 X[#11+#3] Y[#12+#4]      （直线插补逼近椭圆曲线）
  #10=#10+#5                   （离心角递增）
ENDW                           （循环结束）
```

◇【SIEMENS 参数程序】

```
R1=30                          （椭圆长半轴 a 赋值）
R2=16                          （椭圆短半轴 b 赋值）
R3=0                           （椭圆中心在工件坐标系中的 X 坐标赋值）
R4=0                           （椭圆中心在工件坐标系中的 Y 坐标赋值）
R5=0.5                         （离心角增量赋值）
R10=0                          （离心角 t 赋初值）
AAA:                           （加工条件判断）
  R11=R1*COS(R10)              （计算 x 值）
  R12=R2*SIN(R10)              （计算 y 值）
  G01 X=R11+R3 Y=R12+R4        （直线插补逼近椭圆曲线）
  R10=R10+R5                   （离心角递增）
IF R10<=360 GOTOB AAA          （循环结束）
```

40.2 正椭圆曲线段

【例 1】 数控加工如图 40-4 所示椭圆凸台，椭圆长轴长 60mm，短轴长 40mm，高 5mm。设工件坐标系原点在工件上表面的椭圆中心，采用椭圆标准方程编制加工程序如下。

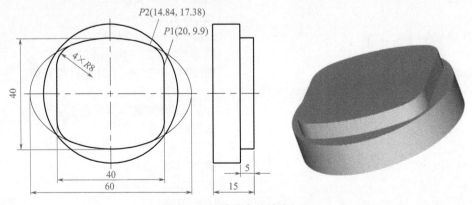

图 40-4 椭圆凸台外轮廓加工

```
#1=30                              （椭圆长半轴 a 赋值）
#2=20                              （椭圆短半轴 b 赋值）
#3=5                               （加工深度赋值）
#4=14.04                           （曲线段起点的 X 坐标）
#5=0                               （椭圆中心在工件坐标系中的 X 坐标值）
#6=0                               （椭圆中心在工件坐标系中的 Y 坐标值）
#7=0.2                             （坐标递变量赋值）
#10=#4                             （加工 x 值赋初值）
G00 X100 Y100 Z50                  （进刀到起刀点）
Z-#3                               （下刀到加工平面）
G41 X20 Y15 D01                    （建立刀具半径补偿）
G01 Y-9.9                          （直线插补）
G02 X14.84 Y-17.38 R8             （圆弧插补）
WHILE [#10GT-#4] DO1              （加工条件判断）
  #10=#10-#7                       （加工 x 值递减）
  #11=-#2*SQRT[1-#10*#10/[#1*#1]] （计算 y 值）
  G01 X[#10+#5] Y[#11+#6]          （直线插补逼近椭圆曲线）
END1                               （循环结束）
G02 X-20 Y-9.9 R8                 （圆弧插补）
G01 Y9.9                           （直线插补）
G02 X-14.84 Y17.38 R8            （圆弧插补）
WHILE [#10LT#4] DO2               （加工条件判断）
  #10=#10+#7                       （加工 x 值递增）
  #11=#2*SQRT[1-#10*#10/[#1*#1]]  （计算 y 值）
  G01 X[#10+#5] Y[#11+#6]          （直线插补逼近椭圆曲线）
END2                               （循环结束）
G02 X20 Y9.9 R8                   （圆弧插补）
G40 G00 X100 Y100                 （返回起刀点）
Z50                                （抬刀）
```

◆ 【华中宏程序】

```
#1=30                              （椭圆长半轴 a 赋值）
#2=20                              （椭圆短半轴 b 赋值）
#3=5                               （加工深度赋值）
#4=14.84                           （曲线段起点的 X 坐标）
#5=0                               （椭圆中心在工件坐标系中的 X 坐标值）
#6=0                               （椭圆中心在工件坐标系中的 Y 坐标值）
#7=0.2                             （坐标递变量赋值）
#10=#4                             （加工 x 值赋初值）
G00 X100 Y100 Z50                  （进刀到起刀点）
Z-#3                               （下刀到加工平面）
G41 X20 Y15 D01                    （建立刀具半径补偿）
G01 Y-9.9                          （直线插补）
G02 X14.84 Y-17.38 R8             （圆弧插补）
```

```
WHILE #10GT-#4                       （加工条件判断）
  #10=#10-#7                         （加工 x 值递减）
  #11=-#2*SQRT[1-#10*#10/[#1*#1]]    （计算 y 值）
  G01 X[#10+#5] Y[#11+#6]            （直线插补逼近椭圆曲线）
ENDW                                 （循环结束）
G02 X-20 Y-9.9 R8                    （圆弧插补）
G01 Y9.9                             （直线插补）
G02 X-14.84 Y17.38 R8               （圆弧插补）
WHILE #10LT#4                        （加工条件判断）
  #10=#10+#7                         （加工 x 值递增）
  #11=#2*SQRT[1-#10*#10/[#1*#1]]     （计算 y 值）
  G01 X[#10+#5] Y[#11+#6]            （直线插补逼近椭圆曲线）
ENDW                                 （循环结束）
G02 X20 Y9.9 R8                      （圆弧插补）
G40 G00 X100 Y100                    （返回起刀点）
Z50                                  （抬刀）
```

◇【SIEMENS 参数程序】

```
R1=30                                （椭圆长半轴 a 赋值）
R2=20                                （椭圆短半轴 b 赋值）
R3=5                                 （加工深度赋值）
R4=14.84                             （曲线段起点的 x 坐标）
R5=0                                 （椭圆中心在工件坐标系中的 x 坐标值）
R6=0                                 （椭圆中心在工件坐标系中的 y 坐标值）
R7=0.2                               （坐标递变量赋值）
R10=R4                               （加工 x 值赋初值）
G00 X100 Y100 Z50                    （进刀到起刀点）
Z=-R3                                （下刀到加工平面）
G41 X20 Y15 D01                      （建立刀具半径补偿）
G01 Y-9.9                            （直线插补）
G02 X14.84 Y-17.38 CR=8             （圆弧插补）
AAA:                                 （程序跳转标记符）
  R10=R10-R7                         （加工 x 值递减）
  R11=-R2*SQRT(1-R10*R10/(R1*R1))    （计算 y 值）
  G01 X=R10+R5 Y=R11+R6             （直线插补逼近椭圆曲线）
IF R10>-R4 GOTOB AAA                 （加工条件判断）
G02 X-20 Y-9.9 CR=8                  （圆弧插补）
G01 Y9.9                             （直线插补）
G02 X-14.84 Y17.38 CR=8            （圆弧插补）
BBB:                                 （程序跳转标记符）
  R10=R10+R7                         （加工 x 值递增）
  R11=R2*SQRT(1-R10*R10/(R1*R1))     （计算 y 值）
  G01 X=R10+R5 Y=R11+R6             （直线插补逼近椭圆曲线）
IF R10<R4 GOTOB BBB                  （加工条件判断）
```

```
G02 X20 Y9.9 CR=8                          （圆弧插补）
G40 G00 X100 Y100                          （返回起刀点）
Z50                                        （抬刀）
```

【例2】   数控铣削加工如图40-5所示含椭圆曲线段零件的外轮廓，椭圆长轴50mm，短轴35mm，椭圆圆心角为45°，试编制其加工宏程序。

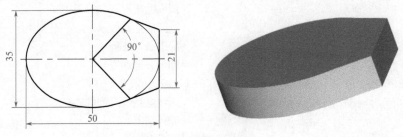

图40-5   含椭圆曲线段零件

椭圆上任一点与椭圆中心的连线与水平向右轴线（X坐标轴）的夹角称为圆心角；以椭圆的长半轴（短半轴）为半径、以椭圆中心为圆心作辅助圆，任取椭圆上一点P，作平行于Y（X）轴的平行线与大（小）辅助圆的交点，该交点与椭圆中心的连线和X正半轴之间的夹角称为离心角。如图40-6所示，椭圆上P点的椭圆圆心角为θ，离心角为t。

确定离心角t应按照椭圆的参数方程来确定，因为它并不总是等于椭圆圆心角θ，仅当$\theta = \dfrac{K\pi}{2}$时，才有$\theta=t$。设P点坐标值(x, y)，由：

$$\tan\theta = \frac{y}{x} = \frac{b\sin t}{a\cos t} = \frac{b}{a}\tan t$$

可得：

$$t = \arctan\left(\frac{a}{b}\tan\theta\right)$$

另外，通过直接计算出来的数值与实际角度有0°、180°或360°的差距，需要考虑到这一差距。由图40-5可得$a=25$，$b=17.5$，$\theta=45°$，代入上式计算：

$$t = \arctan\left(\frac{a}{b}\tan\theta\right) = \arctan\left(\frac{25}{17.5}\tan 45\right) \approx 55°$$

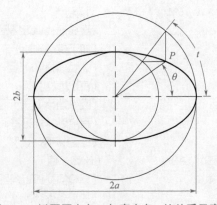

图40-6   椭圆圆心角θ与离心角t的关系示意图

设工件坐标系原点在椭圆中心，采用椭圆参数方程编制曲线段加工程序如下。

```
#1=25                            （椭圆长半轴 a 赋值）
#2=17.5                          （椭圆短半轴 b 赋值）
#3=45                            （圆心角 θ 赋值）
#4=0                             （椭圆中心在工件坐标系中的 X 坐标值）
#5=0                             （椭圆中心在工件坐标系中的 Y 坐标值）
#6=0.5                           （离心角递增量赋值）
#10=ATAN[#1*TAN[#3]/#2]          （起点离心角 t 值计算）
#11=#10                          （加工离心角 t 赋初值）
WHILE [#11LT360-#10] DO1         （加工条件判断）
  #20=#1*COS[#11]                （计算 x 值）
  #21=#2*SIN[#11]                （计算 y 值）
  G01 X[#20+#4] Y[#21+#5]        （直线插补逼近）
  #11=#11+#6                     （离心角递增）
END1                             （循环结束）
```

◆【华中宏程序】

```
#1=25                            （椭圆长半轴 a 赋值）
#2=17.5                          （椭圆短半轴 b 赋值）
#3=45                            （圆心角 θ 赋值）
#4=0                             （椭圆中心在工件坐标系中的 X 坐标值）
#5=0                             （椭圆中心在工件坐标系中的 Y 坐标值）
#6=0.5                           （离心角递增量赋值）
#10=ATAN[#1*TAN[#3*PI/180]/#2]   （起点离心角 t 值计算）
#11=#10                          （加工离心角 t 赋初值）
WHILE #11LT360-#10               （加工条件判断）
  #20=#1*COS[#11*PI/180]         （计算 x 值）
  #21=#2*SIN[#11*PI/180]         （计算 y 值）
  G01 X[#20+#4] Y[#21+#5]        （直线插补逼近）
  #11=#11+#6                     （离心角递增）
ENDW                             （循环结束）
```

◇【SIEMENS 参数程序】

```
R1=25                            （椭圆长半轴 a 赋值）
R2=17.5                          （椭圆短半轴 b 赋值）
R3=45                            （圆心角 θ 赋值）
R4=0                             （椭圆中心在工件坐标系中的 X 坐标值）
R5=0                             （椭圆中心在工件坐标系中的 Y 坐标值）
R6=0.5                           （离心角递增量赋值）
R10=ATAN2(R1*TAN(R3)/R2)         （起点离心角 t 值计算）
R11=R10                          （加工离心角 t 赋初值）
AAA:                             （程序跳转标记符）
  R20=R1*COS(R11)                （计算 x 值）
  R21=R2*SIN(R11)                （计算 y 值）
```

```
  G01 X=R20+R4 Y=R21+R5               (直线插补逼近)
  R11=R11+R6                          (离心角递增)
IF R11<360-R10 GOTOB AAA             (加工条件判断)
```

40.3　倾斜椭圆曲线

倾斜椭圆类零件铣削加工编程可利用高等数学中的坐标变换公式进行坐标变换或者利用坐标旋转指令来实现。

（1）坐标变换

图 40-7 所示为倾斜椭圆曲线几何参数模型，利用旋转转换矩阵：

$$\begin{bmatrix} \cos\beta & -\sin\beta \\ \sin\beta & \cos\beta \end{bmatrix}$$

对曲线方程进行旋转变换可得如下方程（旋转后的曲线在原坐标系下的方程）：

$$\begin{cases} x' = x\cos\beta - y\sin\beta \\ y' = x\sin\beta + y\cos\beta \end{cases}$$

式中，x、y 为旋转前的坐标值；x'、y' 为旋转后的坐标值；β 为曲线旋转角度。

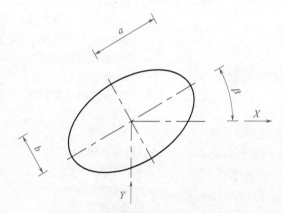

图 40-7　倾斜椭圆曲线几何参数模型

（2）坐标旋转

使用坐标旋转功能后，会根据旋转角度建立一个当前坐标系，新输入的尺寸均为此坐标系中的尺寸。

① FANUC 系统坐标旋转指令（G68/G69）。

FANUC 系统坐标旋转指令格式如下：

```
G68  X_____  Y_____  R_____        (坐标旋转模式建立)
……                                    (坐标旋转模式)
G69                                    (坐标旋转取消)
```

其中，X、Y 为指定的旋转中心坐标，缺省值为 X0 Y0，即省略不写 X 和 Y 值时认为当前工件坐标系原点为旋转中心；R 为旋转角度，逆时针方向角度为正，反之为负。

需要特别注意的是：刀具半径补偿的建立和取消应该在坐标旋转模式中完成，即有刀具半径补偿时的编程顺序应为 G68 → G41（G42）→ G40 → G69。

② 华中系统坐标旋转指令（G68/G69）。

华中系统坐标旋转指令格式如下：

```
G68  X_____  Y_____  R_____        （坐标旋转模式建立）
……                              （坐标旋转模式）
G69                                （坐标旋转取消）
```

其中，X、Y 为指定的旋转中心坐标，缺省值为 X0 Y0，即省略不写 X 和 Y 值时认为当前工件坐标系原点为旋转中心；P 为旋转角度，逆时针方向角度为正，反之为负。

③ SIEMENS 系统坐标旋转指令（ROT）。

SIEMENS 系统坐标旋转指令格式如下：

```
ROT  RPL=                          （坐标旋转模式建立）
……                              （坐标旋转模式）
ROT                                （坐标旋转取消）
```

其中，ROT 指令为绝对可编程零位旋转，以当前工件坐标系（G54 ～ G59 设定）原点为旋转中心；RPL 为旋转角度，单位为度（°），在 XOY 平面内，逆时针方向角度为正，反之为负。

【例】　如图 40-8 所示，椭圆长轴长 50mm，椭圆短轴长 30mm，绕 X 轴旋转 30°，试编制铣削加工该零件外轮廓的宏程序。

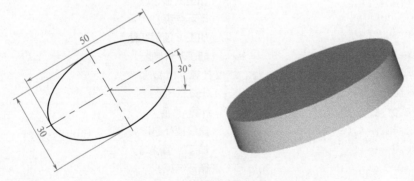

图 40-8　斜椭圆数控铣削加工

设工件坐标系原点在椭圆中心，编制加工程序如下。

① 采用坐标变换公式结合椭圆参数方程编程：

```
#1=25                  （椭圆长半轴长 a 赋值）
#2=15                  （椭圆短半轴长 b 赋值）
#3=30                  （旋转角度 β 赋值）
#4=0                   （椭圆中心在工件坐标系中的 x 坐标赋值）
#5=0                   （椭圆中心在工件坐标系中的 y 坐标赋值）
#6=0.5                 （离心角递变量赋值）
#10=0                  （离心角 t 赋初值）
WHILE [#10LE360] DO1   （加工条件判断）
```

```
    #20=#1*COS[#10]                    （计算 x 值）
    #21=#2*SIN[#10]                    （计算 y 值）
    #30=#20*COS[#3]-21*SIN[#3]         （计算 x′ 值）
    #31=#20*SIN[#3]+#21*COS[#3]        （计算 y′ 值）
    G01 X[#30+#4] Y[#31+#5]            （直线插补逼近）
    #10=#10+#6                         （离心角 t 递增）
END1                                   （循环结束）
```

② 采用坐标变换公式结合椭圆标准方程编程：

```
#1=25                                  （椭圆长半轴长 a 赋值）
#2=15                                  （椭圆短半轴长 b 赋值）
#3=30                                  （旋转角度 β 赋值）
#4=0                                   （椭圆中心在工件坐标系中的 X 坐标赋值）
#5=0                                   （椭圆中心在工件坐标系中的 Y 坐标赋值）
#6=0.2                                 （坐标递变量赋值）
#10=#1                                 （加工 x 值赋初值）
WHILE [#10GE-#1] DO1                   （加工条件判断）
  #11=#2*SQRT[1-#10*#10/[#1*#1]]       （计算 y 值）
  #20=#10*COS[#3]-#11*SIN[#3]          （计算 x′ 值）
  #21=#10*SIN[#3]+#11*COS[#3]          （计算 y′ 值）
  G01 X[#20+#4] Y[#21+#5]              （直线插补逼近）
  #10=#10-#6                           （加工 x 值递减）
END1                                   （循环结束）
#10=-#1                                （加工 x 值赋初值）
WHILE [#10LE#1] DO2                    （加工条件判断）
  #11=-#2*SQRT[1-#10*#10/[#1*#1]]      （计算 y 值）
  #20=#10*COS[#3]-#11*SIN[#3]          （计算 x′ 值）
  #21=#10*SIN[#3]+#11*COS[#3]          （计算 y′ 值）
  G01 X[#20+#4] Y[#21+#5]              （直线插补逼近）
  #10=#10+#6                           （加工 x 值递增）
END2                                   （循环结束）
```

③ 采用坐标旋转指令编程：

```
#1=25                                  （椭圆长半轴长 a 赋值）
#2=15                                  （椭圆短半轴长 b 赋值）
#3=30                                  （旋转角度 β 赋值）
#4=0                                   （椭圆中心在工件坐标系中的 X 坐标赋值）
#5=0                                   （椭圆中心在工件坐标系中的 Y 坐标赋值）
#6=0.5                                 （离心角递变量赋值）
#10=0                                  （离心角 t 赋初值）
G68 X#4 Y#5 R#3                        （坐标旋转设定）
WHILE [#10LE360] DO1                   （加工条件判断）
  #20=#1*COS[#10]                      （计算 x 值）
  #21=#2*SIN[#10]                      （计算 y 值）
```

```
    G01 X[#20+#4] Y[#21+#5]          （直线插补逼近）
    #10=#10+#6                        （离心角 t 递增）
END1                                  （循环结束）
G69                                   （取消坐标旋转）
```

◆【华中宏程序】

```
#1=25                                 （椭圆长半轴长 a 赋值）
#2=15                                 （椭圆短半轴长 b 赋值）
#3=30                                 （旋转角度 β 赋值）
#4=0                                  （椭圆中心在工件坐标系中的 X 坐标赋值）
#5=0                                  （椭圆中心在工件坐标系中的 Y 坐标赋值）
#6=0.5                                （离心角递变量赋值）
#10=0                                 （离心角 t 赋初值）
WHILE #10LE360                        （加工条件判断）
    #20=#1*COS[#10*PI/180]            （计算 x 值）
    #21=#2*SIN[#10*PI/180]            （计算 y 值）
    #30=#20*COS[#3*PI/180]-#21*SIN[#3*PI/180]  （计算 x′ 值）
    #31=#20*SIN[#3*PI/180]+#21*COS[#3*PI/180]  （计算 y′ 值）
    G01 X[#30+#4] Y[#31+#5]           （直线插补逼近）
    #10=#10+#6                        （离心角 t 递增）
ENDW                                  （循环结束）
```

◇【SIEMENS 参数程序】

```
R1=25                                 （椭圆长半轴长 a 赋值）
R2=15                                 （椭圆短半轴长 b 赋值）
R3=30                                 （旋转角度 β 赋值）
R4=0                                  （椭圆中心在工件坐标系中的 X 坐标赋值）
R5=0                                  （椭圆中心在工件坐标系中的 Y 坐标赋值）
R6=0.5                                （离心角递变量赋值）
R10=0                                 （离心角 t 赋初值）
AAA:                                  （程序跳转标记符）
    R20=R1*COS(R10)                   （计算 x 值）
    R21=R2*SIN(R10)                   （计算 y 值）
    R30=R20*COS(R3)-R21*SIN(R3)       （计算 x′ 值）
    R31=R20*SIN(R3)+R21*COS(R3)       （计算 y′ 值）
    G01 X=R30+R4 Y=R31+R5             （直线插补逼近）
    R10=R10+R6                        （离心角 t 递增）
IF R10<=360 GOTOB AAA                 （加工条件判断）
```

第 41 章

抛物曲线铣削

抛物线方程、图形和顶点如表 41-1 所示。由于表中后三张图可看成是将第一张图分别逆时针方向旋转 180°、90°、270° 后得到，因此只用标准方程 $Y^2=2pX$ 和其图形编制加工宏程序即可。

表 41-1　抛物线方程、图形和顶点

方程	图形	顶点	对称轴
$Y^2=2pX$ （标准方程）	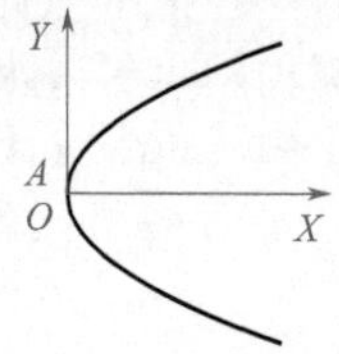	A（0，0）	X 正半轴
$Y^2=-2pX$	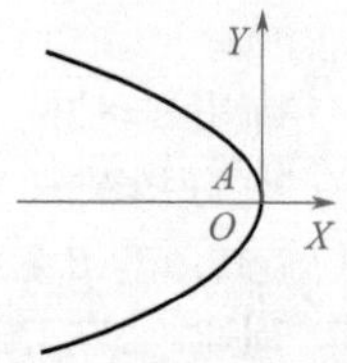	A（0，0）	X 负半轴
$X^2=-2pY$	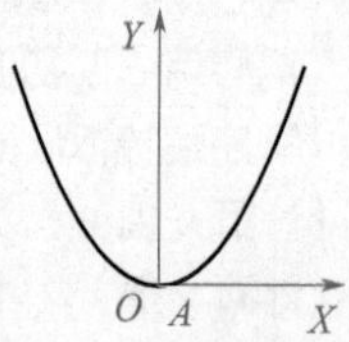	A（0，0）	Y 正半轴
$X^2=-2pY$	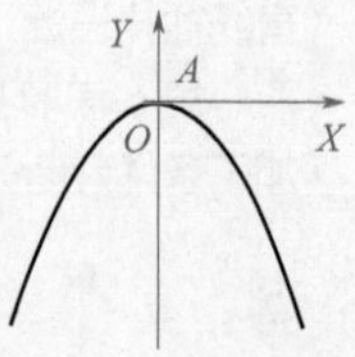	A（0，0）	Y 负半轴

如图 41-1 所示，数控铣削加工含抛物曲线段零件的外轮廓，抛物曲线方程为 $Y^2=18X$，设工件坐标系原点在抛物曲线顶点，编制加工程序如下。

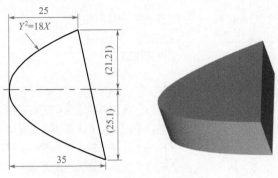

图 41-1　含抛物曲线段零件

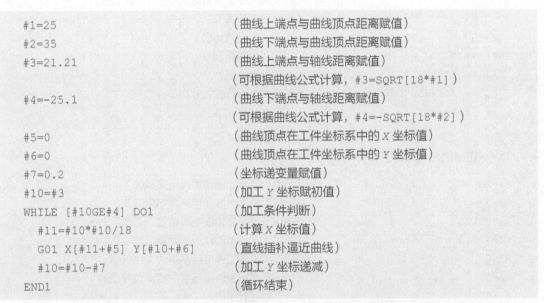

```
#1=25                        （曲线上端点与曲线顶点距离赋值）
#2=35                        （曲线下端点与曲线顶点距离赋值）
#3=21.21                     （曲线上端点与轴线距离赋值）
                             （可根据曲线公式计算，#3=SQRT[18*#1]）
#4=-25.1                     （曲线下端点与轴线距离赋值）
                             （可根据曲线公式计算，#4=-SQRT[18*#2]）
#5=0                         （曲线顶点在工件坐标系中的 X 坐标值）
#6=0                         （曲线顶点在工件坐标系中的 Y 坐标值）
#7=0.2                       （坐标递变量赋值）
#10=#3                       （加工 Y 坐标赋初值）
WHILE [#10GE#4] DO1          （加工条件判断）
  #11=#10*#10/18             （计算 X 坐标值）
  G01 X[#11+#5] Y[#10+#6]    （直线插补逼近曲线）
  #10=#10-#7                 （加工 Y 坐标递减）
END1                         （循环结束）
```

上述程序选择 Y 坐标为自变量；若选择 X 坐标为自变量，编制加工程序如下。

```
#1=25                        （曲线上端点与曲线顶点距离赋值）
#2=35                        （曲线下端点与曲线顶点距离赋值）
#3=21.21                     （曲线上端点与轴线距离赋值，可根据曲线公式计算）
#4=-25.1                     （曲线下端点与轴线距离赋值，可根据曲线公式计算）
#5=0                         （曲线顶点在工件坐标系中的 X 坐标值）
#6=0                         （曲线顶点在工件坐标系中的 Y 坐标值）
#7=0.2                       （坐标递变量赋值）
#10=#1                       （加工 X 坐标赋初值）
WHILE [#10GE0] DO1           （加工条件判断）
  #11=SQRT[18*#10]           （计算 Y 坐标值）
  G01 X[#10+#5] Y[#11+#6]    （直线插补逼近曲线）
  #10=#10-#7                 （加工 X 坐标递减）
END1                         （循环结束）
#10=0                        （加工 X 坐标赋初值）
WHILE [#10LE#2] DO2          （加工条件判断）
  #11=-SQRT[18*#10]          （计算 Y 坐标值）
```

```
    G01 X[#10+#5] Y[#11+#6]      (直线插补逼近曲线)
    #10=#10+#7                   (加工 x 坐标递减)
  END2                           (循环结束)
```

◆【华中宏程序】

```
  #1=25                          (曲线上端点与曲线顶点距离赋值)
  #2=35                          (曲线下端点与曲线顶点距离赋值)
  #3=21.21                       (曲线上端点与轴线距离赋值,可根据曲线公式计算)
  #4=-25.1                       (曲线下端点与轴线距离赋值,可根据曲线公式计算)
  #5=0                           (曲线顶点在工件坐标系中的 x 坐标值)
  #6=0                           (曲线顶点在工件坐标系中的 y 坐标值)
  #7=0.2                         (坐标递变量赋值)
  #10=#3                         (加工 y 坐标赋初值)
  WHILE #10GE#4                  (加工条件判断)
    #11=#10*#10/18               (计算 x 坐标值)
    G01 X[#11+#5] Y[#10+#6]      (直线插补逼近曲线)
    #10=#10-#7                   (加工 y 坐标递减)
  ENDW                           (循环结束)
```

◇【SIEMENS 参数程序】

```
  R1=25                          (曲线上端点与曲线顶点距离赋值)
  R2=35                          (曲线下端点与曲线顶点距离赋值)
  R3=21.21                       (曲线上端点与轴线距离赋值,可根据曲线公式计算)
  R4=-25.1                       (曲线下端点与轴线距离赋值,可根据曲线公式计算)
  R5=0                           (曲线顶点在工件坐标系中的 x 坐标值)
  R6=0                           (曲线顶点在工件坐标系中的 y 坐标值)
  R7=0.2                         (坐标递变量赋值)
  R10=R3                         (加工 y 坐标赋初值)
  AAA:                           (加工条件判断)
    R11=R10*R10/18               (计算 x 坐标值)
    G01 X=R11+R5 Y=R10+R6        (直线插补逼近曲线)
    R10=R10-R7                   (加工 y 坐标递减)
  IF R10>=R4 GOTOB AAA           (循环结束)
```

第 42 章
正弦曲线铣削

42.1 平面正弦曲线

铣削如图 42-1 所示含 4 个正弦曲线段的零件外轮廓，A、C 段曲线方程为 $Y=5\sin\theta$，振幅为 5，只有一个周期，一个周期内对应长度值 60mm，则曲线另一坐标方程为 $X = 60 \times \dfrac{\theta}{360°}$。$B$、$D$ 段曲线方程为 $X=5\sin\theta$，振幅为 5，也均只有一个周期，一个周期内对应长度值 60mm，则曲线另一坐标方程 $Y = 60 \times \dfrac{\theta}{360°}$。设坐标原点在左前角，若从原点开始出发，逆时针按顺序加工 A、D、C、B 曲线，分析如表 42-1 所示。

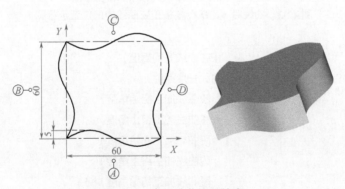

图 42-1　含正弦曲线段轮廓

表 42-1　曲线段加工分析

曲线段	曲线方程	曲线段原点在工件坐标系中的坐标值	初始角度 /(°)	终止角度 /(°)
A	$\begin{cases} X = 60 \times \dfrac{\theta}{360°} \\ Y = 5\sin\theta \end{cases}$	0，0	0	360
D	$\begin{cases} X = 5\sin\theta \\ Y = 60 \times \dfrac{\theta}{360°} \end{cases}$	60，30	−180	180
C	$\begin{cases} X = 60 \times \dfrac{\theta}{360°} \\ Y = 5\sin\theta \end{cases}$	30，60	180	−180
B	$\begin{cases} X = 5\sin\theta \\ Y = 60 \times \dfrac{\theta}{360°} \end{cases}$	0，0	360	0

曲线段 *A*、*C* 和 *B*、*D* 在整条正弦曲线中的位置分别如图 42-2 和图 42-3 所示。编制加工程序如下。

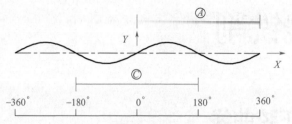

图 42-2 曲线段 *A*、*C* 在整条正弦曲线中的位置示意图

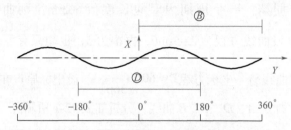

图 42-3 曲线段 *B*、*D* 在整条正弦曲线中的位置示意图

```
#1=5                    （正弦曲线振幅赋值）
#2=60                   （曲线长度赋值）
#3=0                    （A 段曲线加工初始角度）
#4=360                  （A 段曲线加工终止角度）
#5=-180                 （D 段曲线加工初始角度）
#6=180                  （D 段曲线加工终止角度）
#7=180                  （C 段曲线加工初始角度）
#8=-180                 （C 段曲线加工终止角度）
#9=360                  （B 段曲线加工初始角度）
#10=0                   （B 段曲线加工终止角度）
#11=1                   （角度 θ 递变量赋值）
#20=#3                  （加工初始角度）
WHILE [#20LE#4] DO1     （A 段正弦曲线加工条件判断）
  #21=#2*#20/360        （计算 X 坐标值）
  #22=#1*SIN[#20]       （计算 Y 坐标值）
  G01 X[#21] Y[#22]     （直线插补拟合正弦曲线）
  #20=#20+#11           （角度递增）
END1                    （循环结束）
#20=#5                  （加工初始角度）
WHILE [#20LE#6] DO1     （D 段正弦曲线加工条件判断）
  #21=#1*SIN[#20]       （计算 X 坐标值）
```

```
#22=#2*#20/360              (计算 Y 坐标值)
  G01 X[#21+60] Y[#22+30]  (直线插补拟合正弦曲线)
  #20=#20+#11               (角度递增)
END1                        (循环结束)
#20=#7                      (加工初始角度)
WHILE [#20GE#8] DO1         (C 段正弦曲线加工条件判断)
  #21=#2*#20/360            (计算 X 坐标值)
  #22=#1*SIN[#20]           (计算 Y 坐标值)
  G01 X[#21+30] Y[#22+60]  (直线插补拟合正弦曲线)
  #20=#20-#11               (角度递减)
END1                        (循环结束)
#20=#9                      (加工初始角度)
WHILE [#20GE#10] DO1        (B 段正弦曲线加工条件判断)
  #21=#1*SIN[#20]           (计算 X 坐标值)
  #22=#2*#20/360            (计算 Y 坐标值)
  G01 X[#21] Y[#22]         (直线插补拟合正弦曲线)
  #20=#20-#11               (角度递减)
END1                        (循环结束)
```

◆【华中宏程序】

```
#1=5                        (正弦曲线振幅赋值)
#2=60                       (曲线长度赋值)
#3=0                        (A 段曲线加工初始角度)
#4=360                      (A 段曲线加工终止角度)
#5=-180                     (D 段曲线加工初始角度)
#6=180                      (D 段曲线加工终止角度)
#7=180                      (C 段曲线加工初始角度)
#8=-180                     (C 段曲线加工终止角度)
#9=360                      (B 段曲线加工初始角度)
#10=0                       (B 段曲线加工终止角度)
#11=1                       (角度 θ 递变量赋值)
#20=#3                      (加工初始角度)
WHILE #20LE#4               (A 段正弦曲线加工条件判断)
  #21=#2*#20/360            (计算 X 坐标值)
  #22=#1*SIN[#20]           (计算 Y 坐标值)
  G01 X#21 Y#22             (直线插补拟合正弦曲线)
  #20=#20+#11               (角度递增)
ENDW                        (循环结束)
#20=#5                      (加工初始角度)
WHILE #20LE#6               (D 段正弦曲线加工条件判断)
```

```
    #21=#1*SIN[#20]              (计算 X 坐标值)
    #22=#2*#20/360              (计算 Y 坐标值)
    G01 X[#21+60] Y[#22+30]     (直线插补拟合正弦曲线)
    #20=#20+#11                 (角度递增)
ENDW                            (循环结束)
#20=#7                          (加工初始角度)
WHILE #20GE#8                   (C 段正弦曲线加工条件判断)
    #21=#2*#20/360             (计算 X 坐标值)
    #22=#1*SIN[#20]            (计算 Y 坐标值)
    G01 X[#21+30] Y[#22+60]    (直线插补拟合正弦曲线)
    #20=#20-#11                (角度递减)
ENDW                            (循环结束)
#20=#9                          (加工初始角度)
WHILE #20GE#10                  (B 段正弦曲线加工条件判断)
    #21=#1*SIN[#20]            (计算 X 坐标值)
    #22=#2*#20/360            (计算 Y 坐标值)
    G01 X#21 Y#22             (直线插补拟合正弦曲线)
    #20=#20-#11                (角度递减)
ENDW                            (循环结束)
```

◇【SIEMENS 参数程序】

```
R1=5                            (正弦曲线振幅赋值)
R2=60                           (曲线长度赋值)
R3=0                            (A 段曲线加工初始角度)
R4=360                          (A 段曲线加工终止角度)
R5=-180                         (D 段曲线加工初始角度)
R6=180                          (D 段曲线加工终止角度)
R7=180                          (C 段曲线加工初始角度)
R8=-180                         (C 段曲线加工终止角度)
R9=360                          (B 段曲线加工初始角度)
R10=0                           (B 段曲线加工终止角度)
R11=1                           (角度 θ 递变量赋值)
R20=R3                          (加工初始角度)
AAA:                            (程序跳转标记符)
    R21=R2*R20/360             (计算 X 坐标值)
    R22=R1*SIN(R20)            (计算 Y 坐标值)
    G01 X=R21 Y=R22            (直线插补拟合正弦曲线)
    R20=R20+R11                (角度递增)
IF R20<=R4 GOTOB AAA            (A 段正弦曲线加工条件判断)
R20=R5                          (加工初始角度)
```

```
BBB:                        (程序跳转标记符)
  R21=R1*SIN(R20)           (计算 X 坐标值)
  R22=R2*R20/360            (计算 Y 坐标值)
  G01 X=R21+60 Y=R22+30     (直线插补拟合正弦曲线)
  R20=R20+R11               (角度递增)
IF R20<=R4 GOTOB BBB        (D 段正弦曲线加工条件判断)
R20=R7                      (加工初始角度)
CCC:                        (程序跳转标记符)
  R21=R2*R20/360            (计算 X 坐标值)
  R22=R1*SIN(R20)           (计算 Y 坐标值)
  G01 X=R21+30 Y=R22+60     (直线插补拟合正弦曲线)
  R20=R20-R11               (角度递减)
IF R20 > =R4 GOTOB CCC      (C 段正弦曲线加工条件判断)
R20=R9                      (加工初始角度)
DDD:                        (程序跳转标记符)
  R21=R1*SIN(R20)           (计算 X 坐标值)
  R22=R2*R20/360            (计算 Y 坐标值)
  G01 X=R21 Y=R22           (直线插补拟合正弦曲线)
  R20=R20-R11               (角度递减)
IF R20>=R4 GOTOB DDD        (B 段正弦曲线加工条件判断)
```

42.2 空间正弦曲线

【例1】 数控铣削加工如图 42-4 所示空间曲线槽，该曲线槽由一个周期的两条正弦曲线 $y=25\sin\theta$ 和 $z=5\sin\theta$ 叠加而成，刀具中心轨迹如图 42-5 所示。

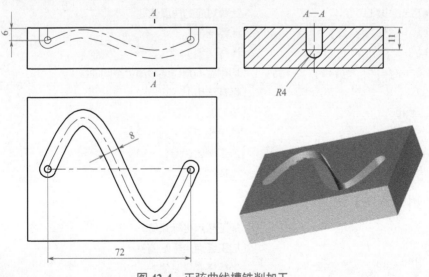

图 42-4　正弦曲线槽铣削加工

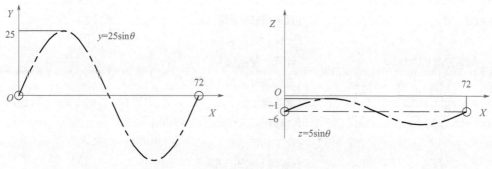

图 42-5 正弦曲线 $y=25\sin\theta$ 和 $z=5\sin\theta$

为了方便编制程序，采用粗微分方法忽略插补误差来加工，即以 x 为自变量，取相邻两点间的 X 向距离相等，间距为 0.2mm，然后用正弦曲线方程 $y=25\sin\theta$ 和 $z=5\sin\theta$ 分别计算出各点对应的 y 值和 z 值，进行空间直线插补，以空间直线来逼近空间曲线。正弦曲线一个周期（360°）对应的 X 轴长度为 72mm，因此任意 x 值对应角度 $\theta = \dfrac{360°X}{72}$。正弦空间曲线槽槽底为 $R4$mm 的圆弧，加工时采用球半径为 $SR4$mm 的球头铣刀在平面实体零件上铣削出该空间曲线槽。

```
#1=0                              （加工起点坐标赋值）
#2=72                             （加工终点坐标赋值）
#3=0.2                            （坐标递变量赋值）
#4=6                              （加工深度赋值）
#5=1                              （加工深度 z 值赋初值）
WHILE [#5LE#4] DO1                （加工深度条件判断）
  G01 Z-#5                        （直线插补切削至加工深度）
  #10=#1                          （x 值赋初值）
  WHILE [#10LT#2] DO2             （加工条件判断）
    #10=#10+#3                    （x 值加增量）
    #11=360*#10/72                （计算对应的角度值）
    #12=25*SIN[#11]               （计算 y 值）
    #13=5*SIN[#11]-#5             （计算 z 值）
    G01 X[#10] Y[#12] Z[#13]      （切削空间直线逐段逼近空间曲线）
  END2                            （循环结束）
  G00 Z30                         （退刀）
  X0 Y0                           （加工起点上平面定位）
  #5=#5+2.5                       （加工深度递增）
END1                              （循环结束）
```

◆【华中宏程序】

```
#1=0                              （加工起点坐标赋值）
#2=72                             （加工终点坐标赋值）
#3=0.2                            （坐标递变量赋值）
```

```
#4=6                          （加工深度赋值）
#5=1                          （加工深度 z 值赋初值）
WHILE #5LE#4                  （加工深度条件判断）
  G01 Z[-#5]                  （直线插补切削至加工深度）
  #10=#1                      （x 值赋初值）
  WHILE #10LT#2               （加工条件判断）
    #10=#10+#3                （x 值加增量）
    #11=360*#10/72            （计算对应的角度值）
    #12=25*SIN[#11*PI/180]    （计算 y 值）
    #13=5*SIN[#11*PI/180]-#5  （计算 z 值）
    G01 X[#10] Y[#12] Z[#13]  （切削空间直线逐段逼近空间曲线）
  ENDW                        （循环结束）
  G00 Z30                     （退刀）
  X0 Y0                       （加工起点上平面定位）
  #5=#5+2.5                   （加工深度递增）
ENDW                          （循环结束）
```

◇【SIEMENS 参数程序】

```
R1=0                          （加工起点坐标赋值）
R2=72                         （加工终点坐标赋值）
R3=0.2                        （坐标递变量赋值）
R4=6                          （加工深度赋值）
R5=1                          （加工深度 z 值赋初值）
AAA:                          （程序跳转标记符）
  G01 Z=-R5                   （直线插补切削至加工深度）
  R10=R1                      （x 值赋初值）
  BBB:                        （程序跳转标记符）
    R10=R10+R3                （x 值加增量）
    R11=360*R10/72            （计算对应的角度值）
    R12=25*SIN(R11)           （计算 y 值）
    R13=5*SIN(R11)-R5         （计算 z 值）
    G01 X=R10 Y=R12 Z=R13     （切削空间直线逐段逼近空间曲线）
  IF R10<R2 GOTOB BBB         （加工条件判断）
  G00 Z30                     （退刀）
  X0 Y0                       （加工起点上平面定位）
  R5=R5+2.5                   （加工深度递增）
IF R5<=R4 GOTOB AAA           （加工条件判断）
```

【例 2】　数控铣削如图 42-6 所示圆筒零件，圆筒内径 ϕ40mm，外径 ϕ50mm，端面上有一个沿着圆周方向分布的正弦曲线，振幅为 4mm，包括两个周期（2×360°=720°）。

下面分别采用环切和放射形加工两种走刀方式编程。环切方式如图 42-7（a）所示，是每次沿圆周方向铣削一个环形空间正弦曲线，然后向内移动一个圆筒半径方向的步距，再铣削第二个环形空间正弦曲线，依次加工，直至加工出整个正弦曲面。

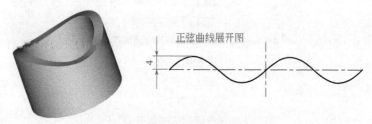

图 42-6　空间正弦曲面圆筒

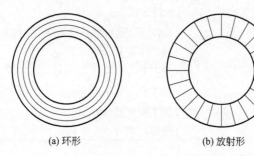

(a) 环形　　　　　　　　　　(b) 放射形

图 42-7　走刀方式

```
#1=40                        （圆筒内径赋值）
#2=50                        （圆筒外径赋值）
#3=4                         （正弦曲线振幅赋值）
#4=720                       （正弦曲线角度赋值）
#5=1                         （圆筒半径方向移动步距赋值）
#6=1                         （正弦曲线加工角度递变量赋值）
#10=#2                       （加工圆周直径赋初值）
WHILE [#10GE#1] DO1          （加工条件判断）
  #20=0                      （正弦曲线加工角度赋初值）
  WHILE [#20LE#4] DO2        （加工条件判断）
    #21=360*#20/#4           （计算加工圆周上点对应的旋转角）
    #22=#10*0.5*COS[#21]     （计算 X 坐标值）
    #23=#10*0.5*SIN[#21]     （计算 Y 坐标值）
    #24=#3*SIN[#20]          （计算 Z 坐标值）
    G01 X#22 Y#23 Z#24       （直线插补拟合曲线）
    #20=#20+#6               （曲线加工角度递增）
  END2                       （循环体 2 结束）
  #10=#10-#5                 （圆周直径递减）
END1                         （循环体 1 结束）
```

◆【华中宏程序】

```
#1=40                        （圆筒内径赋值）
#2=50                        （圆筒外径赋值）
#3=4                         （正弦曲线振幅赋值）
#4=720                       （正弦曲线角度赋值）
```

```
#5=1                              （圆筒半径方向移动步距赋值）
#6=1                              （正弦曲线加工角度递变量赋值）
#10=#2                            （加工圆周直径赋初值）
WHILE #10GE#1                     （加工条件判断）
  #20=0                           （正弦曲线加工角度赋初值）
  WHILE #20LE#4                   （加工条件判断）
    #21=360*#20/#4                （计算加工圆周上点对应的旋转角）
    #22=#10*0.5*COS[#21*PI/180]   （计算 X 坐标值）
    #23=#10*0.5*SIN[#21*PI/180]   （计算 Y 坐标值）
    #24=#3*SIN[#20*PI/180]        （计算 Z 坐标值）
    G01 X[#22] Y[#23] Z[#24]      （直线插补拟合曲线）
    #20=#20+#6                    （曲线加工角度递增）
  ENDW                            （循环结束）
  #10=#10-#5                      （圆周直径递减）
ENDW                              （循环结束）
```

◇【SIEMENS 参数程序】

```
R1=40                            （圆筒内径赋值）
R2=50                            （圆筒外径赋值）
R3=4                             （正弦曲线振幅赋值）
R4=720                           （正弦曲线角度赋值）
R5=1                             （圆筒半径方向移动步距赋值）
R6=1                             （正弦曲线加工角度递变量赋值）
R10=R2                           （加工圆周直径赋初值）
AAA:                             （程序跳转标记）
  R20=0                          （正弦曲线加工角度赋初值）
  BBB:                           （程序跳转标记）
    R21=360*R20/R4               （计算加工圆周上点对应的旋转角）
    R22=R10*0.5*COS(R21)         （计算 X 坐标值）
    R23=R10*0.5*SIN(R21)         （计算 Y 坐标值）
    R24=R3*SIN(R20)              （计算 Z 坐标值）
    G01 X=R22 Y=R23 Z=R24        （直线插补拟合曲线）
    R20=R20+R6                   （曲线加工角度递增）
  IF R20<=R4 GOTOB BBB           （加工条件判断）
  R10=R10-R5                     （圆周直径递减）
IF R10>=R1 GOTOB AAA             （加工条件判断）
```

　　放射形切削方式如图 42-7（b）所示，是每次沿半径方向向内铣削一个壁厚距离，然后在圆周方向移动一个角度步距，再向外铣削一个壁厚距离，同时 Z 向高度随角度的不同而变化，最后加工出整个正弦曲面。

```
#1=40                            （圆筒内径赋值）
#2=50                            （圆筒外径赋值）
#3=4                             （正弦曲线振幅赋值）
#4=720                           （正弦曲线角度赋值）
#5=1                             （正弦曲线加工角度递变量赋值）
```

```
#10=0                       （正弦曲线加工角度赋初值）
WHILE [#10LE#4] DO1         （加工条件判断，注意本循环内刀具的往返加工）
  #11=360*#10/#4            （计算加工圆周上点对应的旋转角）
  #12=#2*0.5*COS[#11]       （计算外正弦曲线上点的 x 坐标值）
  #13=#2*0.5*SIN[#11]       （计算外正弦曲线上点的 Y 坐标值）
  #14=#1*0.5*COS[#11]       （计算内正弦曲线上点的 X 坐标值）
  #15=#1*0.5*SIN[#11]       （计算内正弦曲线上点的 Y 坐标值）
  #16=#3*SIN[#10]           （计算正弦曲线上点的 Z 坐标值）
  G01 X#12 Y#13 Z#16        （切削加工到外侧点，刀具定位）
  X#14 Y#15                 （切削加工到内侧点，往加工）
  #10=#10+#5                （曲线加工角度递增）
  #11=360*#10/#4            （计算加工圆周上点对应的旋转角）
  #12=#2*0.5*COS[#11]       （计算外正弦曲线上点的 x 坐标值）
  #13=#2*0.5*SIN[#11]       （计算外正弦曲线上点的 Y 坐标值）
  #14=#1*0.5*COS[#11]       （计算内正弦曲线上点的 X 坐标值）
  #15=#1*0.5*SIN[#11]       （计算内正弦曲线上点的 Y 坐标值）
  #16=#3*SIN[#10]           （计算正弦曲线上点的 Z 坐标值）
  G01 X#14 Y#15 Z#16        （切削加工到内侧点，刀具定位）
  X#12 Y#13                 （切削加工到外侧点，返加工）
  #10=#10+#5                （曲线加工角度递增）
END1                        （循环结束）
```

◆【华中宏程序】

```
#1=40                              （圆筒内径赋值）
#2=50                              （圆筒外径赋值）
#3=4                               （正弦曲线振幅赋值）
#4=720                             （正弦曲线角度赋值）
#5=1                               （正弦曲线加工角度递变量赋值）
#10=0                              （正弦曲线加工角度赋初值）
WHILE #10LE#4                      （加工条件判断，注意本循环内刀具的往返加工）
  #11=360*#10/#4                   （计算加工圆周上点对应的旋转角）
  #12=#2*0.5*COS[#11*PI/180]       （计算外正弦曲线上点的 X 坐标值）
  #13=#2*0.5*SIN[#11*PI/180]       （计算外正弦曲线上点的 Y 坐标值）
  #14=#1*0.5*COS[#11*PI/180]       （计算内正弦曲线上点的 X 坐标值）
  #15=#1*0.5*SIN[#11*PI/180]       （计算内正弦曲线上点的 Y 坐标值）
  #16=#3*SIN[#10*PI/180]           （计算正弦曲线上点的 Z 坐标值）
  G01 X[#12] Y[#13] Z[#16]         （切削加工到外侧点，刀具定位）
  X[#14] Y[#15]                    （切削加工到内侧点，往加工）
  #10=#10+#5                       （曲线加工角度递增）
  #11=360*#10/#4                   （计算加工圆周上点对应的旋转角）
  #12=#2*0.5*COS[#11*PI/180]       （计算外正弦曲线上点的 X 坐标值）
  #13=#2*0.5*SIN[#11*PI/180]       （计算外正弦曲线上点的 Y 坐标值）
  #14=#1*0.5*COS[#11*PI/180]       （计算内正弦曲线上点的 X 坐标值）
  #15=#1*0.5*SIN[#11*PI/180]       （计算内正弦曲线上点的 Y 坐标值）
```

```
    #16=#3*SIN[#10*PI/180]          （计算正弦曲线上点的 z 坐标值）
    G01 X[#14] Y[#15] Z[#16]        （切削加工到内侧点，刀具定位）
    X[#12] Y[#13]                   （切削加工到外侧点，返加工）
    #10=#10+#5                      （曲线加工角度递增）
ENDW                               （循环结束）
```

◇【SIEMENS 参数程序】

```
R1=40                              （圆筒内径赋值）
R2=50                              （圆筒外径赋值）
R3=4                               （正弦曲线振幅赋值）
R4=720                             （正弦曲线角度赋值）
R5=1                               （正弦曲线加工角度递变量赋值）
R10=0                              （正弦曲线加工角度赋初值）
AAA:                               （程序跳转标记符）
    R11=360*R10/R4                 （计算加工圆周上点对应的旋转角）
    R12=R2*0.5*COS(R11)            （计算外正弦曲线上点的 X 坐标值）
    R13=R2*0.5*SIN(R11)            （计算外正弦曲线上点的 Y 坐标值）
    R14=R1*0.5*COS(R11)            （计算内正弦曲线上点的 X 坐标值）
    R15=R1*0.5*SIN(R11)            （计算内正弦曲线上点的 Y 坐标值）
    R16=R3*SIN(R10)                （计算正弦曲线上点的 Z 坐标值）
    G01 X=R12 Y=R13 Z=R16          （切削加工到外侧点，刀具定位）
    X=R14 Y=R15                    （切削加工到内侧点，往加工）
    R10=R10+R5                     （曲线加工角度递增）
    R11=360*R10/R4                 （计算加工圆周上点对应的旋转角）
    R12=R2*0.5*COS(R11)            （计算外正弦曲线上点的 X 坐标值）
    R13=R2*0.5*SIN(R11)            （计算外正弦曲线上点的 Y 坐标值）
    R14=R1*0.5*COS(R11)            （计算内正弦曲线上点的 X 坐标值）
    R15=R1*0.5*SIN(R11)            （计算内正弦曲线上点的 Y 坐标值）
    R16=R3*SIN(R10)                （计算正弦曲线上点的 Z 坐标值）
    G01 X=R14 Y=R15 Z=R16          （切削加工到内侧点，刀具定位）
    X=R12 Y=R13                    （切削加工到外侧点，返加工）
    R10=R10+R5                     （曲线加工角度递增）
IF R10<=R4 GOTOB AAA               （加工条件判断）
```

第 **43** 章

孔系铣削

43.1　直线分布孔系

数控铣削加工如图 43-1 所示直线点阵孔系，该孔系共 8 个孔，孔间距为 11mm，孔系中心线与 X 轴正半轴夹角为 30°，设工件坐标原点在左下角第一孔圆心，编制加工程序如下。

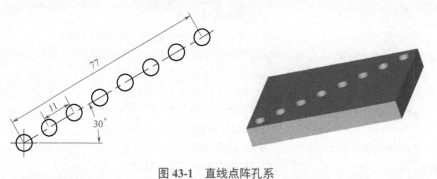

图 43-1　直线点阵孔系

```
#1=8                              （孔个数赋值）
#2=11                             （孔间距赋值）
#3=30                             （孔系中心线与 X 轴的夹角赋值）
#4=0                              （左下角第一孔圆心在工件坐标系中的 X 坐标值）
#5=0                              （左下角第一孔圆心在工件坐标系中的 Y 坐标值）
#10=1                             （孔数计数器赋初值）
WHILE [#10LE#1] DO1               （加工条件判断）
  #11=[#10-1]*#2*COS[#3]+#4       （计算 X 坐标值）
  #12=[#10-1]*#2*SIN[#3]+#5       （计算 Y 坐标值）
  G99 G81 X#11 Y#12 Z-5 R2        （孔加工）
  #10=#10+1                       （孔数计数器递增）
END1                              （循环结束）
```

◆【华中宏程序】

```
#1=8                              （孔个数赋值）
#2=11                             （孔间距赋值）
#3=30                             （孔系中心线与 X 轴的夹角赋值）
#4=0                              （左下角第一孔圆心在工件坐标系中的 X 坐标值）
#5=0                              （左下角第一孔圆心在工件坐标系中的 Y 坐标值）
#10=1                             （孔数计数器赋初值）
WHILE #10LE#1                     （加工条件判断）
```

```
#11=[#10-1]*#2*COS[#3*PI/180]+#4          （计算 X 坐标值）
#12=[#10-1]*#2*SIN[#3*PI/180]+#5          （计算 Y 坐标值）
G99 G81 X[#11] Y[#12] Z-5 R2              （孔加工）
#10=#10+1                                 （孔数计数器递增）
ENDW                                      （循环结束）
```

◇【SIEMENS 参数程序】

```
R1=8                                      （孔个数赋值）
R2=11                                     （孔间距赋值）
R3=30                                     （孔系中心线与 X 轴的夹角赋值）
R4=0                                      （左下角第一孔圆心在工件坐标系中的 X 坐标值）
R5=0                                      （左下角第一孔圆心在工件坐标系中的 Y 坐标值）
R10=1                                     （孔数计数器赋初值）
AAA:                                      （程序跳转标记符）
  R11=(R10-1)*R2*COS(R3)+R4               （计算 X 坐标值）
  R12=(R10-1)*R2*SIN(R3)+R5               （计算 Y 坐标值）
  G00 X=R11 Y=R12                         （刀具移动到加工孔上方定位）
  CYCLE81(10,0,3,-5,)                     （钻孔加工）
  R10=R10+1                               （孔数计数器递增）
IF R10<=R1 GOTOB AAA                      （加工条件判断）
```

43.2　矩形分布孔系

【例 1】　如图 43-2 所示，矩形网式点阵孔系共 4 行 6 列，行间距为 10mm，列间距为 12mm，其中左下角孔孔位 O（孔的圆心位置）在工件坐标系中的坐标值为（20，10），试编制其加工宏程序。

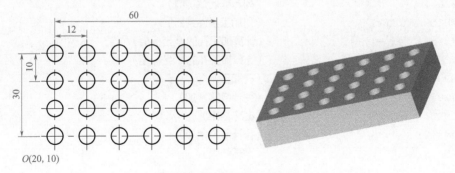

图 43-2　矩形网式点阵孔系

设行数为 M，列数为 N，行间距为 B，列间距为 L，左下角孔圆心坐标值为（X，Y），则第 M 行 N 列的孔的坐标值方程为：

$$\begin{cases} X' = L \times (N-1) + X \\ Y' = B \times (M-1) + Y \end{cases}$$

```
#1=4                            （孔系行数 M 赋值）
#2=6                            （孔系列数 N 赋值）
#3=10                           （孔系行间距 B 赋值）
#4=12                           （孔系列间距 L 赋值）
#5=20                           （左下角第一孔的圆心在工件坐标系下的 X 坐标赋值）
#6=10                           （左下角第一孔的圆心在工件坐标系下的 Y 坐标赋值）
#10=1                           （行计数器赋初值）
WHILE [#10LE#1] DO1             （行加工条件判断）
  #20=1                         （列计数器赋初值）
  WHILE [#20LE#2] DO2           （列加工条件判断）
    #21=#4*[#20-1]+#5           （计算加工孔的 X 坐标值）
    #22=#3*[#10-1]+#6           （计算加工孔的 Y 坐标值）
    G99 G81 X#21 Y#22 Z-5 R2    （孔加工）
    #20=#20+1                   （列计数器累加）
  END2                          （循环结束）
  #10=#10+1                     （行计数器累加）
END1                            （循环结束）
```

◆【华中宏程序】

```
#1=4                            （孔系行数 M 赋值）
#2=6                            （孔系列数 N 赋值）
#3=10                           （孔系行间距 B 赋值）
#4=12                           （孔系列间距 L 赋值）
#5=20                           （左下角第一孔的圆心在工件坐标系下的 X 坐标赋值）
#6=10                           （左下角第一孔的圆心在工件坐标系下的 Y 坐标赋值）
#10=1                           （行计数器赋初值）
WHILE #10LE#1                   （行加工条件判断）
  #20=1                         （列计数器赋初值）
  WHILE #20LE#2                 （列加工条件判断）
    #21=#4*[#20-1]+#5           （计算加工孔的 X 坐标值）
    #22=#3*[#10-1]+#6           （计算加工孔的 Y 坐标值）
    G99 G81 X[#21] Y[#22] Z-5 R2 （孔加工）
    #20=#20+1                   （列计数器累加）
  ENDW                          （循环结束）
#10=#10+1                       （行计数器累加）
ENDW                            （循环结束）
```

◇【SIEMENS 参数程序】

```
R1=4                            （孔系行数 M 赋值）
R2=6                            （孔系列数 N 赋值）
R3=10                           （孔系行间距 B 赋值）
R4=12                           （孔系列间距 L 赋值）
R5=20                           （左下角第一孔的圆心在工件坐标系下的 X 坐标赋值）
R6=10                           （左下角第一孔的圆心在工件坐标系下的 Y 坐标赋值）
```

```
R10=1                              （行计数器赋初值）
AAA:                               （程序跳转标记符）
  R20=1                            （列计数器赋初值）
  BBB:                             （程序跳转标记符）
  R21=R4*(R20-1)+R5                （计算加工孔的 X 坐标值）
  R22=R3*(R10-1)+R6                （计算加工孔的 Y 坐标值）
  G00 X=R21 Y=R22                  （刀具定位）
  CYCLE81(10,0,2,-5,)              （孔加工）
  R20=R20+1                        （列计数器累加）
  IF R20<=R2 GOTOB BBB             （列加工条件判断）
R10=R10+1                          （行计数器累加）
IF R10<=R1 GOTOB AAA               （行加工条件判断）
```

【例 2】　矩形框式点阵孔系如图 43-3 所示，矩形长 50mm，宽 30mm，孔间距 10mm，矩形框与 X 正半轴的夹角为 15°。设工件坐标系原点在左下角第一孔的圆心，编制加工宏程序如下。

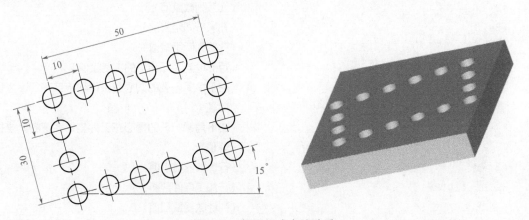

图 43-3　矩形框式点阵孔系

```
#1=4                               （孔系行数赋值）
#2=6                               （孔系列数赋值）
#3=10                              （孔系行间距赋值）
#4=10                              （孔系列间距赋值）
#5=15                              （矩形框与 X 正半轴的夹角赋值）
#6=0                               （左下角第一孔的圆心在工件坐标系下的 X 坐标
                                     赋值）
#7=0                               （左下角第一孔的圆心在工件坐标系下的 Y 坐标
                                     赋值）
#10=1                              （行计数器赋初值）
WHILE [#10LE#1] DO1                （行加工条件判断）
  #20=1                            （列计数器赋初值）
  #21=#2-1                         （孔数加工增量赋值）
```

```
    WHILE [#20LE#2] DO2                              （列加工条件判断）
      #22=#4*[#20-1]                                 （计算加工孔未旋转前的 X 坐标值）
      #23=#3*[#10-1]                                 （计算加工孔未旋转前的 Y 坐标值）
      #24=#22*COS[#5]-#23*SIN[#5]+#6                 （计算加工孔的 X 坐标值）
      #25=#22*SIN[#5]+#23*COS[#5]+#7                 （计算加工孔的 Y 坐标值）
      G99 G81 X#24 Y#25 Z-5 R2                       （钻孔加工）
      IF [#10EQ1] THEN #21=1                         （第一行加工时孔数加工增量为 1）
      IF [#10EQ#1] THEN #21=1                        （最后一行加工时孔数加工增量为 1）
      #20=#20+#21                                    （列计数器累加）
    END2                                             （循环结束）
    #10=#10+1                                        （行计数器累加）
  END1                                               （循环结束）
```

◆【华中宏程序】

```
  #1=4                                               （孔系行数赋值）
  #2=6                                               （孔系列数赋值）
  #3=10                                              （孔系行间距赋值）
  #4=10                                              （孔系列间距赋值）
  #5=15                                              （矩形框与 X 正半轴的夹角赋值）
  #6=0                                               （左下角第一孔的圆心在工件坐标系下的 X 坐标
                                                       赋值）
  #7=0                                               （左下角第一孔的圆心在工件坐标系下的 Y 坐标
                                                       赋值）
  #10=1                                              （行计数器赋初值）
  WHILE #10LE#1                                      （行加工条件判断）
    #20=1                                            （列计数器赋初值）
    #21=#2-1                                         （孔数加工增量赋值）
    WHILE #20LE#2                                    （列加工条件判断）
      #22=#4*[#20-1]                                 （计算加工孔未旋转前的 X 坐标值）
      #23=#3*[#10-1]                                 （计算加工孔未旋转前的 Y 坐标值）
      #24=#22*COS[#5*PI/180]-#23*SIN[#5*PI/180]+#6
                                                     （计算加工孔的 X 坐标值）
      #25=#22*SIN[#5*PI/180]+#23*COS[#5*PI/180]+#7
                                                     （计算加工孔的 Y 坐标值）
      G99 G81 X[#24] Y[#25] Z-5 R2                   （钻孔加工）
      IF #10EQ1                                      （行数判断）
      #21=1                                          （第一行加工时孔数加工增量为 1）
      ENDIF                                          （条件结束）
      IF #10EQ#1                                     （行数判断）
      #21=1                                          （最后一行加工时孔数加工增量为 1）
      ENDIF                                          （条件结束）
```

```
   #20=#20+#21                          （列计数器累加）
  ENDW                                  （循环结束）
  #10=#10+1                             （行计数器累加）
ENDW                                    （循环结束）
```

◇【SIEMENS 参数程序】

```
R1=4                                    （孔系行数赋值）
R2=6                                    （孔系列数赋值）
R3=10                                   （孔系行间距赋值）
R4=10                                   （孔系列间距赋值）
R5=15                                   （矩形框与 X 正半轴的夹角赋值）
R6=0                                    （左下角第一孔的圆心在工件坐标系下的 X 坐标
                                          赋值）
R7=0                                    （左下角第一孔的圆心在工件坐标系下的 Y 坐标
                                          赋值）
R10=1                                   （行计数器赋初值）
AAA:                                    （程序跳转标记符）
  R20=1                                 （列计数器赋初值）
  R21=R2-1                              （孔数加工增量赋值）
  BBB:                                  （程序跳转标记符）
    R22=R4*(R20-1)                      （计算加工孔未旋转前的 X 坐标值）
    R23=R3*(R10-1)                      （计算加工孔未旋转前的 Y 坐标值）
    R24=R22*COS(R5)-R23*SIN(R5)+R6      （计算加工孔的 X 坐标值）
    R25=R22*SIN(R5)+R23*COS(R5)+R7      （计算加工孔的 Y 坐标值）
    G00 X=R24 Y=R25                     （刀具定位）
    CYCLE81(10,0,2,-5,)                 （孔加工）
    IF R10==1 GOTOF CCC                 （行数为 1，程序跳转）
    IF R10==R1 GOTOF CCC                （行数为 R1，程序跳转）
    GOTOF DDD                           （无条件跳转）
    CCC:                                （程序跳转标记符）
    R21=1                               （孔数加工增量为 1）
    DDD:                                （程序跳转标记符）
    R20=R20+R21                         （列计数器累加）
  IF R20<=R2 GOTOB BBB                  （列加工条件判断）
  R10=R10+1                             （行计数器累加）
IF R10<=R1 GOTOB AAA                    （行加工条件判断）
```

43.3　圆周均布孔系

在毛坯尺寸为 φ80mm×12mm 的铝板上加工如图 43-4 所示 6 个圆周均布通孔，设工件坐标系原点在 φ50 圆心，编制加工宏程序如下。

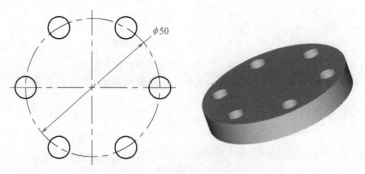

图 43-4 圆周均布孔系的加工

```
#1=6                                    (圆周均布孔个数赋值)
#2=50                                   (孔系所在节圆的直径赋值)
#3=0                                    (第一孔与 X 正半轴的夹角赋值)
#4=0                                    (孔系所在节圆的圆心在工件坐标系中的 X 坐标赋值)
#5=0                                    (孔系所在节圆的圆心在工件坐标系中的 Y 坐标赋值)
#6=360/#1                               (计算相邻两孔间夹角)
#10=1                                   (加工孔计数器赋值)
WHILE [#10LE#1] DO1                     (加工条件判断)
  #11=#2*0.5*COS[[#10-1]*#6+#3]+#4      (计算加工孔的 X 坐标值)
  #12=#2*0.5*SIN[[#10-1]*#6+#3]+#5      (计算加工孔的 Y 坐标值)
  G99 G81 X#11 Y#12 Z-15 R2            (钻孔)
  #10=#10+1                            (加工孔计数器累加)
END1                                   (循环结束)
```

◆【华中宏程序】

```
#1=6                                    (圆周均布孔个数赋值)
#2=50                                   (孔系所在节圆的直径赋值)
#3=0                                    (第一孔与 X 正半轴的夹角赋值)
#4=0                                    (孔系所在节圆的圆心在工件坐标系中的 X 坐标赋值)
#5=0                                    (孔系所在节圆的圆心在工件坐标系中的 Y 坐标赋值)
#6=360/#1                               (计算相邻两孔间夹角)
#10=1                                   (加工孔计数器赋值)
WHILE #10LE#1                           (加工条件判断)
  #11=#2*0.5*COS[[[#10-1]*#6+#3]*PI/180]+#4
                                        (计算加工孔的 X 坐标值)
  #12=#2*0.5*SIN[[[#10-1]*#6+#3]*PI/180]+#5
                                        (计算加工孔的 Y 坐标值)
  G99 G81 X[#11] Y[#12] Z-15 R2        (钻孔)
  #10=#10+1                            (加工孔计数器累加)
ENDW                                   (循环结束)
```

◇【SIEMENS 参数程序】

```
R1=6                                    (圆周均布孔个数赋值)
R2=50                                   (孔系所在节圆的直径赋值)
```

```
   R3=0                                  （第一孔与 X 正半轴的夹角赋值）
   R4=0                                  （孔系所在节圆的圆心在工件坐标系中的 X 坐标赋值）
   R5=0                                  （孔系所在节圆的圆心在工件坐标系中的 Y 坐标赋值）
   R6=360/R1                             （计算相邻两孔间夹角）
   R10=1                                 （加工孔计数器赋值）
   AAA:                                  （程序跳转标记符）
     R11=R2*0.5*COS((R10-1)*R6+R3)+R4   （计算加工孔的 X 坐标值）
     R12=R2*0.5*SIN((R10-1)*R6+R3)+R5   （计算加工孔的 Y 坐标值）
     G00 X=R11 Y=R12                     （加工孔定位）
     CYCLE81(10,0,2,-15,)               （孔加工）
     R10=R10+1                          （加工孔计数器累加）
   IF R10<=R1 GOTOB AAA                  （加工条件判断）
```

43.4　圆弧分布孔系

如图 43-5 所示，在半径为 R40mm 的圆弧上均匀分布有 5 个孔，相邻孔间夹角为 25°，第一个孔（图中"两点半钟"位置孔）与 X 正半轴的夹角为 15°，孔系所在圆弧的圆心在工件坐标系中的坐标值为（20, 10），试编制其加工宏程序。

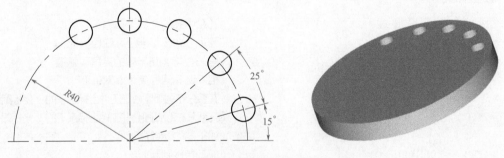

图 43-5　圆弧分布孔系

圆弧分布孔系几何参数模型如图 43-6 所示。圆弧分布孔系铣削加工宏程序编程的关键是计算每个孔的圆心坐标值，而计算各孔圆心的坐标值主要有坐标方程、坐标旋转和极坐标三种方法。

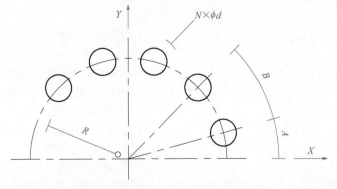

图 43-6　圆弧分布孔系几何参数模型

① 坐标方程。

由圆弧分布孔系几何参数模型图可得，第 n 个孔的圆心坐标方程为：

$$\begin{cases} X' = R\cos[(n-1)B + A] + X \\ Y' = R\sin[(n-1)B + A] + Y \end{cases}$$

```
#1=5                              （孔系中孔的个数 N 赋值）
#2=40                             （孔系分布圆弧半径 R 赋值）
#3=15                             （第一孔与 X 正半轴的夹角 A 赋值）
#4=25                             （相邻两孔间的夹角 B 赋值）
#5=20                             （孔系分布圆弧圆心在工件坐标系下的 X 坐标赋值）
#6=10                             （孔系分布圆弧圆心在工件坐标系下的 Y 坐标赋值）
#10=1                             （加工孔的计数器赋值）
WHILE [#10LE#1] DO1               （加工条件判断）
  #11=#2*COS[[#10-1]*#4+#3]+#5    （计算加工孔的 X 坐标值）
  #12=#2*SIN[[#10-1]*#4+#3]+#6    （计算加工孔的 Y 坐标值）
  G99 G81 X#11 Y#12 Z-5 R2        （钻孔）
  #10=#10+1                       （加工孔计数器累加）
END1                              （循环结束）
```

② 坐标旋转。

```
#1=5                              （孔系中孔的个数 N 赋值）
#2=40                             （孔系分布圆弧半径 R 赋值）
#3=15                             （第一孔与 X 正半轴的夹角 A 赋值）
#4=25                             （相邻两孔间的夹角 B 赋值）
#5=20                             （孔系分布圆弧圆心在工件坐标系下的 X 坐标赋值）
#6=10                             （孔系分布圆弧圆心在工件坐标系下的 Y 坐标赋值）
#10=1                             （加工孔的计数器赋值）
WHILE [#10LE#1] DO1               （加工条件判断）
  G68 X#5 Y#6 R[[#10-1]*#4+#3]    （坐标旋转设定）
  G99 G81 X[#2+#5] Y#6 Z-5 R2     （钻孔）
  G69                             （取消坐标旋转）
  #10=#10+1                       （加工孔计数器累加）
END1                              （循环结束）
```

③ 极坐标。

```
#1=5                              （孔系中孔的个数 N 赋值）
#2=40                             （孔系分布圆弧半径 R 赋值）
#3=15                             （第一孔与 X 正半轴的夹角 A 赋值）
#4=25                             （相邻两孔间的夹角 B 赋值）
#5=20                             （孔系分布圆弧圆心在工件坐标系下的 X 坐标赋值）
#6=10                             （孔系分布圆弧圆心在工件坐标系下的 Y 坐标赋值）
#10=1                             （加工孔的计数器赋值）
WHILE [#10LE#1] DO1               （加工条件判断）
  G00 X#5 Y#6                     （刀具快进至孔系分布圆弧圆心）
```

```
    G17 G91 G16                           (极坐标模式设定)
    G00 X#2 Y[[#10-1]*#4+#3]              (刀具定位到加工孔上方)
    G15                                   (取消极坐标模式)
    G90 G81 Z-5 R2                        (钻孔)
    #10=#10+1                             (加工孔计数器累加)
END1                                      (循环结束)
```

◆【华中宏程序】

```
#1=5                                      (孔系中孔的个数 N 赋值)
#2=40                                     (孔系分布圆弧半径 R 赋值)
#3=15                                     (第一孔与 X 正半轴的夹角 A 赋值)
#4=25                                     (相邻两孔间的夹角 B 赋值)
#5=20                                     (孔系分布圆弧圆心在工件坐标系下的 X 坐标赋值)
#6=10                                     (孔系分布圆弧圆心在工件坐标系下的 Y 坐标赋值)
#10=1                                     (加工孔的计数器赋值)
WHILE #10LE#1                             (加工条件判断)
    #11=#2*COS[[[#10-1]*#4+#3]*PI/180]+#5 (计算加工孔的 X 坐标值)
    #12=#2*SIN[[[#10-1]*#4+#3]*PI/180]+#6 (计算加工孔的 Y 坐标值)
    G99 G81 X[#11] Y[#12] Z-5 R2          (钻孔)
    #10=#10+1                             (加工孔计数器累加)
ENDW                                      (循环结束)
```

◇【SIEMENS 参数程序】

```
R1=5                                      (孔系中孔的个数 N 赋值)
R2=40                                     (孔系分布圆弧半径 R 赋值)
R3=15                                     (第一孔与 X 正半轴的夹角 A 赋值)
R4=25                                     (相邻两孔间的夹角 B 赋值)
R5=20                                     (孔系分布圆弧圆心在工件坐标系下的 X 坐标赋值)
R6=10                                     (孔系分布圆弧圆心在工件坐标系下的 Y 坐标赋值)
R10=1                                     (加工孔的计数器赋值)
AAA:                                      (程序跳转标记符)
    R11=R2*COS((R10-1)*R4+R3)+R5          (计算加工孔的 X 坐标值)
    R12=R2*SIN((R10-1)*R4+R3)+R6          (计算加工孔的 Y 坐标值)
    G00 X=R11 Y=R12                       (加工孔定位)
    CYCLE81(10,0,2,-5,)                   (钻孔)
    R10=R10+1                             (加工孔计数器累加)
IF R10<=R1 GOTOB AAA                      (加工条件判断)
```

第 44 章

型腔铣削

44.1 圆形型腔

  利用立铣刀采用螺旋插补方式铣削加工圆形型腔，在一定程度上可以实现以铣代钻、以铣代铰、以铣代镗，一刀多用，一把铣刀就够了，不必频繁地换刀，因此与传统的"钻→铰"或"钻→扩→镗"等孔加工方法相比提高了整体加工效率并且可大大减少使用的刀具；另外由于铣刀侧刃的背吃刀量总是从零开始均匀增大至设定值，可有效减少刀具让刀现象，保证型腔的形状精度。

  【例】 铣削加工如图 44-1 所示圆形型腔，圆孔直径 ϕ40mm，孔深 10mm，采用螺旋插补指令编制圆形型腔的精加工宏程序如下。

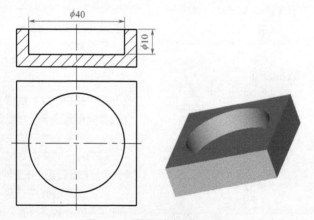

图 44-1 圆形型腔铣削加工

```
#1=40                        （圆孔直径赋值）
#2=10                        （型腔深度赋值）
#3=12                        （铣刀直径赋值）
#4=0                         （圆心在工件坐标系下的 X 坐标赋值）
#5=0                         （圆心在工件坐标系下的 Y 坐标赋值）
#6=0                         （工件上表面在工件坐标系下的 Z 坐标赋值）
#7=3                         （加工深度递变量赋值）
#10=0                        （加工深度赋初值）
G00 X[#1/2-#3/2+#4] Y#5      （刀具定位）
Z[#6+2]                      （刀具下降）
WHILE [#10LT#2] DO1          （加工条件判断）
  G03 I[#3/2-#1/2] Z[-#10+#6] （螺旋插补）
```

```
    #10=#10+#7                          （加工深度递增）
END1                                    （循环结束）
G03 I[#3/2-#1/2] Z[-#2+#6]              （螺旋插补到型腔底部）
    I[#3/2-#1/2]                        （型腔底部铣削加工）
G00 Z[#6+50]                            （抬刀）
```

采用螺旋插补指令编制圆形型腔的粗、精加工宏程序如下。

```
#1=40                                   （圆孔直径赋值）
#2=10                                   （型腔深度赋值）
#3=12                                   （铣刀直径赋值）
#4=0                                    （圆心在工件坐标系下的 X 坐标赋值）
#5=0                                    （圆心在工件坐标系下的 Y 坐标赋值）
#6=0                                    （工件上表面在工件坐标系下的 Z 坐标赋值）
#7=3                                    （加工深度递变量赋值）
#8=0.6*#3                               （加工步距赋值）
#9=[#1-#3]*0.5                          （加工半径值计算）
#20=-#8*0.5                             （加工半径赋初值）
WHILE [#20LT#9] DO1                     （加工半径条件判断）
  #20=#20+#8                            （加工半径值递增）
  IF [#20GE#9] THEN #20=#9              （精加工条件判断）
  G00 X[#20+#4] Y#5                     （刀具定位）
  Z[#6+2]                               （刀具下降）
  #30=0                                 （加工深度赋初值）
  WHILE [#30LT#2] DO2                   （加工深度条件判断）
    G03 I-#20 Z[-#30+#6]               （螺旋插补）
    #30=#30+#7                          （加工深度递增）
  END2                                  （循环结束）
  G03 I-#20 Z[-#2+#6]                  （螺旋插补）
  I-#20                                 （圆弧插补）
  G00 Z[#6+10]                          （抬刀）
END1                                    （循环结束）
```

◆【华中宏程序】

```
#1=40                                   （圆孔直径赋值）
#2=10                                   （型腔深度赋值）
#3=12                                   （铣刀直径赋值）
#4=0                                    （圆心在工件坐标系下的 X 坐标赋值）
#5=0                                    （圆心在工件坐标系下的 Y 坐标赋值）
#6=0                                    （工件上表面在工件坐标系下的 Z 坐标赋值）
#7=3                                    （加工深度递变量赋值）
#8=0.6*#3                               （加工步距赋值）
#9=[#1-#3]*0.5                          （加工半径值计算）
#20=-#8*0.5                             （加工半径初值）
WHILE #20LT#9                           （加工半径条件判断）
```

```
#20=#20+#8                        （加工半径值递增）
IF #20GE#9                        （精加工条件判断）
#20=#9                            （精加工赋值）
ENDIF                             （条件结束）
G00 X[#20+#4] Y[#5]               （刀具定位）
Z[#6+2]                           （刀具下降）
#30=0                             （加工深度赋初值）
WHILE #30LT#2                     （加工深度条件判断）
  G03 I[-#20] Z[-#30+#6]          （螺旋插补）
  #30=#30+#7                      （加工深度递增）
ENDW                              （循环结束）
G03 I[-#20] Z[-#2+#6]             （螺旋插补）
I[-#20]                           （圆弧插补）
G00 Z[#6+10]                      （抬刀）
ENDW                              （循环结束）
```

◇【SIEMENS 参数程序】

```
R1=40                             （圆孔直径赋值）
R2=10                             （型腔深度赋值）
R3=12                             （铣刀直径赋值）
R4=0                              （圆心在工件坐标系下的 X 坐标赋值）
R5=0                              （圆心在工件坐标系下的 Y 坐标赋值）
R6=0                              （工件上表面在工件坐标系下的 Z 坐标赋值）
R7=0.6*R3                         （加工步距赋值）
R8=(R1-R3)*0.5                    （加工半径值计算）
R20=-R7*0.5                       （加工半径赋初值）
AAA:                              （程序跳转标记符）
  R20=R20+R7                      （加工半径值递增）
  IF R20<R8 GOTOF BBB             （精加工条件判断）
  R20=R8                          （精加工赋值）
  BBB:                            （程序跳转标记符）
  G00 X=R20+R4 Y=R5               （刀具定位）
  Z=R6+2                          （刀具下降）
  G03 Z=-R2+R6 I=-R20 TURN=R2     （螺旋插补）
  I=-R20                          （圆弧插补）
  G00 Z=R6+10                     （抬刀）
IF R20<R8 GOTOB AAA               （加工半径条件判断）
```

44.2　矩形型腔

矩形型腔通常采用等高层铣的方法铣削加工，此外还可以采用插铣法铣削加工。

插铣法又称为 Z 轴铣削法，是实现高切除率金属切削最有效的加工方法之一。插铣法最大的特点是非常适合粗加工和半精加工，特别适用于具有复杂几何形状零件的粗加工（尤其是深窄槽），可从顶部一直铣削到根部，插铣深度可达 250mm 而不会发生振颤或扭曲变形，加工效率高。

此外，插铣加工还具有以下优点：侧向力小，减小了零件变形；加工中作用于铣床的径向切削力较小，使主轴刚度不高的机床仍可使用而不影响工件的加工质量；刀具悬伸长度较大，适合对工件深槽的表面进行铣削加工，而且也适用于对高温合金等难切削材料进行切槽加工。

【例】 铣削加工如图 44-2 所示矩形型腔，型腔长 40mm，宽 25mm，深 30mm，转角半径 R5mm。设工件上表面的对称中心为工件原点，编制采用插铣法粗加工该型腔的宏程序如下。

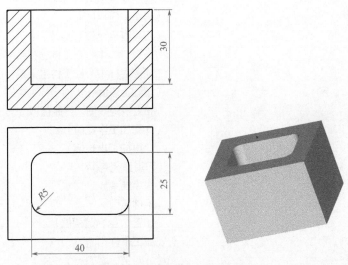

图 44-2　矩形型腔铣削加工

```
#1=40                          （型腔长赋值）
#2=25                          （型腔宽赋值）
#3=30                          （型腔深赋值）
#4=5                           （转角半径赋值）
#5=10                          （刀具直径赋值）
#6=0                           （矩形对称中心在工件坐标系中的 X 坐标赋值）
#7=0                           （矩形对称中心在工件坐标系中的 Y 坐标赋值）
#8=0                           （型腔上表面在工件坐标系中的 Z 坐标赋值）
#9=0.6*#5                      （加工步距赋值，步距值取 0.6 倍刀具直径）
#10=[#2-#5]/2                  （计算加工半宽值）
#11=[#1-#5]/2                  （计算加工半长值）
IF [[#5*0.5]GT#4] THEN M30     （刀具直径判断）
#20=-#10-#9                    （加工 Y 坐标赋初值）
WHILE [#20LT#10] DO1           （加工条件判断）
  #20=#20+#9                   （Y 向坐标增加一个步距）
  IF [#20GE#10] THEN #20=#10   （加工 Y 坐标值判断）
  #30=-#11-#9                  （加工 X 坐标赋初值）
  WHILE [#30LT#11] DO2         （加工条件判断）
```

```
      #30=#30+#9                              （X 坐标增加一个步距）
      IF [#30GE#11] THEN #30=#11              （加工 X 坐标值判断）
      G99 G81 X[#30+#6] Y[#20+#7] Z[-#3+#8] R2（插铣加工）
    END2                                      （循环体 2 结束）
  END1                                        （循环体 1 结束）
```

◆【华中宏程序】

```
#1=40                          （型腔长赋值）
#2=25                          （型腔宽赋值）
#3=30                          （型腔深赋值）
#4=5                           （转角半径赋值）
#5=10                          （刀具直径赋值）
#6=0                           （矩形对称中心在工件坐标系中的 X 坐标赋值）
#7=0                           （矩形对称中心在工件坐标系中的 Y 坐标赋值）
#8=0                           （型腔上表面在工件坐标系中的 Z 坐标赋值）
#9=0.6*#5                      （加工步距赋值，步距值取 0.6 倍刀具直径）
#10=[#2-#5]/2                  （计算加工半宽值）
#11=[#1-#5]/2                  （计算加工半长值）
IF [#5*0.5]GT#4                （刀具直径判断）
M30                            （程序结束）
ENDIF                          （条件结束）
#20=-#10-#9                    （加工 Y 坐标赋初值）
WHILE #20LT#10                 （加工条件判断）
  #20=#20+#9                   （Y 向坐标增加一个步距）
  IF #20GE#10                  （加工 Y 坐标值判断）
  #20=#10                       （将最终 Y 坐标值赋给 #20）
  ENDIF                        （条件结束）
  #30=-#11-#9                  （加工 X 坐标赋初值）
  WHILE #30LT#11               （加工条件判断）
    #30=#30+#9                 （X 坐标增加一个步距）
    IF #30GE#11                （加工 X 坐标值判断）
    #30=#11                     （将最终 X 坐标值赋给 #30）
    ENDIF                      （条件结束）
    G99 G81 X[#30+#6] Y[#20+#7] Z[-#3+#8] R2（插铣加工）
  ENDW                         （循环结束）
ENDW                           （循环结束）
```

◇【SIEMENS 参数程序】

```
R1=40                          （型腔长赋值）
R2=25                          （型腔宽赋值）
R3=30                          （型腔深赋值）
R4=5                           （转角半径赋值）
R5=10                          （刀具直径赋值）
R6=0                           （矩形对称中心在工件坐标系中的 X 坐标赋值）
```

```
    R7=0                            （矩形对称中心在工件坐标系中的 Y 坐标赋值）
    R8=0                            （型腔上表面在工件坐标系中的 Z 坐标赋值）
    R9=0.6*R5                       （加工步距赋值，步距值取 0.6 倍刀具直径）
    R10=(R2-R5)/2                   （计算加工半宽值）
    R11=(R1-R5)/2                   （计算加工半长值）
    IF (R5*0.5)<=R4 GOTOF AAA       （刀具直径判断）
    M30                             （程序结束）
    AAA:                            （程序跳转标记符）
    R20=-R10-R9                     （加工 Y 坐标赋初值）
    BBB:                            （程序跳转标记符）
      R20=R20+R9                    （Y 向坐标增加一个步距）
      IF R20<R10 GOTOF CCC          （加工 Y 坐标值判断）
      R20=R10                       （将最终 Y 坐标值赋给 R20）
      CCC:                          （程序跳转标记符）
      R30=-R11-R9                   （加工 X 坐标赋初值）
      DDD:                          （程序跳转标记符）
        R30=R30+R9                  （X 坐标增加一个步距）
        IF R30<R11 GOTOF EEE        （加工 X 坐标值判断）
        R30=R11                     （将最终 X 坐标值赋给 R30）
        EEE:                        （程序跳转标记符）
        G00 X=R30+R6 Y=R20+R7       （刀具定位）
        G01 Z=-R3+R8                （插铣加工）
        G00 Z=R8+2                  （抬刀）
      IF R30<R11 GOTOB DDD          （加工条件判断）
    IF R20<R10 GOTOB BBB            （加工条件判断）
```

44.3　腰形型腔

　　腰形型腔是机械加工领域常见的一种结构，特别是在齿轮和齿轮座类零件上。虽然腰形型腔的加工并不是一个难题，但是在利用程序来提高生产效率方面，它具有一定代表性。由于腰形型腔的多样性，在数控加工中频繁地编制类似的程序将消耗大量准备时间，而编制一个通用的腰形型腔加工程序，每次使用时只要修改其中几个参数就可以大大提高效率和可靠性。

　　内腔轮廓铣削加工时，需要刀具垂直于材料表面进刀。按照进刀的要求，最直接的方法是选择键槽刀，因为键槽刀的端刃从侧刃贯穿至刀具中心，这样可以使用键槽刀直接向材料内部进刀。而立铣刀的端刃为副切削刃，端刃主要在刀具的边缘部分，中心处没有切削刃，所以不能用立铣刀直接向材料内部垂直进刀。但是有时考虑到同样直径的立铣刀的刀体直径大于键槽刀的刀体直径，因此同样直径的立铣刀刚性要强于键槽刀，且立铣刀的侧刃一般有三齿或四齿，而键槽刀只有两齿，相同主轴转速下，齿数越多，每齿切削厚度越小，加工平顺性越好，所以在加工中要尽可能地使用立铣刀。那如何使用立铣刀在加工内腔轮廓时，向材料内部进刀，又不损坏刀具呢？数控铣加工中常采用的解决方法有螺旋下刀和斜线下刀。

【例 1】 数控铣削加工如图 44-3 所示连线为直线的腰形型腔，型腔长 20mm，宽 10mm，深 10mm，旋转角度 30°，试编制其加工程序。

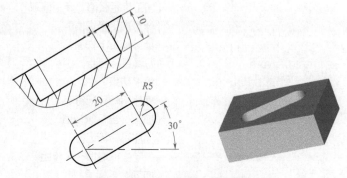

图 44-3　连线为直线的腰形型腔

分析型腔加工发现，若选用刀具的直径值大于型腔宽度则无法加工，等于型腔宽度则只需沿着直线连线加工即可，若小于型腔宽度则应沿着型腔轮廓加工。编制加工宏程序如下。

```
#1=20                                    （型腔长度赋值）
#2=5                                     （拐角半径赋值）
#3=10                                    （型腔深度赋值）
#4=30                                    （旋转角度赋值）
#5=10                                    （加工刀具直径赋值）
#6=0                                     （型腔端点在工件坐标系中的 X 坐标值）
#7=0                                     （型腔端点在工件坐标系中的 Y 坐标值）
#8=0                                     （型腔端点在工件坐标系中的 Z 坐标值）
#9=3                                     （深度进给量赋值）
#10=#1*COS[#4]                           （节点坐标值计算）
#11=#1*SIN[#4]                           （节点坐标值计算）
#12=#2*SIN[#4]                           （节点坐标值计算）
#13=#2*COS[#4]                           （节点坐标值计算）
IF [#5GT#2*2] THEN M30                   （若刀具直径值大于型腔宽度，程序结束）
#20=0                                    （加工深度赋初值）
IF [#5LT#2*2] GOTO10                     （若刀具直径值小于型腔宽度，程序跳转）
WHILE [#20LT#3] DO1                       （加工条件判断）
  G01 X#6 Y#7 Z[-#20+#8]                 （斜插加工）
  X[#10+#6] Y[#11+#7]                    （直线插补）
  #20=#20+#9                             （加工深度递增）
END1                                     （循环结束）
G01 X#6 Y#7 Z[-#3+#8]                    （斜插加工）
X[#10+#6] Y[#11+#7]                      （直线插补）
N10                                      （程序跳转标记符）
WHILE [#20LT#3] DO2                       （加工条件判断）
  G00 X[#12+#6] Y[-#13+#7] Z[-#20+#8]    （快速点定位）
```

```
#20=#20+#9                                          （加工深度递增）
  IF [#20GE#3] THEN #20=#3                          （加工深度条件判断）
  G01 X[#10+#12+#6] Y[#11-#13+#7] Z[-#20+#8]        （斜插加工）
  G03 X[#10-#12+#6] Y[#11+#13+#7] R#2               （圆弧插补）
  G01 X[-#12+#6] Y[#13+#7]                          （直线插补）
  G03 X[#12+#6] Y[-#13+#7] R#2                      （圆弧插补）
  G01 X[#10+#12+#6] Y[#11-#13+#7]                   （直线插补）
END2                                                （循环结束）
G00 Z[#8+50]                                        （抬刀）
```

◆【华中宏程序】

```
#1=20                                               （型腔长度赋值）
#2=5                                                （拐角半径赋值）
#3=10                                               （型腔深度赋值）
#4=30                                               （旋转角度赋值）
#5=10                                               （加工刀具直径赋值）
#6=0                                                （型腔端点在工件坐标系中的 X 坐标值）
#7=0                                                （型腔端点在工件坐标系中的 Y 坐标值）
#8=0                                                （型腔端点在工件坐标系中的 Z 坐标值）
#9=3                                                （深度进给量赋值）
#10=#1*COS[#4*PI/180]                               （节点坐标值计算）
#11=#1*SIN[#4*PI/180]                               （节点坐标值计算）
#12=#2*SIN[#4*PI/180]                               （节点坐标值计算）
#13=#2*COS[#4*PI/180]                               （节点坐标值计算）
IF #5GT#2*2                                          （若刀具直径值大于型腔宽度）
M30                                                 （程序结束）
ENDIF                                               （条件结束）
#20=0                                               （加工深度赋初值）
IF #5EQ#2*2                                          （若刀具直径值等于型腔宽度）
WHILE #20LT#3                                        （加工条件判断）
  G01 X[#6] Y[#7] Z[-#20+#8]                        （斜插加工）
  X[#10+#6] Y[#11+#7]                               （直线插补）
  #20=#20+#9                                        （加工深度递增）
ENDW                                                （循环结束）
G01 X[#6] Y[#7] Z[-#3+#8]                           （斜插加工）
X[#10+#6] Y[#11+#7]                                 （直线插补）
ENDIF                                               （条件结束）
WHILE #20LT#3                                        （加工条件判断）
  G00 X[#12+#6] Y[-#13+#7] Z[-#20+#8]              （快速点定位）
  #20=#20+#9                                        （加工深度递增）
  IF #20GE#3                                        （加工深度条件判断）
```

```
  #20=#3                                       （加工深度赋值）
  ENDIF                                        （条件结束）
  G01 X[#10+#12+#6] Y[#11-#13+#7] Z[-#20+#8]   （斜插加工）
  G03 X[#10-#12+#6] Y[#11+#13+#7] R[#2]        （圆弧插补）
  G01 X[-#12+#6] Y[#13+#7]                     （直线插补）
  G03 X[#12+#6] Y[-#13+#7] R[#2]               （圆弧插补）
  G01 X[#10+#12+#6] Y[#11-#13+#7]              （直线插补）
ENDW                                           （循环结束）
G00 Z[#8+50]                                   （抬刀）
```

◇【SIEMENS 参数程序】

```
R1=20                                          （型腔长度赋值）
R2=5                                           （拐角半径赋值）
R3=10                                          （型腔深度赋值）
R4=30                                          （旋转角度赋值）
R5=10                                          （加工刀具直径赋值）
R6=0                                           （型腔端点在工件坐标系中的 x 坐标值）
R7=0                                           （型腔端点在工件坐标系中的 y 坐标值）
R8=0                                           （型腔端点在工件坐标系中的 z 坐标值）
R9=3                                           （深度进给量赋值）
R10=R1*COS(R4)                                 （节点坐标值计算）
R11=R1*SIN(R4)                                 （节点坐标值计算）
R12=R2*SIN(R4)                                 （节点坐标值计算）
R13=R2*COS(R4)                                 （节点坐标值计算）
IF R5<=R2*2 GOTOF AAA                          （若刀具直径值小于或等于型腔宽度）
M30                                            （程序结束）
AAA:                                           （程序跳转标记符）
R20=0                                          （加工深度赋初值）
IF R5<R2*2 GOTOF CCC                           （若刀具直径值小于型腔宽度）
BBB:                                           （程序跳转标记符）
  G01 X=R6 Y=R7 Z=-R20+R8                       （斜插加工）
  X=R10+R6 Y=R11+R7                             （直线插补）
  R20=R20+R9                                    （加工深度递增）
IF R20<R3 GOTOB BBB                            （加工条件判断）
G01 X=R6 Y=R7 Z=-R3+R8                         （斜插加工）
X=R10+R6 Y=R11+R7                              （直线插补）
CCC:                                           （程序跳转标记符）
DDD:                                           （程序跳转标记符）
  G00 X=R12+R6 Y=-R13+R7 Z=-R20+R8              （快速点定位）
  R20=R20+R9                                    （加工深度递增）
  IF R20<R3 GOTOF EEE                           （加工深度条件判断）
```

```
    R20=R3                                    （加工深度赋值）
    EEE:                                      （程序跳转标记符）
    G01 X=R10+R12+R6 Y=R11-R13+R7 Z=-R20+R8   （斜插加工）
    G03 X=R10-R12+R6 Y=R11+R13+R7 CR=R2       （圆弧插补）
    G01 X=-R12+R6 Y=R13+R7                    （直线插补）
    G03 X=R12+R6 Y=-R13+R7 CR=R2              （圆弧插补）
    G01 X=R10+R12+R6 Y=R11-R13+R7             （直线插补）
  IF R20<R3 GOTOB DDD                         （加工条件判断）
  G00 Z=R8+50                                 （抬刀）
```

【**例 2**】　数控铣削加工如图 44-4 所示连线为圆弧的腰形型腔，腰形型腔所在圆的半径为 35mm，腰形型腔宽 10mm，起始角度 15°，圆心角 45°，深 8mm，选用等于型腔宽度的铣刀加工并编制加工宏程序如下。

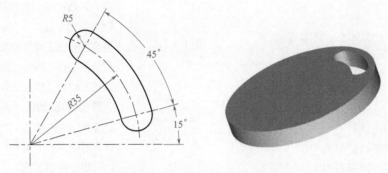

图 44-4　连线为圆弧的腰形型腔

```
  #1=35                  （圆弧连线半径赋值）
  #2=5                   （拐角半径赋值）
  #3=8                   （型腔深度赋值）
  #4=15                  （起始角度赋值）
  #5=45                  （圆弧连线的圆心角赋值）
  #6=10                  （铣刀直径赋值）
  #7=0                   （圆弧圆心在工件坐标系中的 X 坐标值）
  #8=0                   （圆弧圆心在工件坐标系中的 Y 坐标值）
  #9=0                   （圆弧圆心在工件坐标系中的 Z 坐标值）
  #10=3                  （深度递增量赋值）
  #11=#1*COS[#4]         （计算起始点的 X 值）
  #12=#1*SIN[#4]         （计算起始点的 Y 值）
  #13=#1*COS[#4+#5]      （计算终止点的 X 值）
  #14=#1*SIN[#4+#5]      （计算终止点的 Y 值）
  IF [#6NE#2*2] THEN M30 （若刀具直径选择错误，程序结束）
  #20=#10                （加工深度赋初值）
  G00 X[#11+#7] Y[#12+#8] （刀具定位）
  Z#9                    （刀具下降）
```

```
WHILE [#20LT#3] DO1                              (加工条件判断)
  G17 G03 X[#13+#7] Y[#14+#8] R#1 Z[-#20+#9]     (螺旋插补)
  G02 X[#11+#7] Y[#12+#8] R#1                     (圆弧插补修正)
  #20=#20+#10                                      (加工深度递增)
END1                                             (循环结束)
G17 G03 X[#13+#7] Y[#14+#8] R#1 Z[-#3+#9]        (螺旋插补至型腔底部)
G02 X[#11+#7] Y[#12+#8] R#1                       (圆弧插补修正型腔底部)
```

◆【华中宏程序】

```
#1=35                                            (圆弧连线半径赋值)
#2=5                                             (拐角半径赋值)
#3=8                                             (型腔深度赋值)
#4=15                                            (起始角度赋值)
#5=45                                            (圆弧连线的圆心角赋值)
#6=10                                            (铣刀直径赋值)
#7=0                                             (圆弧圆心在工件坐标系中的 X 坐标值)
#8=0                                             (圆弧圆心在工件坐标系中的 Y 坐标值)
#9=0                                             (圆弧圆心在工件坐标系中的 Z 坐标值)
#10=3                                            (深度递增量赋值)
#11=#1*COS[#4*PI/180]                            (计算起始点的 X 值)
#12=#1*SIN[#4*PI/180]                            (计算起始点的 Y 值)
#13=#1*COS[#4+#5*PI/180]                         (计算终止点的 X 值)
#14=#1*SIN[#4+#5*PI/180]                         (计算终止点的 Y 值)
IF #6NE#2*2                                      (若刀具直径选择错误)
M30                                              (程序结束)
ENDIF                                            (条件结束)
#20=#10                                          (加工深度赋初值)
G00 X[#11+#7] Y[#12+#8]                          (刀具定位)
Z[#9]                                            (刀具下降)
WHILE #20LT#3                                    (加工条件判断)
  G17 G03 X[#13+#7] Y[#14+#8] R[#1] Z[-#20+#9]   (螺旋插补)
  G02 X[#11+#7] Y[#12+#8] R[#1]                  (圆弧插补修正)
  #20=#20+#10                                     (加工深度递增)
ENDW                                            (循环结束)
G17 G03 X[#13+#7] Y[#14+#8] R[#1] Z[-#3+#9]      (螺旋插补至型腔底部)
G02 X[#11+#7] Y[#12+#8] R[#1]                    (圆弧插补修正型腔底部)
```

◇【SIEMENS 参数程序】

```
R1=35                                           (圆弧连线半径赋值)
R2=5                                            (拐角半径赋值)
R3=8                                            (型腔深度赋值)
R4=15                                           (起始角度赋值)
```

```
R5=45                                    （圆弧连线的圆心角赋值）
R6=10                                    （铣刀直径赋值）
R7=0                                     （圆弧圆心在工件坐标系中的 X 坐标值）
R8=0                                     （圆弧圆心在工件坐标系中的 Y 坐标值）
R9=0                                     （圆弧圆心在工件坐标系中的 Z 坐标值）
R10=3                                    （深度递增量赋值）
R11=R1*COS(R4)                           （计算起始点的 X 值）
R12=R1*SIN(R4)                           （计算起始点的 Y 值）
R13=R1*COS(R4+R5)                        （计算终止点的 X 值）
R14=R1*SIN(R4+R5)                        （计算终止点的 Y 值）
IF R6==R2*2 GOTOF AAA                    （若刀具直径等于型腔宽度，跳转）
M30                                      （程序结束）
AAA:                                     （程序跳转标记符）
R20=R10                                  （加工深度赋初值）
G00 X=R11+R7 Y=R12+R8                    （刀具定位）
Z=R9                                     （刀具下降）
BBB:                                     （程序跳转标记符）
  G03 X=R13+R7 Y=R14+R8 CR=R1 Z=-R20+R9  （螺旋插补）
  G02 X=R11+R7 Y=R12+R8 CR=R1            （圆弧插补修正）
  R20=R20+R10                            （加工深度递增）
IF R20<R3 GOTOB BBB                      （加工条件判断）
G03 X=R13+R7 Y=R14+R8 CR=R1 Z=-R3+R9     （螺旋插补至型腔底部）
G02 X=R11+R7 Y=R12+R8 CR=R1             （圆弧插补修正型腔底部）
```

　　思考：如图 44-5 所示圆环型腔可看作连线为整圆的腰形型腔，请问能否直接修改上面宏程序中的起始角度和圆弧连线段的圆心角赋值，以实现该型腔的铣削加工？

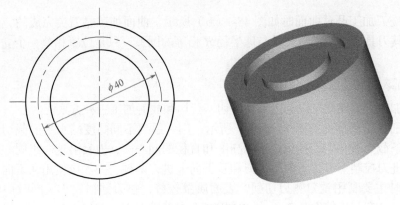

图 44-5　圆环型腔

第 45 章
球面铣削

45.1 凸球面

（1）凸球面加工刀具

如图 45-1 所示，凸球面加工使用的刀具可以选用立铣刀或球头铣刀。一般来说，凸球面粗加工使用立铣刀保证加工效率，精加工时使用球头铣刀以保证表面加工质量。

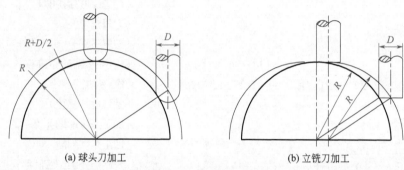

(a) 球头刀加工 (b) 立铣刀加工

图 45-1　凸球面加工示意图

采用球头刀加工凸球曲面时如图 45-1（a）所示，曲面加工是球刃完成的，其刀具中心轨迹是凸球面的同心球面，与球半径 R 相差一个球头刀刀具半径（$D/2$），即刀具中心轨迹半径为 $R+D/2$。

采用立铣刀加工凸球曲面时如图 45-1（b）所示，曲面加工是刀尖完成的，当刀尖沿圆弧运动时，其刀具中心运动轨迹是与球半径 R 相等的圆弧，只是位置相差一个立铣刀刀具半径（$D/2$）。

（2）凸球面加工走刀路线

凸球面加工走刀路线可以选用等高环切、行切和放射加工三种方式。

等高铣削加工凸球面如图 45-2（a）所示，用一系列不同高度的水平面截切球体后在球表面形成多条截交线，它们是一组不同高度和直径的同心圆，刀具沿这一组同心圆运动来完成走刀。在进刀控制上有从上向下进刀和从下向上进刀两种，一般应使用从下向上进刀来完成加工，此时主要利用铣刀侧刃切削，表面质量较好，端刃磨损较小，同时切削力将刀具向欠切方向推，有利于控制加工尺寸。采用从下向上进刀来完成加工时，先在半球底部铣整圆，之后 Z 轴进行抬高并改变上升后整圆的半径。

行切法（切片法）加工如图 45-2（b）所示，用一系列垂直面截切球体后在球表面形成多条截交线，刀具沿截交线运动来完成走刀。

放射形加工如图 45-2（c）所示，刀具沿从球顶向球底面均匀放射的一组圆弧运动来完成走刀，加工路线形成一种特殊的"西瓜纹"。

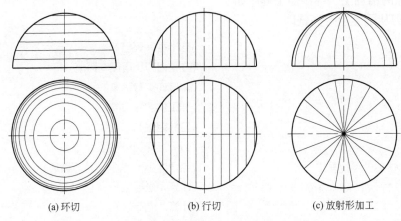

(a) 环切　　　　　(b) 行切　　　　　(c) 放射形加工

图 45-2　凸球面加工走刀路线

（3）等高铣削加工进刀控制算法

凸球面加工一般选用等高铣削加工，其进刀控制算法主要有两种。一种计算方法如图 45-3（a）所示，先根据允许的加工误差和表面粗糙度，确定合理的 Z 向进刀量（Δh），再根据给定加工高度 h 计算出加工圆的半径 $r=\sqrt{R^2-h^2}$，这种算法走刀次数较多。另一种计算方法如图 45-3（b）所示，是先根据允许的加工误差和表面粗糙度，确定两相邻进刀点相对球心的角度增量（$\Delta\theta$），再根据角度计算进刀点的加工圆半径 r 和加工高度 h 值，即 $h=R\sin\theta$，$r=R\cos\theta$。

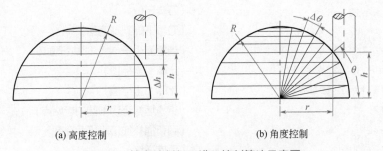

(a) 高度控制　　　　　　　　(b) 角度控制

图 45-3　等高铣削加工进刀控制算法示意图

【例1】　数控铣削加工如图 45-4 所示凸半球面，球半径为 SR30mm，试编制其精加工程序。

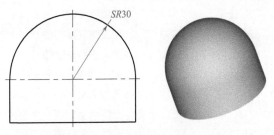

图 45-4　凸半球面数控铣削加工

设工件坐标系原点在球心，下面分别采用直径为 φ8mm 的立铣刀和球头刀以不同方法实现该凸半球面的精加工，编制加工程序如下。

① 立铣刀从下至上等高铣削：

```
#1=30                           （球半径 R 赋值）
#2=0                            （立铣刀刀具直径 D 赋值）
#3=0.5                          （角度递变量赋值）
#10=0                           （加工角度赋初值）
X[#1+#2] Y0                      （刀具定位）
Z0                              （刀具下降到球底面）
WHILE [#10LT90] DO1             （当角度小于 90° 时执行循环）
  #20=#1*COS[#10]+#2/2          （计算 X 坐标值）
  #21=#1*SIN[#10]               （计算 Z 坐标值）
  G01 X#20 Z#21                 （直线插补至切削圆的起始点）
  G02 I-#20                     （圆弧插补加工水平截交圆）
  #10=#10+#3                    （角度递增）
END1                            （循环结束）
```

② 球头刀从下至上等高铣削：

```
#1=30                           （球半径 R 赋值）
#2=8                            （球头刀刀具直径 D 赋值）
#3=0.5                          （角度递变量赋值）
#10=0                           （加工角度赋初值）
X[#1+#2] Y0                      （刀具定位）
Z0                              （刀具下降到球底面）
WHILE [#10LT90] DO1             （当角度小于 90° 时执行循环）
  #20=[#1+#2/2]*COS[#10]        （计算 X 坐标值）
  #21=[#1+#2/2]*SIN[#10]        （计算 Z 坐标值）
  G01 X#20 Z#21                 （直线插补至切削圆的起始点）
  G02 I-#20                     （圆弧插补加工水平截交圆）
  #10=#10+#3                    （角度递增）
END1                            （循环结束）
```

③ 球头刀行切：

```
#1=30                           （球半径赋值）
#2=8                            （刀直径赋值）
#3=90                           （加工角度赋初值）
#4=1                            （角度递变量赋值）
N10                             （程序跳转标记符）
  #3=#3-#4                       （角度递减）
  #24=[#1+#2/2]*COS[#3]          （计算 X 坐标值）
  #25=[#1+#2/2]*SIN[#3]          （计算 Y 坐标值）
  G17 G02 X#24 Y#25 R[#1+#2/2]   （圆弧插补到切削起点）
```

```
   G18 G02 X-#24 R#24                （XZ 平面圆弧插补）
   G18 G03 X#24 R#24                 （XZ 平面圆弧插补原路返回）
IF [#3GT-90] GOTO10                   （条件判断）
```

④ 球头刀从下至上螺旋铣削：

```
#1=30                                 （球半径 R 赋值）
#2=8                                  （球头刀刀具直径 D 赋值）
#3=0.5                                （角度递变量赋值）
#10=0                                 （加工角度赋初值）
Z0                                    （刀具下降到球底面）
G01 X[#1+#2/2] Y0                     （进刀到切削起点）
WHILE [#10LT90] DO1                   （当角度小于 90° 时执行循环）
   #20=[#1+#2/2]*COS[#10]             （计算 X 坐标值）
   #21=[#1+#2/2]*SIN[#10]             （计算 Z 坐标值）
   G17 G02 X#20 I-#20 Z#21            （螺旋插补加工）
   #10=#10+#3                         （角度递增）
END1                                  （循环结束）
```

⑤ 球头刀放射加工：

```
#1=30                                 （球半径 R 赋值）
#2=8                                  （球头刀刀具直径 D 赋值）
#3=1                                  （角度递变量赋值）
#10=0                                 （旋转角度赋初值）
#11=#1+#2/2                           （计算 R+D/2）
WHILE [#10LT180] DO1                  （当角度小于 180° 时执行循环）
   G17 G68 X0 Y0 R#10                 （坐标旋转设定）
   G00 X[#1+#2] Y0                    （刀具定位）
   #20=0                              （角度赋初值）
   WHILE [#20LT180] DO2               （圆弧加工条件判断）
      #30=#11*COS[#20]                （计算圆弧加工的 X 坐标值）
      #31=#11*SIN[#20]                （计算圆弧加工的 Y 坐标值）
      G01 X#30 Z#31                   （直线插补加工圆弧）
      #20=#20+#3                      （角度递增）
   END2                               （循环结束）
   G00 Z[#1+#2]                       （抬刀）
   G69                                （取消坐标旋转）
   #10=#10+#3                         （角度递增）
END1                                  （循环结束）
```

◆【华中宏程序】

```
#1=30                                 （球半径 R 赋值）
#2=8                                  （球头刀刀具直径 D 赋值）
```

```
#3=0.5                              （角度递变量赋值）
#10=0                              （加工角度赋初值）
Z0                                 （刀具下降到球底面）
G01 X[#1+#2/2] Y0                  （进刀到切削起点）
WIIILE #10LT90                     （当角度小于 90°时执行循环）
  #20=[#1+#2/2]*COS[#10*PI/180]    （计算 X 坐标值）
  #21=[#1+#2/2]*SIN[#10*PI/180]    （计算 Z 坐标值）
  G17 G02 X[#20] I[-#20] Z[#21]    （螺旋插补加工）
  #10=#10+#3                       （角度递增）
ENDW                               （循环结束）
```

◇【SIEMENS 参数程序】

```
R1=30                              （球半径 R 赋值）
R2=8                               （球头刀刀具直径 D 赋值）
R3=0.5                             （角度递变量赋值）
R10=0                              （加工角度赋初值）
Z0                                 （刀具下降到球底面）
G01 X=R1+R2/2 Y0                   （进刀到切削起点）
AAA:                               （程序跳转标记符）
  R20=(R1+R2/2)*COS(R10)           （计算 X 坐标值）
  R21=(R1+R2/2)*SIN(R10)           （计算 Z 坐标值）
  G17 G02 X=R20 I=-R20 Z=R21       （螺旋插补加工）
  R10=R10+R3                       （角度递增）
IF R10<90 GOTOB AAA                （当角度小于 90°时执行循环）
```

【例 2】　如图 45-5 所示，在 60mm×60mm 的方形坯料上加工出球半径为 *SR*25mm 的凸半球面，试编制其数控铣削粗加工宏程序。

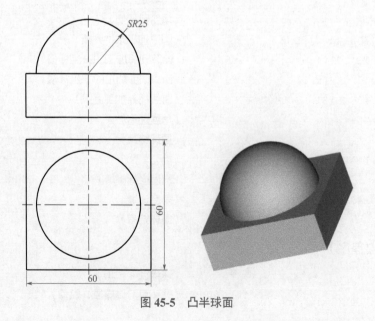

图 45-5　凸半球面

设工件坐标系原点在上表面中心（即球顶点），编制加工程序如下。

① 立铣刀从上至下等高铣削：

```
#1=25                                      （球半径 R 赋值）
#2=60                                      （方形毛坯边长赋值）
#3=12                                      （立铣刀刀具直径 D 赋值）
#10=0.7*#3                                 （粗加工行距赋值，取 0.7 倍刀具直径）
#11=3                                      （每层加工深度赋值）
#12=#11                                    （加工深度赋初值）
WHILE [#12LT#1] DO1                        （加工深度条件判断）
  IF [[#12+#11]GE#1] THEN #12=#1           （Z 轴方向最后一层加工条件判断）
  G00 X[SQRT[2]*[#2/2]+#3/2] Y0            （刀具移动到工件之外）
  Z-#12                                    （刀具下降到加工平面）
  #20=SQRT[2]*[#2/2]                       （计算方形毛坯外接圆半径）
  #21=SQRT[#1*#1-[#1-#12]*[#1-#12]]        （计算加工层的截圆半径）
  WHILE [#20GT#21] DO2                     （每层加工循环条件判断）
    IF [[#20-#10]LE#21] THEN #20=#21+0.1   （XY 平面最后一圈加工条件判断，留 0.1mm 精
                                             加工余量）
    G01 X[#20+#3/2] Y0                     （直线插补至切削起点）
    G02 I[-#20-#3/2]                       （粗加工圆弧插补）
    #20=#20-#10                            （粗加工圆半径递减）
  END2                                     （每层加工循环结束）
  #12=#12+#11                              （加工深度递增）
END1                                       （深度加工循环结束）
G00 Z50                                    （抬刀）
```

② 球头刀插式铣削：

```
#1=25                                      （球半径 R 赋值）
#2=60                                      （方形毛坯边长赋值）
#3=12                                      （球刀刀具直径 D 赋值）
#4=0.4*#3                                  （粗加工行距赋值，取 0.4 倍刀具直径）
#5=#1+#3*0.5                               （计算球半径加球头刀半径的值）
#6=#2*0.5                                  （计算方形边长的一半的值）
#10=-#6                                    （加工 Y 坐标赋初值）
WHILE [#10LE#6] DO1                        （加工条件判断）
  #20=#6                                   （加工 X 坐标赋初值）
  WHILE [#20GE-#6] DO2                     （加工条件判断）
    #30=SQRT[#5*#5-#10*#10]                （计算加工圆半径）
    #40=-#1                                （加工 Z 坐标赋值）
    IF [ABS[#20]LT#30] THEN #40=SQRT[#30*#30-#20*#20]-#1
                                           （加工 Z 坐标判断）
    G99 G81 X#20 Y#10 Z#40 R2              （插铣）
```

```
    #20=#20-#4                              （加工 X 坐标递减）
  END2                                       （循环结束）
    #10=#10+#4                              （加工 Y 坐标递增）
END1                                         （循环结束）
```

③ 立铣刀插式铣削：

```
#1=25                                        （球半径 R 赋值）
#2=60                                        （方形毛坯边长赋值）
#3=12                                        （立铣刀刀具直径 D 赋值）
#4=3                                         （行距赋值）
#5=10                                        （角度递变量赋值）
#6=SQRT[2]*#2*0.5                           （计算最大加工半径）
#7=#3*0.5                                    （计算刀具半径值）
#10=#3                                       （加工半径赋初值）
WHILE [#10LE#6] DO1                          （加工条件判断）
  #20=0                                      （加工角度赋初值）
  WHILE [#20LT360] DO2                       （圆周加工条件判断）
    #30=#10*COS[#20]                         （计算 X 坐标值）
    #31=#10*SIN[#20]                         （计算 Y 坐标值）
    #32=-#1                                  （加工 Z 坐标值）
    IF [#10LT[#1+#7]] THEN #32=SQRT[#1*#1-[#10-#7]*[#10-#7]]-#1
                                             （加工 Z 坐标值计算）
    IF [ABS[#30]GT#2*0.5] GOTO1              （超出边界跳转）
    IF [ABS[#31]GT#2*0.5] GOTO1              （超出边界跳转）
    G99 G81 X#30 Y#31 Z#32 R2                （插式铣削）
    N1                                       （程序跳转标记符）
    #20=#20+#5                               （加工角度递增）
  END2                                       （循环结束）
    #10=#10+#4                              （加工半径递增）
END1                                         （循环结束）
```

◆【华中宏程序】

```
#1=25                                        （球半径 R 赋值）
#2=60                                        （方形毛坯边长赋值）
#3=12                                        （立铣刀刀具直径 D 赋值）
#10=0.7*#3                                   （粗加工行距赋值，取 0.7 倍刀具直径）
#11=3                                        （每层加工深度赋值）
#12=#11                                      （加工深度赋初值）
WHILE #12LT#1                                （加工深度条件判断）
  IF [#12+#11]GE#1                           （Z 轴方向最后一层加工条件判断）
  #12=#1                                     （将球半径 #1 赋给加工深度 #12）
```

```
    ENDIF                                    （结束条件）
    G00 X[SQRT[2]*[#2/2]+#3/2] Y0            （刀具移动到工件之外）
    Z[-#12]                                  （刀具下降到加工平面）
    #20=SQRT[2]*[#2/2]                       （计算方形毛坯外接圆半径）
    #21=SQRT[#1*#1-[#1-#12]*[#1-#12]]        （计算加工层的截圆半径）
    WHILE #20GT#21                           （每层加工循环条件判断）
      IF [#20-#10]LE#21                      （XY 平面最后一圈加工条件判断）
      #20=#21+0.1                            （XY 平面最后一圈留 0.1mm 精加工余量）
      ENDIF                                  （结束条件）
      G01 X[#20+#3/2] Y0                     （直线插补至切削起点）
      G02 I[-#20-#3/2]                       （粗加工圆弧插补）
      #20=#20-#10                            （粗加工圆半径递减）
    ENDW                                     （每层加工循环结束）
    #12=#12+#11                              （加工深度递增）
  ENDW                                       （深度加工循环结束）
  G00 Z50                                    （抬刀）
```

◇【SIEMENS 参数程序】

```
R1=25                                        （球半径 R 赋值）
R2=60                                        （方形毛坯边长赋值）
R3=12                                        （立铣刀刀具直径 D 赋值）
R10=0.7*R3                                   （粗加工行距赋值，取 0.7 倍刀具直径）
R11=3                                        （每层加工深度赋值）
R12=R11                                      （加工深度赋初值）
AAA:                                         （加工深度条件判断）
  IF R12+R11<R1 GOTOF BBB                     （Z 轴方向最后一层加工条件判断）
  R12=R1                                     （将球半径 R1 赋给加工深度 R12）
  BBB:                                       （结束条件）
  G00 X=SQRT(2)*(R2/2)+R3/2 Y0               （刀具移动到工件之外）
  Z=-R12                                     （刀具下降到加工平面）
  R20=SQRT(2)*(R2/2)                         （计算方形毛坯外接圆半径）
  R21=SQRT(R1*R1-(R1-R12)*(R1-R12))          （计算加工层的截圆半径）
  CCC:                                       （每层加工循环条件判断）
    IF R20-R10>R21 GOTOF DDD                 （XY 平面最后一圈加工条件判断）
    R20=R21+0.1                              （XY 平面最后一圈留 0.1mm 精加工余量）
    DDD:                                     （结束条件）
    G01 X=R20+R3/2 Y0                        （直线插补至切削起点）
    G02 I=-R20-R3/2                          （粗加工圆弧插补）
    R20=R20-R10                              （粗加工圆半径递减）
  IF R20>R21 GOTOB CCC                       （每层加工循环结束）
  R12=R12+R11                                （加工深度递增）
IF R12<R1 GOTOB AAA                          （深度加工循环结束）
G00 Z50                                      （抬刀）
```

45.2　凹球面

　　凹球面数控铣削加工可选用立铣刀或球头铣刀加工。设球面半径为 R，刀具直径为 D，采用立铣刀和球头铣刀加工的刀具轨迹及几何参数模型分别如图 45-6（a）、（b）所示，立铣刀刀位点轨迹为偏移了一个刀具半径的、半径与球半径 R 相同的圆弧，球头刀刀位点轨迹为一个半径为 $R-D/2$ 的、与球同心的圆弧。

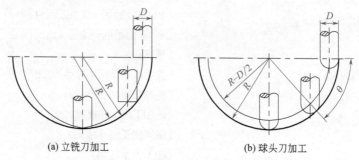

(a) 立铣刀加工　　　　　(b) 球头刀加工

图 45-6　凹球面加工示意图

　　由于立铣刀加工内球面与球头刀加工凹球面相比，效率较高，质量较差，并且无法加工凹球面顶部。图 45-7（a）所示阴影部分为过切区域，为保证不过切，如图 45-7（b）所示可加工至凹球面上的 A 点，所以可选择立铣刀粗加工凹球面，然后采用球头刀精加工。

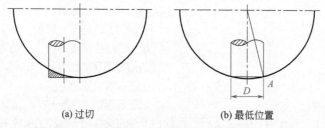

(a) 过切　　　　　　　(b) 最低位置

图 45-7　立铣刀加工凹球面

　　【例1】　数控铣削加工如图 45-8 所示球半径为 $SR25\text{mm}$ 的凹球面，试编制其球面加工宏程序。

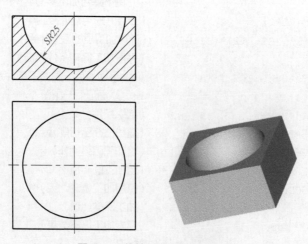

图 45-8　数控铣削加工凹球面

设工件坐标系原点在球心，选用直径为 ϕ8mm 的球头刀螺旋铣削加工该凹球面，编制加工宏程序如下。

```
#1=25                              （凹球半径 R 赋值）
#2=8                               （球头刀直径 D 赋值）
#3=#1-#2/2                         （计算 R-D/2）
#4=0.5                             （角度递变量赋值）
#10=0                             （加工角度赋初值）
G00 X0 Y0                          （刀具定位）
Z0                                 （下刀）
G02 X#3 Y0 R[#3/2]                 （圆弧切入）
WHILE [#10LT90] DO1                （加工循环条件判断）
  #20=#3*COS[#10]                  （计算 r 值，亦即 X 坐标值）
  #21=#3*SIN[#10]                  （计算加工深度 h 值）
  G17 G02 X#20 I-#20 Z-#21         （螺旋插补加工凹球面）
  #10=#10+#4                       （加工角度递增）
END1                               （循环结束）
```

◆【华中宏程序】

```
#1=25                              （凹球半径 R 赋值）
#2=8                               （球头刀直径 D 赋值）
#3=#1-#2/2                         （计算 R-D/2）
#4=0.5                             （角度递变量赋值）
#10=0                             （加工角度赋初值）
G00 X0 Y0                          （刀具定位）
Z0                                 （下刀）
G02 X[#3] Y0 R[#3/2]              （圆弧切入）
WHILE #10LT90                     （加工循环条件判断）
  #20=#3*COS[#10*PI/180]          （计算 r 值，亦即 X 坐标值）
  #21=#3*SIN[#10*PI/180]          （计算加工深度 h 值）
  G17 G02 X[#20] I[-#20] Z[-#21]  （螺旋插补加工凹球面）
  #10=#10+#4                       （加工角度递增）
ENDW                               （循环结束）
```

◇【SIEMENS 参数程序】

```
R1=25                              （凹球半径 R 赋值）
R2=8                               （球头刀直径 D 赋值）
R3=R1-R2/2                         （计算 R-D/2）
R4=0.5                             （角度递变量赋值）
R10=0                             （加工角度赋初值）
G00 X0 Y0                          （刀具定位）
Z0                                 （下刀）
G02 X=R3 Y0 R=R3/2                 （圆弧切入）
AAA:                               （程序跳转标记符）
  R20=R3*COS(R10)                  （计算 r 值，亦即 X 坐标值）
```

```
    R21=R3*SIN(R10)                           （计算加工深度 h 值）
  G17 G02 X=R20 I=-R20 Z=-R21                 （螺旋插补加工凹球面）
  R10=R10+R4                                  （加工角度递增）
IF R10<90 GOTOB AAA                           （加工循环条件判断）
```

【例2】 如图 45-9 所示凹球面，半径为 *SR*25mm，球底距离工件上表面 20mm，试编制其加工宏程序。

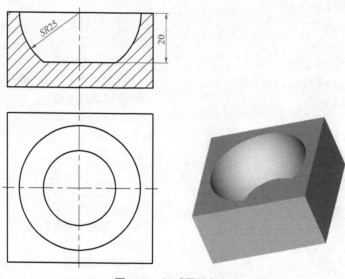

图 45-9   凹球面的加工

设工件坐标系原点在球心，选用直径为 ϕ8mm 的立铣刀从上至下等高铣削加工该凹球面，编制加工宏程序如下。

```
#1=25                                         （凹球半径 R 赋值）
#2=20                                         （球底距工件上表面距离赋值）
#3=8                                          （立铣刀直径 D 赋值）
#4=0.2                                        （深度递变量赋值）
#10=#4                                        （加工深度赋初值）
G00 X[#1-#3*0.5] Y0                           （刀具定位）
Z0                                            （下刀）
WHILE [#10LE#2] DO1                           （加工循环条件判断）
  #20=SQRT[#1*#1-#10*#10]-#3/2                （计算截圆半径）
  G18 G03 X#20 Z-#10 R#1                      （刀具定位）
  G17 G03 I-#20                               （圆弧插补加工凹球面）
  #10=#10+#4                                  （加工深度递增）
END1                                          （循环结束）
G00 Z50                                       （抬刀）
```

下面是采用螺旋铣削加工凹球面的宏程序。

```
#1=25                                         （凹球半径 R 赋值）
#2=20                                         （球底距工件上表面距离赋值）
```

```
#3=8                                    （立铣刀直径 D 赋值）
#4=0.2                                  （深度递变量赋值）
#10=0                                   （加工深度赋初值）
G00 X[#1-#3/2] Y0                       （刀具定位）
Z2                                      （刀具下降到安全平面）
G01 Z0                                  （下刀到加工平面）
WHILE [#10LT#2] DO1                     （加工循环条件判断）
  #20=SQRT[#1*#1-#10*#10]-#3/2          （计算截圆半径）
  G17 G03 X#20 I-#20 Z-#10              （螺旋插补加工凹球面）
  #10=#10+#4                            （加工深度递增）
END1                                    （循环结束）
#21=SQRT[#1*#1-#2*#2]-#3/2              （计算孔底截圆半径）
G03 X#21 I-#21 Z-#2                     （螺旋插补加工至孔底）
I-#21                                   （圆弧插补加工孔底）
G00 Z50                                 （抬刀）
```

◆【华中宏程序】

```
#1=25                                   （凹球半径 R 赋值）
#2=20                                   （球底距工件上表面距离赋值）
#3=8                                    （立铣刀直径 D 赋值）
#4=0.2                                  （深度递变量赋值）
#10=0                                   （加工深度赋初值）
G00 X[#1-#3/2] Y0                       （刀具定位）
Z2                                      （刀具下降到安全平面）
G01 Z0                                  （下刀到加工平面）
WHILE #10LT#2                           （加工循环条件判断）
  #20=SQRT[#1*#1-#10*#10]-#3/2          （计算截圆半径）
  G17 G03 X[#20] I[-#20] Z[-#10]        （螺旋插补加工凹球面）
  #10=#10+#4                            （加工深度递增）
ENDW                                    （循环结束）
#21=SQRT[#1*#1-#2*#2]-#3/2              （计算孔底截圆半径）
G03 X[#21] I[-#21] Z[-#2]               （螺旋插补加工至孔底）
I[-#21]                                 （圆弧插补加工孔底）
G00 Z50                                 （抬刀）
```

◇【SIEMENS 参数程序】

```
R1=25                                   （凹球半径 R 赋值）
R2=20                                   （球底距工件上表面距离赋值）
R3=8                                    （立铣刀直径 D 赋值）
R4=0.2                                  （深度递变量赋值）
R10=0                                   （加工深度赋初值）
G00 X=R1-R3/2 Y0                        （刀具定位）
Z2                                      （刀具下降到安全平面）
G01 Z0                                  （下刀到加工平面）
```

```
AAA:                                （程序跳转标记符）
  R20=SQRT(R1*R1-R10*R10)-R3/2      （计算截圆半径）
  G17 G03 X=R20 I=-R20 Z=-R10       （螺旋插补加工凹球面）
  R10=R10+R4                        （加工深度递增）
IF R10<R2 GOTOB AAA                 （加工循环条件判断）
R21=SQRT(R1*R1-R2*R2)-R3/2          （计算孔底截圆半径）
G03 X=R21 I=-R21 Z=-R2             （螺旋插补加工至孔底）
I=-R21                             （圆弧插补加工孔底）
G00 Z50                            （抬刀）
```

第 46 章

水平布置形状类零件铣削

46.1 水平半圆柱面

水平半圆柱面加工走刀路线有如图 46-1（a）所示沿圆柱表面轴向走刀和如图 46-1（b）所示沿圆柱表面径向走刀两种。沿圆柱面轴向走刀方式的走刀路线短，加工效率高，加工后圆柱面直线度高；沿圆柱表面径向走刀的走刀路线较长，加工效率较低，加工后圆柱面轮廓度较好，用于加工大直径短圆柱更佳。

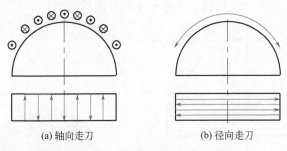

| (a) 轴向走刀 | (b) 径向走刀 |

图 46-1　水平半圆柱面加工走刀路线

水平半圆柱面加工可采用立铣刀或球头刀加工，图 46-2（a）、（b）分别为立铣刀和球头刀刀位点轨迹与水平半圆柱面的关系示意图。

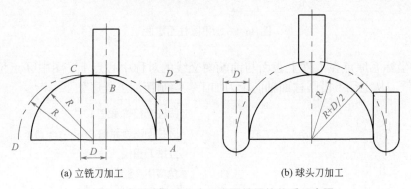

| (a) 立铣刀加工 | (b) 球头刀加工 |

图 46-2　刀位点轨迹与水平半圆柱面的关系示意图

如图 46-2（a）所示，采用立铣刀径向走刀铣削加工水平半圆柱面的走刀路线为 $A \to B \to C \to D$，其中 AB 段和 CD 段为相对圆柱面圆心平移一个刀具半径值 $D/2$、半径同为 R 的圆弧段，BC 段为一直线。沿该走刀路线加工完一层圆柱面后轴向移动一个步距，再调向加工下一层直至加工完毕。

轴向走刀铣削加工水平半圆柱面时，为了方便编程，将轴向走刀路线稍作处理，即按图 46-3 所示矩形箭头路线逐层走刀，在一次矩形循环过程中分别铣削加工了圆柱面左右两侧，每加工完一层后立铣刀沿圆柱面上升或下降一个步距，再按矩形箭头路线走刀。

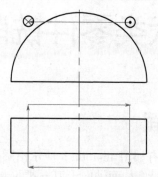

图 46-3　轴向走刀铣削加工水平半圆柱面走刀路线示意图

【例 1】　数控铣削加工如图 46-4 所示水平半圆柱面，毛坯尺寸为 50mm×20mm×30mm 的长方体，试编制采用立铣刀铣削加工该水平半圆柱面的宏程序。

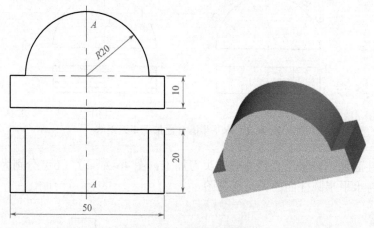

图 46-4　水平圆柱面零件

设工件坐标系原点在工件上表面与前端面交线的对称中心点上（图中 A 点位置），采用 ϕ8mm 的立铣刀从上往下沿圆柱面轴向走刀加工，编制精加工程序如下。

```
#1=20                              （圆柱半径 R 赋值）
#2=20                              （圆柱面宽度赋值）
#3=8                               （立铣刀直径 D 赋值）
#4=0.5                             （角度递变量）
#10=0                              （角度变量赋初值）
WHILE [#10LE90] DO1                （加工条件判断）
  #11=#1*SIN[#10]                  （计算 x 坐标值）
  #12=#1*COS[#10]                  （计算加工高度值）
  G00 X[#11+#3/2] Y[#2+#3] Z[#12-#1]  （刀具定位到工件右后点）
  G01 Y-#3                         （直线插补到工件右前点）
  G00 X[-#11-#3/2]                 （刀具定位到工件左前点）
```

```
  G01 Y[#2+#3]                          （直线插补到工件左后点）
  #10=#10+#4                            （角度变量递增）
END1                                    （循环结束）
```

编制粗精加工该水平半圆柱面的宏程序如下。

```
#1=20                                   （圆柱半径 R 赋值）
#2=20                                   （圆柱面宽度赋值）
#3=8                                    （立铣刀直径 D 赋值）
#4=50                                   （毛坯长度 L 赋值）
#5=0.6*#3                               （X 递变量取行距 0.6 倍刀具直径）
#6=0.5                                  （角度递变量赋值）
#10=0                                   （角度变量赋初值）
WHILE [#10LE90] DO1                     （加工条件判断）
  #11=#1*SIN[#10]                       （计算 X 坐标值）
  #12=#1*COS[#10]                       （计算加工高度值）
  #20=#4/2                              （粗加工 X 坐标值赋初值）
  WHILE [#20GT#11+#3/2] DO2             （粗加工条件判断）
    G00 X#20 Y[#2+#3] Z[#12-#1]         （刀具粗加工定位到工件右后点）
    G01 Y-#3                            （直线插补到工件右前点）
    G00 X-#20                           （刀具定位到工件左前点）
    G01 Y[#2+#3]                        （直线插补到工件左后点）
    #20=#20-#5                          （X 坐标值递减）
  END2                                  （粗加工循环结束）
  G00 X[#11+#3/2] Y[#2+#3] Z[#12-#1]    （刀具精加工定位到工件右后点）
  G01 Y-#3                              （直线插补到工件右前点）
  G00 X[-#11-#3/2]                      （刀具定位到工件左前点）
  G01 Y[#2+#3]                          （直线插补到工件左后点）
  #10=#10+#6                            （角度变量递增）
END1                                    （循环结束）
```

◆【华中宏程序】

```
#1=20                                   （圆柱半径 R 赋值）
#2=20                                   （圆柱面宽度赋值）
#3=8                                    （立铣刀直径 D 赋值）
#4=50                                   （毛坯长度 L 赋值）
#5=0.6*#3                               （X 递变量取行距 0.6 倍刀具直径）
#6=0.5                                  （角度递变量赋值）
#10=0                                   （角度变量赋初值）
WHILE #10LE90                           （加工条件判断）
  #11=#1*SIN[#10*PI/180]                （计算 X 坐标值）
  #12=#1*COS[#10*PI/180]                （计算加工高度值）
```

```
    #20=#4/2                                  （粗加工 x 坐标值赋初值）
    WHILE #20GT[#11+#3/2]                      （粗加工条件判断）
      G00 X[#20] Y[#2+#3] Z[#12-#1]           （刀具粗加工定位到工件右后点）
      G01 Y[-#3]                              （直线插补到工件右前点）
      G00 X[-#20]                             （刀具定位到工件左前点）
      G01 Y[#2+#3]                            （直线插补到工件左后点）
      #20=#20-#5                              （x 坐标值递减）
    ENDW                                       （粗加工循环结束）
    G00 X[#11+#3/2] Y[#2+#3] Z[#12-#1]        （刀具精加工定位到工件右后点）
    G01 Y[-#3]                                 （直线插补到工件右前点）
    G00 X[-#11-#3/2]                           （刀具定位到工件左前点）
    G01 Y[#2+#3]                               （直线插补到工件左后点）
    #10=#10+#6                                 （角度变量递增）
ENDW                                           （循环结束）
```

◇【SIEMENS 参数程序】

```
    R1=20                                      （圆柱半径 R 赋值）
    R2=20                                      （圆柱面宽度赋值）
    R3=8                                       （立铣刀直径 D 赋值）
    R4=50                                      （毛坯长度 L 赋值）
    R5=0.6*R3                                  （x 递变量取行距 0.6 倍刀具直径）
    R6=0.5                                     （角度递变量赋值）
    R10=0                                      （角度变量赋初值）
    AAA:                                       （程序跳转标记符）
      R11=R1*SIN(R10)                          （计算 x 坐标值）
      R12=R1*COS(R10)                          （计算加工高度值）
      R20=R4/2                                 （粗加工 x 坐标值赋初值）
      BBB:                                     （程序跳转标记符）
        G00 X=R20 Y=R2+R3 Z=R12-R1             （刀具粗加工定位到工件右后点）
        G01 Y=-R3                              （直线插补到工件右前点）
        G00 X=-R20                             （刀具定位到工件左前点）
        G01 Y=R2+R3                            （直线插补到工件左后点）
        R20=R20-R5                             （x 坐标值递减）
      IF R20>R11+R3/2 GOTOB BBB                （粗加工跳转条件判断）
      G00 X=R11+R3/2 Y=R2+R3 Z=R12-R1          （刀具精加工定位到工件右后点）
      G01 Y=-R3                                （直线插补到工件右前点）
      G00 X=-R11-R3/2                          （刀具定位到工件左前点）
      G01 Y=R2+R3                              （直线插补到工件左后点）
      R10=R10+R6                               （角度变量递增）
    IF R10<=90 GOTOB AAA                       （加工条件判断）
```

【例 2】 数控铣削加工如图 46-5 所示半月牙形轮廓，试编制其加工宏程序。

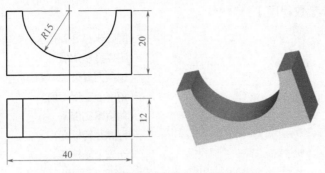

图 46-5　半月牙形轮廓的数控铣削加工

设工件坐标系原点在工件上表面的前端面 $R15$ 圆弧中心，选用刀具直径为 $\phi6mm$ 的球头刀铣削加工，编制加工宏程序如下。

```
#1=15                       （圆弧半径 R 赋值）
#2=12                       （工件宽度赋值）
#3=6                        （球头刀具直径 D 赋值）
#4=0.5                      （角度递变量赋值）
#10=0                       （角度赋初值）
WHILE [#10LE90] DO1         （加工条件判断）
  #11=[#1-#3/2]*COS[#10]    （计算 X 坐标值）
  #12=[#1-#3/2]*SIN[#10]    （计算加工深度值）
  G00 X#11 Y[#2+#3] Z-#12   （刀具定位到右后角）
  G01 Y-#3                  （直线插补到右前角）
  G00 X-#11                 （刀具定位到左前角）
  G01 Y[#2+#3]              （直线插补到左后角）
  #10=#10+#4                （角度递增）
END1                        （循环结束）
```

◆【华中宏程序】******

```
#1=15                          （圆弧半径 R 赋值）
#2=12                          （工件宽度赋值）
#3=6                           （球头刀具直径 D 赋值）
#4=0.5                         （角度递变量赋值）
#10=0                          （角度赋初值）
WHILE #10LE90                  （加工条件判断）
  #11=[#1-#3/2]*COS[#10*PI/180]（计算 X 坐标值）
  #12=[#1-#3/2]*SIN[#10*PI/180]（计算加工深度值）
  G00 X[#11] Y[#2+#3] Z[-#12]  （刀具定位到右后角）
  G01 Y[-#3]                   （直线插补到右前角）
  G00 X[-#11]                  （刀具定位到左前角）
  G01 Y[#2+#3]                 （直线插补到左后角）
  #10=#10+#4                   （角度递增）
ENDW                           （循环结束）
```

◇【SIEMENS 参数程序】******

```
R1=15                              （圆弧半径 R 赋值）
R2=12                              （工件宽度赋值）
R3=6                               （球头刀具直径 D 赋值）
R4=0.5                             （角度递变量赋值）
R10=0                              （角度赋初值）
AAA:                               （程序跳转标记符）
  R11=(R1-R3/2)*COS(R10)           （计算 X 坐标值）
  R12=(R1-R3/2)*SIN(R10)           （计算加工深度值）
  G00 X=R11 Y=R2+R3 Z=-R12         （刀具定位到右后角）
  G01 Y=-R3                        （直线插补到右前角）
  G00 X=-R11                       （刀具定位到左前角）
  G01 Y=R2+R3                      （直线插补到左后角）
  R10=R10+R4                       （角度递增）
IF R10<=90 GOTOB AAA               （加工条件判断）
```

46.2　水平半圆锥面

水平放置的半圆锥台零件如图 46-6 所示，圆锥大径 φ60mm，小径 φ40mm，长度 40mm，试编制数控铣削精加工该圆锥台面的宏程序。

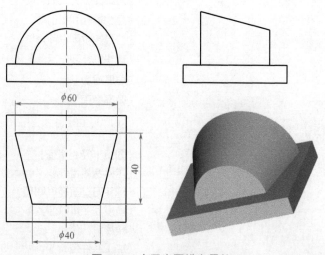

图 46-6　水平半圆锥台零件

如图 46-7 所示，设圆锥大径为 D，小径为 d，圆锥长度为 L，则圆锥锥度 $C = \dfrac{D-d}{L}$。采用沿圆锥母线（素线）加工的方式，即按 $P_1 \rightarrow P_2 \rightarrow P_3 \rightarrow P_4 \rightarrow P_1$ 路线加工，P 点的坐标值随角度 θ 变化而变化，考虑刀具半径 R 补偿后的水平半圆锥台尺寸（如图 46-8 所示）：

$$D_1 = D + R \times C = D + R \times \frac{D-d}{L}$$

$$d_1 = d - R \times C = d - R \times \frac{D-d}{L}$$

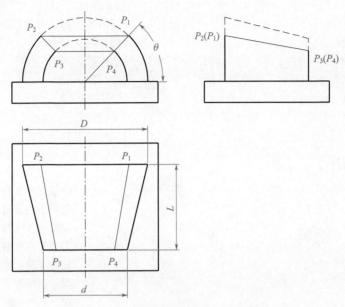

图 46-7　水平半圆锥台面加工示意图

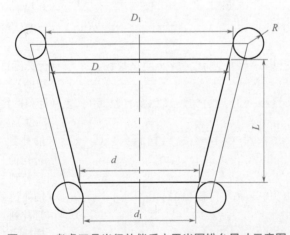

图 46-8　考虑刀具半径补偿后水平半圆锥台尺寸示意图

设工件坐标系原点在直径为 d 圆弧的圆心，选用 ϕ8mm 的立铣刀，编制加工程序如下。

```
#1=60                                    （圆锥大径赋值）
#2=40                                    （圆锥小径赋值）
#3=40                                    （圆锥长度赋值）
#4=8                                     （刀具直径赋值）
#5=0.2                                   （角度递变量赋值）
#10=0                                    （角度赋初值）
WHILE [#10LE90] DO1                       （循环条件判断）
  #20=[#1+#4*0.5*[#1-#2]/#3]*0.5*COS[#10]  （计算圆锥大端圆弧上点的 X 坐标值）
```

```
#21=[#1+#4*0.5*[#1-#2]/#3]*0.5*SIN[#10]    （计算圆锥大端圆弧上点的 Z 坐标值）
#30=[#2-#4*0.5*[#1-#2]/#3]*0.5*COS[#10]    （计算圆锥小端圆弧上点的 X 坐标值）
#31=[#2-#4*0.5*[#1-#2]/#3]*0.5*SIN[#10]    （计算圆锥小端圆弧上点的 Z 坐标值）
G01 X[#20+#4*0.5] Y[#3+#4*0.5] Z#21        （插补到 P₁ 点，考虑刀具半径补偿值）
X[-#20-#4*0.5]                             （插补到 P₂ 点）
X[ #30 #4*0.5] Y[-#4*0.5] Z#31            （插补到 P₃ 点）
X[#30+#4*0.5]                              （插补到 P₄ 点）
X[#20+#4*0.5] Y[#3+#4*0.5] Z#21           （插补回 P₁ 点）
#10=#10+#5                                 （角度递增）
END1                                       （循环结束）
```

◆【华中宏程序】

```
#1=60                                      （圆锥大径赋值）
#2=40                                      （圆锥小径赋值）
#3=40                                      （圆锥长度赋值）
#4=8                                       （刀具直径赋值）
#5=0.2                                     （角度递变量赋值）
#10=0                                      （角度赋初值）
WHILE #10LE90                              （循环条件判断）
  #20=[#1+#4*0.5*[#1-#2]/#3]*0.5*COS[#10*PI/180]   （计算圆锥大端圆弧上点的 X 坐
                                                     标值）
  #21=[#1+#4*0.5*[#1-#2]/#3]*0.5*SIN[#10*PI/180]   （计算圆锥大端圆弧上点的 Z 坐
                                                     标值）
  #30=[#2-#4*0.5*[#1-#2]/#3]*0.5*COS[#10*PI/180]   （计算圆锥小端圆弧上点的 X 坐
                                                     标值）
  #31=[#2-#4*0.5*[#1-#2]/#3]*0.5*SIN[#10*PI/180]   （计算圆锥小端圆弧上点的 Z 坐
                                                     标值）
  G01 X[#20+#4*0.5] Y[#3+#4*0.5] Z[#21]   （插补到 P₁ 点，考虑刀具半径
                                            补偿值）
  X[-#20-#4*0.5]                           （插补到 P₂ 点）
  X[-#30-#4*0.5] Y[-#4*0.5] Z[#31]         （插补到 P₃ 点）
  X[#30+#4*0.5]                            （插补到 P₄ 点）
  X[#20+#4*0.5] Y[#3+#4*0.5] Z[#21]        （插补回 P₁ 点）
  #10=#10+#5                               （角度递增）
ENDW                                       （循环结束）
```

◇【SIEMENS 参数程序】

```
R1=60                                      （圆锥大径赋值）
R2=40                                      （圆锥小径赋值）
R3=40                                      （圆锥长度赋值）
R4=8                                       （刀具直径赋值）
R5=0.2                                     （角度递变量赋值）
R10=0                                      （角度赋初值）
AAA:                                       （跳转标记符）
```

```
        R20=(R1+R4*0.5*(R1-R2)/R3)*0.5*COS(R10)    （计算圆锥大端圆弧上点的 X 坐标值）
        R21=(R1+R4*0.5*(R1-R2)/R3)*0.5*SIN(R10)    （计算圆锥大端圆弧上点的 Z 坐标值）
        R30=(R2-R4*0.5*(R1-R2)/R3)*0.5*COS(R10)    （计算圆锥小端圆弧上点的 X 坐标值）
        R31=(R2-R4*0.5*(R1-R2)/R3)*0.5*SIN(R10)    （计算圆锥小端圆弧上点的 Z 坐标值）
        G01 X=R20+R4*0.5 Y=R3+R4*0.5 Z=R21         （插补到 P₁ 点，考虑刀具半径补偿值）
        X=-R20-R4*0.5                              （插补到 P₂ 点）
        X=-R30-R4*0.5 Y=-R4*0.5 Z=R31              （插补到 P₃ 点）
        X=R30+R4*0.5                               （插补到 P₄ 点）
        X=R20+R4*0.5 Y=R3+R4*0.5 Z=R21             （插补回 P₁ 点）
        R10=R10+R5                                 （角度递增）
    IF R10<=90 GOTOB AAA                           （循环条件判断）
```

46.3　牟合方盖

如图 46-9 所示，牟合方盖来源于我国古代数学家刘徽首先发现并采用的一种用于计算球体体积的方法，可看作是两个相同直径的圆柱体垂直相贯得到的相贯体（相交的公共部分，如图 46-10 所示），看上去像一种野营用的帐篷。

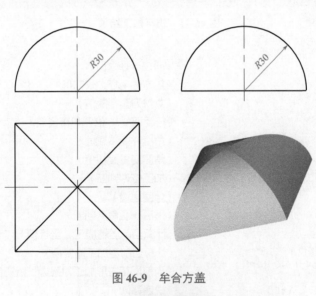

图 46-9　牟合方盖

图 46-10　牟合方盖形成示意图

【例1】 正方形毛坯边长为 70mm，选用 ϕ12mm 立铣刀加工，采用等高铣削，每一层加工都是由若干正方形组成的回形刀路，编程如下。仿真加工结果见图 46-11。

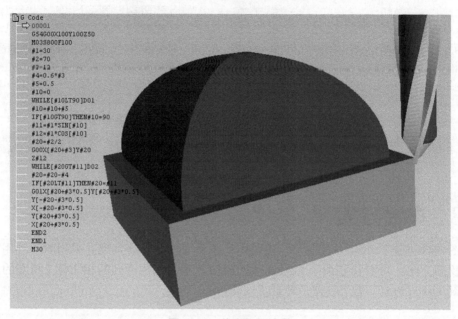

```
G Code
00001
  G54G00X100Y100Z50
  M03S800F100
  #1=30
  #2=70
  #3=12
  #4=0.6*#3
  #5=0.5
  #10=0
  WHILE[#10LT90]DO1
  #10=#10+#5
  IF[#10GT90]THEN#10=90
  #11=#1*SIN[#10]
  #12=#1*COS[#10]
  #20=#2/2
  G00X[#20+#3]Y#20
  Z#12
  WHILE[#20GT#11]DO2
  #20=#20-#4
  IF[#20LT#11]THEN#20=#11
  G01X[#20+#3*0.5]Y[#20+#3*0.5]
  Y[-#20-#3*0.5]
  X[-#20-#3*0.5]
  Y[#20+#3*0.5]
  X[#20+#3*0.5]
  END2
  END1
  M30
```

图 46-11 仿真加工结果

#1=30	（圆柱半径赋值）
#2=70	（正方形毛坯边长赋值）
#3=12	（立铣刀直径赋值）
#4=0.6*#3	（行距取 0.6 倍刀具直径值）
#5=0.5	（角度递变量赋值）
#10=0	（角度变量赋初值）
WHILE [#10LT90] DO1	（加工条件判断）
#10=#10+#5	（角度递增）
IF [#10GT90] THEN #10=90	（最后一层角度判断）
#11=#1*SIN[#10]	（计算当前层精加工 x 坐标值）
#12=#1*COS[#10]	（计算当前层加工高度值）
#20=#2/2	（当前层正方形加工刀路边长赋初值）
G00 X[#20+#3] Y#20	（快速移动）
Z#12	（下刀）
WHILE [#20GT#11] DO2	（当前层加工条件判断）
#20=#20-#4	（正方形边长递减）
IF [#20LT#11] THEN #20=#11	（当前层最后一刀判断）
G01 X[#20+#3*0.5] Y[#20+#3*0.5]	（直线插补到正方形刀路右后点）
Y[-#20-#3*0.5]	（到正方形刀路右前点）
X[-#20-#3*0.5]	（到正方形刀路左前点）
Y[#20+#3*0.5]	（到正方形刀路左后点）
X[#20+#3*0.5]	（返回正方形刀路右后点）
END2	（循环体 2 结束）

```
END1                                            （循环体 1 结束）
Z50                                             （抬刀）
```

◆【华中宏程序】

```
#1=30                                           （圆柱半径赋值）
#2=70                                           （正方形毛坯边长赋值）
#3=12                                           （立铣刀直径赋值）
#4=0.6*#3                                        （行距取 0.6 倍刀具直径值）
#5=0.5                                           （角度递变量赋值）
#10=0                                           （角度变量赋初值）
WHILE #10LT90                                    （加工条件判断）
  #10=#10+#5                                     （角度递增）
  IF #10GT90                                     （最后一层角度判断）
  #10=90                                         （最后一层角度赋值 90°）
  ENDIF                                          （条件结束）
  #11=#1*SIN[#10*PI/180]                         （计算当前层精加工 X 坐标值）
  #12=#1*COS[#10*PI/180]                         （计算当前层加工高度值）
  #20=#2/2                                       （当前层正方形加工刀路边长赋初值）
  G00 X[#20+#3] Y[#20]                           （快速移动）
  Z[#12]                                         （下刀）
  WHILE #20GT#11                                 （当前层加工条件判断）
    #20=#20-#4                                   （正方形边长递减）
    IF #20LT#11                                  （当前层最后一刀判断）
    #20=#11                                      （最后一刀正方形刀路边长赋值）
    ENDIF                                        （条件结束）
    G01 X[#20+#3*0.5] Y[#20+#3*0.5]             （直线插补到正方形刀路右后点）
    Y[-#20-#3*0.5]                               （到正方形刀路右前点）
    X[-#20-#3*0.5]                               （到正方形刀路左前点）
    Y[#20+#3*0.5]                                （到正方形刀路左后点）
    X[#20+#3*0.5]                                （返回正方形刀路右后点）
  ENDW                                           （循环结束）
ENDW                                             （循环结束）
Z50                                             （抬刀）
```

◇【SIEMENS 参数程序】

```
R1=30                                           （圆柱半径赋值）
R2=70                                           （正方形毛坯边长赋值）
R3=12                                           （立铣刀直径赋值）
R4=0.6*R3                                        （行距取 0.6 倍刀具直径值）
R5=0.5                                           （角度递变量赋值）
R10=0                                           （角度变量赋初值）
AAA:                                            （程序跳转标记）
  R10=R10+R5                                     （角度递增）
  IF R10<=90 GOTOF BBB                           （最后一层角度判断）
```

```
    R10=90                              （最后一层角度赋值 90°）
    BBB:                                （程序跳转标记）
    R11=R1*SIN(R10)                     （计算当前层精加工 x 坐标值）
    R12=R1*COS(R10)                     （计算当前层加工高度值）
    R20=R2/2                            （当前层正方形加工刀路边长赋初值）
    G00 X=R20+R3 Y=R20                  （快速移动）
    ZR12                                （下刀）
    CCC:                                （程序跳转标记）
      R20=R20-R4                        （正方形边长递减）
      IF R20 > =R11 GOTOF DDD          （当前层最后一刀判断）
      R20=R11                           （最后一刀正方形刀路边长赋值）
      DDD:                              （程序跳转标记）
      G01 X=R20+R3*0.5 Y=R20+R3*0.5     （直线插补到正方形刀路右后点）
      Y=-R20-R3*0.5                     （到正方形刀路右前点）
      X=-R20-R3*0.5                     （到正方形刀路左前点）
      Y=R20+R3*0.5                      （到正方形刀路左后点）
      X=R20+R3*0.5                      （返回正方形刀路右后点）
    IF R20>R11 GOTOB CCC               （当前层加工条件判断）
  IF R10<90 GOTOB AAA                  （加工条件判断）
  Z50                                   （抬刀）
```

【例 2】　数控铣削加工如图 46-12 所示两直径为 $\phi30mm$ 的正交圆柱与一直径为 $\phi50mm$ 的球相贯体（十字球铰）表面，试编制其加工宏程序。

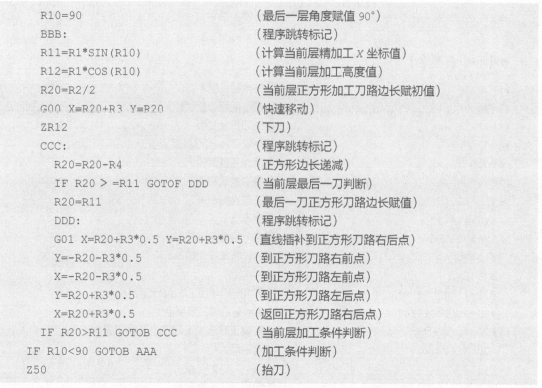

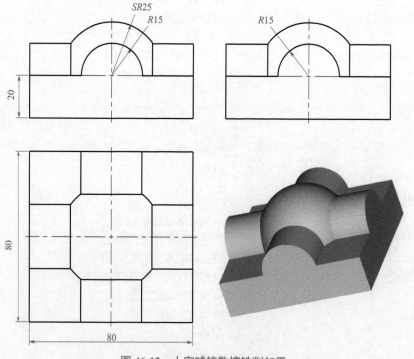

图 46-12　十字球铰数控铣削加工

　　如图所示圆柱体和球的相贯线为一半圆。设工件原点在球心，选择ϕ6mm 立铣刀加工该十字球铰表面，编制加工宏程序如下（转角部分按 R3 的圆角过渡处理）。

```
#1=15                              （圆柱半径赋值）
#2=25                              （球半径赋值）
#3=80                              （圆柱体长度赋值）
#4=6                               （立铣刀刀具直径赋值）
#5=0.2                             （加工高度递变量赋值）
G00 X0 Y0 Z50                      （刀具定位）
G01 Z#2                            （刀具定位到球顶点）
#10=#2                             （加工高度赋初值）
WHILE [#10GE#1] DO1                （球头上部加工条件判断）
  #11=SQRT[#2*#2-#10*#10]          （计算加工球的截圆半径值）
  G18 G03 X[#11+#4/2] Z#10 R#2     （圆弧插补到切削起点）
  G17 G02 I[-#11-#4/2]             （圆弧插补加工球头上部）
  #10=#10-#5                       （加工高度递减）
END1                               （球头上部加工循环结束）
G00 Z[#2+10]                       （抬刀）
#20=0                              （坐标旋转角度赋初值）
WHILE [#20LT360] DO2               （加工条件判断）
  G17 G68 X0 Y0 R#20               （坐标旋转设定）
  G00 X0 Y[#3/2+#4]                （刀具定位）
  #10=#1                           （加工高度赋初值）
  WHILE [#10GE0] DO3               （加工条件判断）
    #21=SQRT[#2*#2-#10*#10]+#4/2   （计算加工球的截圆半径值加刀具半径值）
    #22=SQRT[#1*#1-#10*#10]+#4/2   （计算加工圆柱截平面矩形半宽加刀具半径值）
    #23=SQRT[#21*#21-#22*#22]      （计算加工交点至圆心的距离）
    G00 X#22 Y[#3/2+#4] Z#10       （刀具定位）
    IF [#22GT#21*SIN[45]] GOTO10   （条件判断）
    G01 Y#23                       （直线插补加工圆柱面）
    G17 G02 X#23 Y#22 R#21         （圆弧插补加工球面）
    GOTO20                         （无条件跳转）
    N10                            （程序跳转标记符）
    G01 Y#22                       （直线插补加工圆柱面）
    N20                            （程序跳转标记符）
    G01 X[#3/2+#4]                 （直线插补加工圆柱面）
    #10=#10-#5                     （加工高度递减）
  END3                             （循环结束）
  G00 Z[#2+10]                     （抬刀）
  G69                              （取消坐标旋转）
  #20=#20+90                       （旋转角度递增）
END2                               （循环结束）
```

◆【华中宏程序】

```
#1=15                              （圆柱半径赋值）
```

```
#2=25                                    （球半径赋值）
#3=80                                    （圆柱体长度赋值）
#4=6                                     （立铣刀刀具直径赋值）
#5=0.2                                   （加工高度递变量赋值）
G00 X0 Y0 Z50                            （刀具定位）
G01 Z[#2]                                （刀具定位到球顶点）
#10=#2                                   （加工高度赋初值）
WHILE #10GE#1                            （球头上部加工条件判断）
  #11=SQRT[#2*#2-#10*#10]                （计算加工球的截圆半径值）
  G18 G03 X[#11+#4/2] Z[#10] R[#2]       （圆弧插补到切削起点）
  G17 G02 I[-#11-#4/2]                   （圆弧插补加工球头上部）
  #10=#10-#5                             （加工高度递减）
ENDW                                     （球头上部加工循环结束）
G00 Z[#2+10]                             （抬刀）
#20=0                                    （坐标旋转角度赋初值）
WHILE #20LT360                           （加工条件判断）
  G17 G68 X0 Y0 P[#20]                   （坐标旋转设定）
  G00 X0 Y[#3/2+#4]                      （刀具定位）
  #10=#1                                 （加工高度赋初值）
  WHILE #10GE0                           （加工条件判断）
    #21=SQRT[#2*#2-#10*#10]+#4/2         （计算加工球的截圆半径值加刀具半径值）
    #22=SQRT[#1*#1-#10*#10]+#4/2         （计算加工圆柱截平面矩形半宽加刀具半径值）
    #23=SQRT[#21*#21-#22*#22]            （计算加工交点至圆心的距离）
    G00 X[#22] Y[#3/2+#4] Z[#10]         （刀具定位）
    IF #22LE[#21*SIN[45*PI/180]]         （条件判断）
    G01 Y[#23]                           （直线插补加工圆柱面）
    G17 G02 X[#23] Y[#22] R[#21]         （圆弧插补加工球面）
    ELSE                                 （否则）
    G01 Y[#22]                           （直线插补加工圆柱面）
    ENDIF                                （条件结束）
    G01 X[#3/2+#4]                       （直线插补加工圆柱面）
    #10=#10-#5                           （加工高度递减）
  ENDW                                   （循环结束）
  G00 Z[#2+10]                           （抬刀）
  G69                                    （取消坐标旋转）
  #20=#20+90                             （旋转角度递增）
ENDW                                     （循环结束）
```

◇【SIEMENS 参数程序】

```
R1=15                                    （圆柱半径赋值）
R2=25                                    （球半径赋值）
R3=80                                    （圆柱体长度赋值）
R4=6                                     （立铣刀刀具直径赋值）
R5=0.2                                   （加工高度递变量赋值）
```

```
G00 X0 Y0 Z50                              （刀具定位）
G01 Z=R2                                    （刀具定位到球顶点）
R10=R2                                      （加工高度赋初值）
AAA:                                        （跳转标记符）
  R11=SQRT(R2*R2-R10*R10)                   （计算加工球的截圆半径值）
  G18 G03 X=R11+R4/2 Z=R10 CR=R2            （圆弧插补到切削起点）
  G17 G02 I=-R11-R4/2                       （圆弧插补加工球头上部）
  R10=R10-R5                                （加工高度递减）
IF R10>=R1 GOTOB AAA                        （球头上部加工条件判断）
G00 Z=R2+10                                 （抬刀）
R20=0                                       （坐标旋转角度赋初值）
BBB:                                        （跳转标记符）
  G17 ROT RPL=R20                           （坐标旋转设定）
  G00 X0 Y=R3/2+R4                          （刀具定位）
  R10=R1                                    （加工高度赋初值）
  CCC:                                      （跳转标记符）
    R21=SQRT(R2*R2-R10*R10)+R4/2            （计算加工球的截圆半径值加刀具半径值）
    R22=SQRT(R1*R1-R10*R10)+R4/2            （计算加工圆柱截平面矩形半宽加刀具半径值）
    R23=SQRT(R21*R21-R22*R22)               （计算加工交点至圆心的距离）
    G00 X=R22 Y=R3/2+R4 Z=R10               （刀具定位）
    IF R22>R21*SIN(45) GOTOF MAR01          （条件判断）
    G01 X=R22 Y=R23                         （直线插补加工圆柱面）
    G17 G02 X=R23 Y=R22 CR=R21              （圆弧插补加工球面）
    GOTOF MAR02                             （无条件跳转）
    MAR01:                                  （跳转标记符）
    G01 X=R22 Y=R22                         （直线插补加工圆柱面）
    MAR02:                                  （跳转标记符）
    G01 X=R3/2+R4 Y=R22                     （直线插补加工圆柱面）
    R10=R10-R5                              （加工高度递减）
  IF R10>=0 GOTOB CCC                       （加工条件判断）
  G00 Z=R2+10                               （抬刀）
  ROT                                       （取消坐标旋转）
  R20=R20+90                                （旋转角度递增）
IF R20<360 GOTOB BBB                        （加工条件判断）
```

参 考 文 献

[1]　冯志刚．数控宏程序编程方法、技巧与实例．北京：机械工业出版社，2007.

[2]　张超英．数控编程技术——手工编程．北京：化学工业出版社，2008.

[3]　韩鸿鸾．数控编程．北京：中国劳动社会保障出版社，2004.

[4]　杨琳，数控车床加工工艺与编程．北京：中国劳动社会保障出版社，2005.

[5]　杜军．数控编程习题精讲与练．北京：清华大学出版社，2008.

[6]　杜军．数控编程培训教程．北京：清华大学出版社，2010.

[7]　杜军．轻松掌握 FANUC 宏程序——编程技巧与实例精解．北京：化学工业出版社，2011.

[8]　杜军，龚水平．轻松掌握华中宏程序——编程技巧与实例精解．北京：化学工业出版社，2012.

[9]　杜军．轻松掌握 SIEMENS 数控系统参数编程——编程技巧与实例精解．北京：化学工业出版社，2013.

[10]　杜军．数控宏程序编程手册．北京：化学工业出版社，2014.

[11]　杜军．FANUC 数控编程手册．北京：化学工业出版社，2017.

[12]　杜军．数控宏程序编程从入门到精通．北京：化学工业出版社，2019.